Lecture Notes in Mathematics

A collection of informal reports and seminars
Edited by A. Dold, Heidelberg and B. Eckmann, Zürich

Series: Université de Nice, Faculté des Sciences
Adviser: J. Dieudonné

277

Séminaire Banach

Edité par C. Houzel, Université de Nice
Nice/France

Springer-Verlag
Berlin · Heidelberg · New York 1972

AMS Subject Classifications (1970): 12 B 99, 46 A 05, 46 A 09, 46 A 99, 46 M 05, 46 M 10, 46 A 20

ISBN 978-3-540-05934-9 Springer-Verlag Berlin · Heidelberg · New York
ISBN 978-0-387-05934-1 Springer-Verlag New York · Heidelberg · Berlin

Offsetdruck: Julius Beltz, Hemsbach

I N T R O D U C T I O N

Ce texte est celui d'un séminaire tenu à l'Ecole Normale Supérieure en 1962-63. Les résultats présentés ne sont pas nouveaux pour la plupart : ce sont ceux de la théorie classique des espaces vectoriels topologiques [1,2] . La nouveauté réside seulement dans l'agencement de ces résultats et le vocabulaire utilisé.

En premier lieu le <u>langage catégorique</u> et fonctoriel s'adapte aussi bien à ces questions d'analyse qu'au reste des mathématiques ; il fournit des énoncés plus riches, plus concis et met mieux en lumière certains phénomènes. Le chapitre 0 est une introduction de ce langage qu'on utilise constamment dans la suite ; il est rédigé dans l'optique propre au sujet de ce séminaire (catégories pré-abéliennes) .

La notion de <u>bornologie</u> se trouve latente dans la littérature classique (par exemple comme ensemble $\mathcal{V}$ de parties bornées d'un espace vectoriel topologique) . On s'est attaché à systématiser cette notion. L'idée de considérer la bornologie comme une structure indépendante provient de l'étude des problèmes ou des propriétés " qui ne dépendent que des bornés " ; cette idée a été exploitée dans les travaux de L. Waelbroeck [5,6] ; notre premier intérêt pour la question est contemporain de ces travaux, mais il en est indépendant. Le chapitre I de ce fascicule expose les généralités sur les structures bornologiques et sur les espaces vectoriels bornologiques, après avoir rappelé les premiers résultats de la théorie des espaces vectoriels topologique ([1] , Chap. 1) pour mettre en évidence le parallélisme et les différences entre les deux théories. Il se poursuit par l'étude des structures qu'on peut mettre naturellement sur les <u>espaces d'applications linéaires</u> et par l'étude des espaces munis à la fois d'une topologie et d'une bornologie (§ 5) : la matière est en gros celle du chapitre III de [1] , mais la seule façon d'y voir clair est de bien distinguer les structures topologiques et les structures bornologiques. L'étude des espaces d'applications bilinéaires, avec les applications bilinéaires hypocontinues, termine le chapitre ; la notion d'application bilinéaire hypocontinue est très naturelle et les propriétés de la composition des morphismes $(u,v) \rightsquigarrow v \circ u$ apparaissent dans toute leur généralité.

Au Chapitre II , on introduit les questions de <u>convexité</u>. Contrairement aux textes classiques, on continue à développer la théorie avec un corps de base valué complet non discret arbitraire, au lieu de se restreindre à $\underline{R}$ et $\underline{C}$. Après avoir rappelé (§ 1) la théorie des espaces semi-normés - auxquels on impose d'être ultramétriques si le corps de base l'est - on voit que les espaces localement convexes s'interprètent naturellement comme formant une catégorie (elc) équivalente à celle des pro-objets de la catégorie (esn) des espaces semi-normés. Corrélativement, une sous-catégorie (ebc) de celle des espaces vectoriels bornologiques s'introduit, équivalente à la catégorie Ind-(esn) des ind-objets de (esn) ; les objets de (ebc) sont appelés espaces vectoriels bornologiques de type convexe. Parmi ceux-ci, on définit les espaces vectoriels bornologiques complets en suivant L. Waelbroeck ([5] , Chap. I, n° 2), ainsi que d'autres classes d'espaces bornologiques ayant des propriétés intéressantes relativement à la complétion ou à la dualité : espaces réguliers, espaces propres. Les relations entre catégories (elc) et (ebc) sont étudiées dans le reste du chapitre : un couple de foncteurs adjoints (t,b) (topologie canonique d'un ebc. , bornologie canonique d'un elc.) permet de passer de l'une dans l'autre et définit un isomorphisme entre deux sous-catégories pleines de (elc) et (ebc) respectivement, dont les objets sont appelés espaces normaux (ce sont les espaces bornologiques de Bourbaki) . Comme cas particulier important des espaces normaux, on étudie à part les espaces localement convexes métrisables (qui peuvent aussi bien être considérés comme des espaces bornologiques, puisqu'ils sont normaux) .

Le Chapitre III est consacré à l'étude de la dualité (cf. Chap. II et Chap. IV de [1]) , qui est menée sans faire de restriction sur le corps de base ; il contient quelques résultats nouveaux, dûs à L. Gruson, pour le cas où le corps de base est ultramétrique. On y trouvera le théorème de Hahn-Banach, interprété comme signifiant que le corps de base est un objet injectif de la catégorie des espaces normés; il n'est valable que si ce corps est $\underline{\underline{R}}$, $\underline{\underline{C}}$ ou un corps ultramétrique maximalement complet ; plus généralement, on donne une caractérisation des espaces normés injectifs (dûe à Nachbin dans le cas où $K = \underline{\underline{R}}$) . On étudie ensuite les systèmes d'espaces vectoriels en dualité, avec les théorèmes de Mackey et de Grothendieck, d'ailleurs généralisés, puis certaines classes d'espaces (topologiques et bornologiques de type convexe) liées à la dualité : espaces infratonnelés, espaces réflexifs, espaces saturés de type dénombrable, espaces de Grothendieck (introduits sous le nom d'espaces (DF) par Grothendieck dans [3]) . Notons que nos définitions diffèrent généralement un peu de celles de la littérature ; le mode d'exposition choisi conduit à introduire des notions plus naturelles (cf. en particulier la notion d'espace localement convexe réflexif) . La théorie de la dualité s'intéresse surtout aux espaces normés et aux espaces localement convexes : elle repose en effet sur le théorème de Hahn-Banach qui passe bien aux pro-objets (les e.l.c.) , mais pas aux ind-objets (les e.b.c.) . Pour ces derniers, la situation est assez mauvaise, puisqu'un e.b.c. même séparé peut avoir un dual nul (exemple de Waelbroeck , [7]) ; on n'a de résultats partiels que pour les e.b.c. réguliers qui, lorsqu'ils sont séparés, se plongent dans leur bidual.

La fin du séminaire (chapitre IV) traite des produits tensoriels. Au § 1 , on définit les produits tensoriels projectifs, qui représentent un espace d'applications bilinéaires (cf. [4,8]) , et on étudie leurs propriétés fonctorielles. Pour chaque type de structure sur l'espace E et sur l'espace F il y a une structure " projective " sur E $\otimes$ F ; d'où un grand nombre de produits tensoriels dont les relations sont examinées. En complétant ces produits tensoriels (n° 10) on obtient de nouveaux foncteurs. A la fin du paragraphe, on donne quelques exemples, tirés de l'intégration. Le § 2 est consacré aux produits tensoriels généralement appelés " injectifs " , en liaison avec la théorie de la dualité ; on donne encore d'assez nombreux exemples.

BIBLIOGRAPHIE

[1] N. BOURBAKI - Espaces vectoriels topologiques -(Act. Scient. et Indust., n° 1189 et n° 1229).

[2] A. GROTHENDIECK - Espaces vectoriels topologiques -(Cours de l'Université de São Paulo).

[3] A. GROTHENDIECK - Sur les espaces (F) et (DF) - (Summa Brasiliensis Mathematicae, vol. 3, fasc. 6, 1953) .

[4] A. GROTHENDIECK - Produits tensoriels topologiques et espaces nucléaires (Memoirs of the A.M.S., 1955) .

[5] L. WAELBROECK - Etude spectrale des algèbres complètes - (Mémoires de l'Académie Royale de Belgique, t. XXXI, fasc. 7, 1960) .

[6] L. WAELBROECK - Les quotients de b-espaces - (Public. Scient. de l'Université libre de Bruxelles, Juin 1962) .

[7] L. WAELBROECK - Le complété d'un espace " à bornés " - (C.R., t. 253, p. 2827-2828, 1961) .

[8] L. SCHWARTZ - Séminaire 1953-1954 .

TABLE DES MATIERES

SEMINAIRE BANACH

Exposés 1 et 2 E.N.S.

24 et 31.10.62

CHAPITRE 0

THEORIE ELEMENTAIRE DES CATEGORIES

(par Gérard SCHIFFMANN)

Les numéros entre crochets renvoient à la bibliographie.

Comme l'indique le titre, on se propose de présenter les définitions générales relatives aux catégories. Tout ce qui suit est donc bien connu. Notons seulement que, pour les besoins de la théorie des E.V.T., on a été conduit à préciser la notion d'exactitude d'une suite dans une catégorie additive avec noyaux et conoyaux en définissant les suites " ante-exactes " et " post-exactes " .

Aucune connaissance préalable n'est nécessaire. Les démonstrations qui se réduisent à des vérifications triviales sont laissées au Lecteur. Signalons enfin que, pour certains passages, on s'est plus que largement inspiré de [1] .

PREMIERE PARTIE - DEFINITION DES CATEGORIES ET DES FONCTEURS

§ 0 . Définition des univers

La notion d'univers est introduite pour éviter de sortir du cadre de la théorie des ensembles. Intuitivement, un univers est un " ensemble d'ensembles assez gros " U pour que toutes les constructions classiques de la théorie des ensembles, effectuées à partir d'éléments de U , donnent des éléments de U . On se limitera à quelques brèves indications.

DEFINITION . Un ensemble U est un univers s'il satisfait aux axiomes suivants :

U_1 - La réunion d'une famille d'ensembles appartenant à U , indexée par un élément de U , appartient à U .

U_2 - Si x est un élément de U , l'ensemble dont le seul élément est x est un élément de U .

U_3 - Si x appartient à un ensemble X et si X est un élément de U , alors x est un élément de U .

U_4 - Si un ensemble appartient à U , l'ensemble de ses parties appartient à U .

U_5 - Le couple (x,y) appartient à U si et seulement si x et y appartiennent à U .

On laisse au lecteur le soin d'énoncer et d'établir un certain nombre de conséquences des axiomes précédents. Par exemple :

- Toute partie d'un ensemble appartenant à U appartient à U .
- Le produit d'une famille d'ensembles appartenant à U indexée par un élément de U , appartient à U .

Notons seulement la proposition suivante :

PROPOSITION . Si X est un ensemble appartenant à un univers U , alors :

$$\text{Card } X < \text{Card } U .$$

Il en résulte qu'un univers n'appartient pas à lui-même.

Il convient d'ajouter aux axiomes de la théorie des ensembles l'axiome suivant :

Axiome de Tarski . Tout ensemble appartient à au moins un univers.

Bien entendu, il serait nécessaire d'intégrer de façon précise ce qui précède dans le cadre de la théorie des ensembles. Remarquons seulement que, le seul univers fini étant l'ensemble vide, l'axiome de Tarski entraine l'axiome de l'infini (existence d'ensembles infinis) .

§ 1 . Définition des catégories

DEFINITION . Etant donné un univers U , une U-catégorie $\mathcal{C}$ est constituée par les données suivantes :

- Un ensemble de U dont les éléments sont les objets de $\mathcal{C}$, noté ob($\mathcal{C}$) .
- Un ensemble de U dont les éléments sont les flèches (ou les morphismes) de $\mathcal{C}$, noté Fl($\mathcal{C}$) .
- Deux applications de Fl($\mathcal{C}$) dans ob($\mathcal{C}$) appelés application source et application but, notées respectivement s et b .
- Une loi de composition interne dans Fl($\mathcal{C}$) , appelée loi de composition des flèches (ou des morphismes) , notée o et satisfaisant à certains axiomes qu'on va expliciter.

Etant donnés deux objets X et Y de $\mathcal{C}$, on appelle morphisme de X dans Y tout élément f de $Fl(\mathcal{C})$ tel que $s(f) = X$ et $b(f) = Y$. L'ensemble $s^{-1}(X) \cap b^{-1}(Y)$ des morphismes (ou des flèches) de X dans Y est un élément de U ; on le note $Hom_{\mathcal{C}}(X,Y)$; lorsqu'aucune confusion n'est à craindre, on le note simplement $Hom(X,Y)$.

A tout morphisme f de X dans Y , on associe l'un des deux diagrammes :

$$f : X \longrightarrow Y \quad , \quad X \xrightarrow{f} Y$$

X est appelé la source de f et Y le but de f .

Axiomes de la loi de composition des morphismes.

- Le composé $g \circ f$ est défini si et seulement si : $b(f) = s(g)$; $s(g \circ f) = s(f)$ et $b(g \circ f) = b(g)$.
- La loi de composition des morphismes est associative.
- Quel que soit l'objet X de $\mathcal{C}$, il existe un morphisme 1_X de $Hom(X,X)$ appelé morphisme identique de X et tel que :

  quel que soit f appartenant à $Fl(\mathcal{C})$ et tel que $b(f) = X$, alors $1_X \circ f = f$,
  quel que soit f appartenant à $Fl(\mathcal{C})$ et tel que $s(f) = X$, alors $f \circ 1_X = f$.

Il est clair que le morphisme identique d'un objet de X est unique.
Autrement dit, on a :

- Un ensemble d'objets .
- Pour tout couple d'objets (X,Y) un ensemble de morphismes $Hom(X,Y)$ deux quelconques de ces ensembles étant disjoints.
- Pour tout triplet : (X,Y,Z) d'objets une application de :

$$Hom(X,Y) \times Hom(Y,Z) \longrightarrow Hom(X,Z) \quad ,$$

ces applications satisfont aux axiomes qu'on vient d'énoncer.

Exemples de catégories :

Soit U un univers. Il existe au moins un univers V tel que U appartienne à V .

1) La catégorie des ensembles. Les objets sont les ensembles de U , les morphismes les applications d'un ensemble dans un autre. Comme tous les exemples qui suivent, ce n'est pas une U-catégorie mais une V-catégorie.

On la note $(Ens)_U$.

2) La catégorie des ensembles pointés. Les objets sont les ensembles pointés et si (X,x) et (Y,y) sont deux ensembles pointés, un morphisme du premier dans le second est une application f de X dans Y telle que $f(x) = y$. (On se limite aux ensembles pointés dont l'ensemble appartient à U) .

3) La catégorie des espaces topologiques. Les objets sont les espaces topologiques dont l'ensemble sous-jacent appartient à U et les morphismes sont les applications continues. On la note $(Top)_U$.

4) De même, on a la catégorie des groupes abéliens : $(Ab)_U$, la catégorie des corps, des algèbres, des espaces vectoriels, des espaces vectoriels topologiques, etc ...

Dans la suite, pour alléger l'exposé, on n'introduira pas explicitement les univers. Sauf indication contraire, chaque fois qu'on considérera simultanément plusieurs catégories, elles seront toutes relatives au même univers. Notons à ce propos, que si U et V sont deux univers tels que U appartienne à V , alors toute U-catégorie est a fortiori une V-catégorie.

Morphismes inversibles.

Etant donnée une catégorie $\mathcal{C}$, un morphisme : $f : X \longrightarrow Y$ de $\mathcal{C}$ est dit inversible à gauche (resp. à droite) s'il existe un morphisme $g : Y \longrightarrow X$ tel que $g \circ f = 1_X$ (resp. $f \circ g = 1_Y$) ; f est inversible s'il existe un morphisme $g : Y \longrightarrow X$ tel que $g \circ f = 1_X$ et $f \circ g = 1_Y$; g s'appelle l'inverse de f et il est unique. Si f est inversible, on dit encore que f est un isomorphisme ; pour que f soit un isomorphisme, il faut et il suffit qu'il soit inversible à droite et à gauche. Deux objets sont dits isomorphes s'il existe un isomorphisme de l'un dans l'autre. L'isomorphisme est une relation d'équivalence dans $Ob(\mathcal{C})$.

Catégorie duale :

Etant donnée une catégorie $\mathcal{C}$, on appelle catégorie duale de $\mathcal{C}$ et on note $\mathcal{C}^o$ la catégorie suivante :

- les objets de $\mathcal{C}^o$ sont les objets de $\mathcal{C}$,
- les morphismes de $\mathcal{C}^o$ sont les morphismes de $\mathcal{C}$,
- l'application source (resp. but) de $\mathcal{C}^o$ est l'application but (resp. source) de $\mathcal{C}$.

Autrement dit, pour tout couple (X,Y) d'objets de $\mathcal{C}$ on a :

$$\mathrm{Hom}_{\mathcal{C}^o}(X,Y) = \mathrm{Hom}_{\mathcal{C}}(Y,X)$$

- La loi de composition des morphismes de $\mathcal{C}^{\circ}$ est la même que celle de $\mathcal{C}$ La catégorie $\mathcal{C}^{\circ}$ s'obtient donc en " renversant les flèches " .

Toute définition ou toute propriété des catégories donne par application à la catégorie duale une définition ou une propriété duale.

<u>Exemple</u> . Les définitions de " f est inversible à droite " et " f est inversible à gauche " sont duales en ce sens que pour que f soit inversible à droite en tant que morphisme de $\mathcal{C}$, il faut et il suffit que f soit inversible à gauche en tant que morphisme de $\mathcal{C}^{\circ}$. La propriété " f est inversible " est auto-duale.

Notons encore que la catégorie biduale $(\mathcal{C}^{\circ})^{\circ}$ est $\mathcal{C}$.

<u>Catégorie produit</u> . Soit $(\mathcal{C}_i)_{i \in I}$ une famille de U-catégories, indexée par un élément I de U . On appelle catégorie produit des catégories $\mathcal{C}_i$ et on note $\prod_{i \in I} \mathcal{C}_i$ la catégorie définie de la manière suivante :

- L'ensemble des objets est l'ensemble $\prod_{i \in I} \mathrm{ob}(\mathcal{C}_i)$.

- Si $(X_i)_{i \in I}$ et $(Y_i)_{i \in I}$ sont deux objets du produit, un morphisme du premier dans le second est une famille $(f_i)_{i \in I}$ de morphismes de X_i dans Y_i .

- La loi de composition des morphismes est définie de manière évidente et on vérifie sans peine les axiomes des catégories.

<u>Sous-catégories</u>

Etant donnée une catégorie $\mathcal{C}$, une catégorie $\mathcal{C}'$ est une sous-catégorie de $\mathcal{C}$ si les conditions suivantes sont satisfaites :

- tout objet de $\mathcal{C}'$ est un objet de $\mathcal{C}$.

- Si (X,Y) est un couple d'objets de $\mathcal{C}'$, $\mathrm{Hom}_{\mathcal{C}'}(X,Y) \subset \mathrm{Hom}_{\mathcal{C}}(X,Y)$. Pour tout objet de $\mathcal{C}'$ son morphisme identique en tant qu'objet de $\mathcal{C}$ est le même qu'en tant qu'objet de $\mathcal{C}$.

- La loi de composition des morphismes de $\mathcal{C}'$ est la loi induite par celle de $\mathcal{C}$.

Une sous-catégorie $\mathcal{C}'$ d'une catégorie $\mathcal{C}$, est dite <u>pleine</u> si, pour tout couple (X,Y) d'objets de $\mathcal{C}'$, on a $\mathrm{Hom}_{\mathcal{C}'}(X,Y) = \mathrm{Hom}_{\mathcal{C}}(X,Y)$.

Une sous-catégorie $\mathcal{C}'$ d'une catégorie $\mathcal{C}$ est dite <u>saturée</u> si tout objet de $\mathcal{C}$ isomorphe (en tant qu'objet de $\mathcal{C}$) à un objet de $\mathcal{C}'$ appartient à $\mathcal{C}'$.

Notons enfin que les notions de catégorie duale, de catégorie produit, de sous-catégorie sont compatibles entre elles. Par exemple, la catégorie duale d'une catégorie produit est le produit des catégories duales.

§ 2 . Foncteurs

DEFINITION . Soient $\mathcal{C}$ et $\mathcal{C}'$ deux catégories. Un foncteur covariant F de $\mathcal{C}$ dans $\mathcal{C}'$ est constitué par les données suivantes :

- une application, notée F , de $Ob(\mathcal{C})$ dans $Ob(\mathcal{C}')$.
- Une application, notée F , de $Fl(\mathcal{C})$ dans $Fl(\mathcal{C}')$.

Ces deux applications satisfaisant en outre aux conditions ci-dessous :

- Si f est un morphisme de $\mathcal{C}$, de source X et de but Y , $F(f)$ est un morphisme de source $F(X)$ et de but $F(Y)$.
- Si X, Y et Z sont trois objets de $\mathcal{C}$, f est un morphisme de X dans Y et g un morphisme de Y dans Z , alors $F(g \circ f) = F(g) \circ F(f)$.
- Si X est un objet de $\mathcal{C}$, et 1_X le morphisme identique de X , alors $F(1_X)$ est le morphisme identique de $F(X)$.

$$F(X) \xrightarrow{F(f)} F(Y) \xrightarrow{F(g)} F(Z)$$

F covariant : $F(g \circ f) = F(g) \circ F(f)$

$$X \xrightarrow{f} Y \xrightarrow{g} Z$$

Soient $\mathcal{C}$ et $\mathcal{C}'$ deux catégories. Un foncteur contravariant de $\mathcal{C}$ dans $\mathcal{C}'$ est un foncteur covariant de $\mathcal{C}^{\circ}$ dans $\mathcal{C}'$

$$F(X) \xleftarrow{F(f)} F(Y) \xleftarrow{F(g)} F(Z)$$

F contravariant : $F(g \circ f) = F(f) \circ F(g)$

$$X \xrightarrow{f} Y \xrightarrow{g} Z$$

On généralise sans peine en définissant les multifoncteurs. Par exemple, étant données trois catégories $\mathcal{C}$, $\mathcal{C}'$, $\mathcal{C}''$, un bifoncteur des catégories $\mathcal{C}$ et $\mathcal{C}'$ dans la catégorie $\mathcal{C}''$ covariant en $\mathcal{C}$ et contravariant en $\mathcal{C}'$ est un foncteur covariant de la catégorie $\mathcal{C} \times \mathcal{C}'^{\circ}$ dans la catégorie $\mathcal{C}''$.

Exemples de foncteurs

1) Considérons la catégorie des espaces vectoriels ; à tout espace vectoriel, associons son dual et à toute application linéaire sa transposée. On a ainsi un foncteur contravariant de la catégorie des espaces vectoriels dans elle-même.

2) Considérons la catégorie des groupes abéliens ; associons à tout groupe abélien son ensemble sous-jacent. On a ainsi un foncteur de (Ab) dans (Ens) appelé foncteur " ensemble sous-jacent " . Il est covariant et on a un foncteur analogue pour des catégories telles que la catégorie des corps, la catégorie des espaces vectoriels, etc ...

3) Soit $\mathcal{C}$ une catégorie. A tout couple (X,Y) d'objets de $\mathcal{C}$ associons l'ensemble $\mathrm{Hom}(X,Y)$. Si (X',Y') est un second couple d'objets de $\mathcal{C}$, f un morphisme de X' dans X et g un morphisme de Y' dans Y , l'application $u \rightsquigarrow f \circ u \circ g$ de $\mathrm{Hom}(X,Y)$ dans $\mathrm{Hom}(X',Y')$ sera associée au couple (X',Y') . On a ainsi un foncteur de la catégorie $\mathcal{C}^{\circ} \times \mathcal{C}$ dans la catégorie des ensembles (une fois covariant et une fois contravariant).

Foncteurs fidèles

Un foncteur, par exemple covariant, F d'une catégorie $\mathcal{C}$ dans une catégorie $\mathcal{C}'$ est dit fidèle (resp. pleinement fidèle) si pour tout couple (X,Y) d'objets de $\mathcal{C}$, l'application définie par F de $\mathrm{Hom}_{\mathcal{C}}(X,Y)$ dans $\mathrm{Hom}_{\mathcal{C}'}(F(X),F(Y))$ est injective (resp. bijective) .

Par exemple, les foncteurs " ensembles sous-jacents " sont fidèles mais non pleinement fidèles. Si $\mathcal{C}'$ est une sous-catégorie de $\mathcal{C}$ (resp. une sous-catégorie pleine) le foncteur canonique de $\mathcal{C}'$ dans $\mathcal{C}$ est fidèle (resp. pleinement fidèle).

Foncteurs génériquement surjectifs

Un foncteur F d'une catégorie $\mathcal{C}$ dans une catégorie $\mathcal{C}'$ est dit génériquement surjectif si pour tout objet Y' de $\mathcal{C}'$, il existe au moins un objet X de $\mathcal{C}$ tel que $F(X)$ et Y' soient isomorphes.

Catégorie de foncteurs

Etant données deux catégories $\mathcal{C}$ et $\mathcal{C}'$, on va définir la catégorie $\underline{\mathrm{Hom}}(\mathcal{C}, \mathcal{C}')$: catégorie des foncteurs covariants de $\mathcal{C}$ dans $\mathcal{C}'$.

- Les objets de $\underline{\mathrm{Hom}}(\mathcal{C}, \mathcal{C}')$ sont les foncteurs covariants de $\mathcal{C}$ dans $\mathcal{C}'$.
- Les morphismes sont les morphismes fonctoriels définis ci-dessous.

<u>DEFINITION</u>. Etant donnés deux foncteurs covariants F et G d'une catégorie $\mathcal{C}$ dans une catégorie $\mathcal{C}'$, un morphisme fonctoriel u de F dans G (ou de F vers G) est constitué par la donnée, pour tout objet X de $\mathcal{C}$, d'un morphisme $u(X)$ de $F(X)$ dans $G(X)$, ces morphismes satisfaisant à la condition suivante :

- Pour tout morphisme $f : X \longrightarrow Y$ de $\mathcal{C}$, le diagramme

$$\begin{array}{ccc} F(X) & \xrightarrow{u(X)} & G(X) \\ \downarrow{\scriptstyle F(f)} & & \downarrow{\scriptstyle G(f)} \\ F(Y) & \xrightarrow{u(Y)} & G(Y) \end{array}$$

est commutatif.

<u>Remarque</u>. En utilisant la définition des foncteurs contravariants, on voit que, F et G étant deux foncteurs contravariants, un morphisme fonctoriel u de F vers G est constitué par la donnée pour tout objet X d'un morphisme $u(X)$ de $F(X)$ dans $G(X)$, ces morphismes étant tels que, pour tout morphisme $f : X \longrightarrow Y$, le diagramme

$$\begin{array}{ccc} F(X) & \xrightarrow{u(X)} & G(X) \\ \downarrow{\scriptstyle F(f)} & & \downarrow{\scriptstyle G(f)} \\ F(Y) & \xrightarrow{u(Y)} & G(Y) \end{array}$$

soit commutatif.

Les morphismes fonctoriels se composent de manière évidente et on vérifie sans peine les axiomes des catégories.

On a de même des catégories de multifoncteurs qu'on laisse au lecteur le soin d'expliciter. La catégorie des foncteurs contravariants de $\mathcal{C}$ de $\mathcal{C}'$ n'est autre que la catégorie des foncteurs covariants de $\mathcal{C}^{\circ}$ dans $\mathcal{C}'$, on la note $\underline{\mathrm{Hom}}(\mathcal{C}^{\circ}, \mathcal{C}')$.

Deux foncteurs F et G sont isomorphes si et seulement s'il existe un morphisme fonctoriel inversible u de F dans G ; pour que u soit inversible, il faut et il suffit que, pour tout objet X, $u(X)$ soit un isomorphisme.

Catégorie des catégories

Etant donné un univers U , on va construire deux catégories dont les objets seront les U-catégories. On vérifie aisément que les U-catégories forment un ensemble n'appartenant pas à U mais appartenant à tout univers V tel que U appartienne à V . Comme les ensembles de flèches auront aussi cette propriété, ces catégories seront des V-catégories.

- (Cat) .
- Les objets sont les U-catégories.
- Les morphismes sont les foncteurs covariants. Ils se composent de manière évidente et la loi de composition satisfait aux axiomes des catégories. Si $\mathcal{C}$ et $\mathcal{C}'$ sont deux catégories, on note $\mathrm{Hom}_{Cat}(\mathcal{C},\mathcal{C}')$ l'ensemble des foncteurs covariants de $\mathcal{C}$ dans $\mathcal{C}'$, la notation $\underline{\mathrm{Hom}}(\mathcal{C},\mathcal{C}')$ étant réservée à la catégorie des foncteurs covariants de $\mathcal{C}$ dans $\mathcal{C}'$.

Deux catégories isomorphes en tant qu'objets de (Cat) seront dites simplement <u>isomorphes</u>. Pour que deux catégories $\mathcal{C}$ et $\mathcal{C}'$ soient isomorphes, il faut et il suffit qu'il existe un foncteur F de $\mathcal{C}$ dans $\mathcal{C}'$ et un foncteur G de $\mathcal{C}'$ dans $\mathcal{C}$ tels que $F \circ G = 1_{\mathcal{C}'}$ et $G \circ F = 1$, $1_{\mathcal{C}}$ et $1_{\mathcal{C}'}$ désignant respectivement les foncteurs identiques de $\mathcal{C}$ et de $\mathcal{C}'$. Il revient au même de dire qu'il existe un foncteur F de $\mathcal{C}$ dans $\mathcal{C}'$, bijectif sur les flèches et les morphismes.

- $(\mathrm{Cat})_{eq}$.
- Les objets sont les U-catégories.
- Les morphismes d'une catégorie $\mathcal{C}$ dans une catégorie $\mathcal{C}'$ sont les classes d'équivalence de foncteurs covariants de $\mathcal{C}$ dans $\mathcal{C}'$ pour la relation d'isomorphisme dans $\underline{\mathrm{Hom}}(\mathcal{C},\mathcal{C}')$. Cette relation étant compatible avec la loi de composition des foncteurs covariants, on déduit de celle-ci, par passage au quotient, une loi de composition des morphismes dans $(\mathrm{Cat})_{eq}$. Les axiomes des catégories sont trivialement vérifiés.

Deux catégories isomorphes en tant qu'objet de $(\mathrm{Cat})_{eq}$ seront dites <u>équivalentes</u>.

Pour que deux catégories $\mathcal{C}$ et $\mathcal{C}'$ soient équivalentes, il faut et il suffit qu'il existe un foncteur covariant F de $\mathcal{C}$ dans $\mathcal{C}'$ et un foncteur covariant G de $\mathcal{C}'$ dans $\mathcal{C}$ tels que $G \circ F$ soit isomorphe au foncteur identique de $\mathcal{C}$ et $F \circ G$ au foncteur identique de $\mathcal{C}'$. En pratique, on utilisera la caractérisation suivante :

<u>PROPOSITION</u> . Pour que deux catégories $\mathcal{C}$ et $\mathcal{C}'$ soient équivalentes, il faut et il suffit qu'il existe un foncteur covariant F de $\mathcal{C}$ dans $\mathcal{C}'$, pleinement fidèle et génériquement surjectif.

Deux catégories $\mathcal{C}$ et $\mathcal{C}'$ seront dites anti-équivalentes si $\mathcal{C}^{\circ}$ est équivalentes à $\mathcal{C}'$; on a une proposition analogue à la précédente (en remplaçant simplement covariant par contravariant) . Ces propositions sont laissées au lecteur à titre d'exercice.

DEUXIEME PARTIE - FONCTEURS REPRESENTABLES - APPLICATIONS

§ 1 . Définition des foncteurs représentables

Soit $\mathcal{C}$ une catégorie. Rappelons que (Ens) désigne la catégorie des ensembles et $\underline{\mathrm{Hom}}(\mathcal{C}^{o},(\mathrm{Ens}))$ la catégorie des foncteurs contravariants de $\mathcal{C}$ dans (Ens) . On va montrer que $\mathcal{C}$ est équivalente à une sous-catégorie de $\underline{\mathrm{Hom}}(\mathcal{C}^{o},(\mathrm{Ens}))$, sous-catégorie dont les objets sont appelés " foncteurs représentables " . L'intérêt en est double. D'une part le formalisme des " foncteurs représentables " permet de dégager d'une manière explicite et générale la notion de " problème universel " . D'autre part, l'équivalence de $\mathcal{C}$ avec une catégorie de foncteurs à valeurs dans les ensembles donne un procédé systématique pour étendre à $\mathcal{C}$ certaines définitions habituellement posées dans (Ens) . Pour obtenir cette équivalence, d'après la dernière proposition de la première partie, il suffit de définir un foncteur covariant , h , pleinement fidèle, de $\mathcal{C}$ dans $\underline{\mathrm{Hom}}(\mathcal{C}^{o}(\mathrm{Ens}))$. $\mathcal{C}$ sera équivalente à la sous-catégorie saturée de son " image " par h .

<u>Définition de h</u>

- <u>Objets de $\mathcal{C}$</u>

On doit associer à tout objet X de $\mathcal{C}$ un foncteur contravariant h(X) de $\mathcal{C}$ dans la catégorie (Ens) . Posons $h_X = h(X)$; h_X est le foncteur suivant:

- Si Y est un objet de $\mathcal{C}$, $h_X(Y) = \mathrm{Hom}(Y,X)$.
- Si $g : Y \longrightarrow Y'$ est un morphisme de $\mathcal{C}$, $h_X(g)$ est l'application de Hom(Y',X) dans Hom(Y,X) qui au morphisme k de Y' dans X fait correspondre le morphisme $k \circ g$ de Y dans X .

<u>Morphismes de $\mathcal{C}$</u>

Soit $f : X \longrightarrow X'$ un morphisme de $\mathcal{C}$. h(f) doit être un morphisme fonctoriel du foncteur h_X dans le foncteur $h_{X'}$; on le note h_f . h_f est le morphisme fonctoriel suivant :

- Si Y est un objet de $\mathcal{C}$, $h_f(Y)$ est l'application qui, à l'élément k de $h_X(Y)$, associe l'élément $f \circ k$ de $h_{X'}(Y)$.

- Si $g : Y' \longrightarrow Y$ est un morphisme de $\mathcal{C}$, on doit vérifier que le diagramme

$$\begin{array}{ccc}
\mathrm{Hom}(Y,X) = h_X(Y) & \xrightarrow{h_f(Y)} & h_{X'}(Y) = \mathrm{Hom}(Y,X') \\
{\scriptstyle h_X(g)}\downarrow & & \downarrow{\scriptstyle h_{X'}(g)} \\
\mathrm{Hom}(Y',X) = h_X(Y') & \xrightarrow{h_f(Y')} & h_{X'}(Y') = \mathrm{Hom}(Y',X')
\end{array}$$

est commutatif. C'est une conséquence immédiate de l'associativité de la loi de composition des morphismes de $\mathcal{C}$.

- h <u>vérifie les axiomes des foncteurs</u>.

On laisse au Lecteur le soin de s'en assurer.

- h <u>est un foncteur pleinement fidèle</u>

Il faut montrer que si X et X' sont deux objets de $\mathcal{C}$, l'application qui à tout morphisme f de X dans X' associe le morphisme fonctoriel h_f de h_X dans $h_{X'}$ est une bijection de $\mathrm{Hom}(X,X')$ sur $\mathrm{Hom}(h_X,h_{X'})$. On va établir un résultat plus général.

Soient F un foncteur contravariant de $\mathcal{C}$ dans (Ens) , X un objet de $\mathcal{C}$ et u un morphisme fonctoriel de h_X dans F . On a en particulier une application $u(X)$ de $h_X(X)$, c'est-à-dire $\mathrm{Hom}(X,X)$, dans $F(X)$. 1_X désignant le morphisme identique de X , posons $\alpha(u) = u(X)(1_X)$. $\alpha(u)$ est un élément de $F(X)$.

<u>PROPOSITION</u> . <u>L'application qui à tout élément</u> u <u>de</u> $\mathrm{Hom}(h_X,F)$ <u>associe l'élément</u> $\alpha(u)$ <u>de</u> $F(X)$ <u>est bijective</u>.

En effet, soient Y un objet de $\mathcal{C}$ et g un morphisme de Y dans X . Le diagramme suivant est commutatif :

$$\begin{array}{ccc}
\mathrm{Hom}(X,X) = h_X(X) & \xrightarrow{u(X)} & F(X) \\
{\scriptstyle h_X(g)}\downarrow & & \downarrow{\scriptstyle F(g)} \\
\mathrm{Hom}(Y,X) = h_X(Y) & \xrightarrow{u(Y)} & F(Y)
\end{array}$$

En considérant en particulier le morphisme identique 1_X de X , on a l'égalité suivante, valable quel que soit l'objet Y de $\mathcal{C}$ et quel que soit le morphisme g de Y dans X :

$$F(g)(\alpha(u)) = u(Y)(g) \tag{1}$$

On en déduit que l'application α est injective. Elle est surjective car si β est un élément de $F(X)$, pour tout objet Y de $\mathcal{C}$, soit $v(Y)$ l'application qui à tout élément g de $h_X(Y)$ associe l'élément $F(g)(\beta)$ de $F(Y)$. L'ensemble des applications $v(Y)$ définit un morphisme fonctoriel v de h_X dans F et on vérifie que $\alpha(v) = \beta$.

Il résulte de cette proposition que le foncteur h est pleinement fidèle.

En effet, soit X et X' deux objets de $\mathcal{C}$. Appliquons la proposition précédente en prenant $h_{X'} = F$. $F(X) = \mathrm{Hom}(X,X')$ et α est une bijection de $\mathrm{Hom}(h_X,h_{X'})$ sur $\mathrm{Hom}(X,X')$. Or, on vérifie que si u est un élément de $\mathrm{Hom}(h_X,h_{X'})$, $h_{\alpha(u)} = u$ et que si f est un élément de $\mathrm{Hom}(X,X')$, $\alpha(h_f) = f$. α est donc l'application inverse de l'application définie par h , cette dernière est bijective.

<u>DEFINITION</u>. Un foncteur contravariant F d'une catégorie $\mathcal{C}$ dans la catégorie des ensembles est appelé foncteur représentable de $\mathcal{C}$ dans (Ens) (ou simplement foncteur représentable) s'il existe un objet X de $\mathcal{C}$ tel que le foncteur h_X soit isomorphe à F . Si F est représentable, on appelle représentant de F tout couple (X,u) où X est un objet de $\mathcal{C}$ et u un isomorphisme fonctoriel de h_X sur F .

u est déterminé par l'élément $\alpha(u)$ de $F(X)$. D'après l'égalité (1) $\alpha(u)$ est caractérisé par le fait que, pour tout objet Y de $\mathcal{C}$, l'application qui à l'élément g de $\mathrm{Hom}(Y,X)$ associe l'élément $F(g)(\alpha(u))$ de $F(Y)$ est bijective. On dira quelquefois par abus de langage que le couple $(X,\alpha(u))$ est un représentant de F .

<u>Si</u> (X,u) <u>et</u> (X',u') <u>sont deux représentants</u> d'un même foncteur représentable F , alors X et X' sont canoniquement isomorphes. En effet, $u'^{-1} \circ u$ est un isomorphisme de h_X dans $h_{X'}$; h étant pleinement fidèle, il existe un isomorphisme et un seul f de X dans X' tel que $h_f = u'^{-1} \circ u$. Inversement, si (X,u) est un représentant de F et f un isomorphisme de X dans X' , alors h_f est un isomorphisme de h_X dans $h_{X'}$ et $(X', u \circ h_f^{-1})$ est un représentant de F .

La sous-catégorie pleine de <u>Hom</u>$(\mathcal{C}^\circ,(\mathrm{Ens}))$ dont les objets sont les foncteurs représentables de $\mathcal{C}$ dans (Ens) est appelée *catégorie des foncteurs représentables* de $\mathcal{C}$ dans (Ens) . Le foncteur h est un foncteur pleinement fidèle et génériquement surjectif de $\mathcal{C}$ dans cette catégorie.

$\mathcal{C}$ est *équivalente* à la catégorie des foncteurs représentables de $\mathcal{C}$ dans (Ens) .

Soit $\mathcal{C}$ une catégorie. Un *problème universel* dans $\mathcal{C}$ est un problème du type suivant : " Etant donné un foncteur contravariant de $\mathcal{C}$ dans la catégorie des ensembles, ce foncteur est-il représentable ? " . Un représentant, s'il en existe, est appelé *solution du problème universel* . L'objet correspondant de $\mathcal{C}$ est déterminé à un isomorphisme près.

En appliquant les résultats précédents à la catégorie duale d'une catégorie $\mathcal{C}$, on obtient des définitions et des propriétés duales des précédentes. On définit un foncteur *contravariant* h' de $\mathcal{C}$ dans la catégorie *Hom*($\mathcal{C}$,(Ens)) . En particulier, pour tout objet X de $\mathcal{C}$, $h'(X) = h'_X$ associe à tout objet Y de $\mathcal{C}$ l'ensemble Hom(X,Y) . h' est pleinement fidèle. On a de plus une formule analogue à la formule (1) pour tout foncteur covariant F de $\mathcal{C}$ dans (Ens) et tout objet X de $\mathcal{C}$. Un tel foncteur F est dit *coreprésentable* s'il existe un objet X de $\mathcal{C}$ tel que h'_X soit isomorphe à F . Un *coreprésentant* de F est un couple (X,u) où X est un objet de $\mathcal{C}$ et u un isomorphisme de h'_X dans F . h' est un foncteur pleinement fidèle et génériquement surjectif de $\mathcal{C}$ dans la catégorie des foncteurs coreprésentables de $\mathcal{C}$ dans (Ens) . $\mathcal{C}$ est donc *antiéquivalente* à la catégorie des foncteurs coreprésentables. Aux foncteurs coreprésentables correspondent les *problèmes co-universels*.

Si F et F' sont deux foncteurs représentables d'une catégorie $\mathcal{C}$ dans (Ens) et v un morphisme fonctoriel de F dans F' , alors pour tout couple de représentants (X,u) de F et (X',u') de F' , il existe un morphisme f et un seul de X dans X' tel que, pour tout objet Y de $\mathcal{C}$, le diagramme

$$\begin{array}{ccc}
F(Y) & \xrightarrow{v(Y)} & F'(Y) \\
{\scriptstyle u(Y)}\uparrow & & \uparrow{\scriptstyle u'(Y)} \\
h_X(Y) & \xrightarrow{h_f(Y)} & h_{X'}(Y)
\end{array}$$

soit commutatif. La démonstration est évidente. Si pour tout foncteur représentable on choisit un représentant , ce qui précède détermine de manière unique un foncteur covariant de la catégorie des foncteurs représentables dans la catégorie $\mathcal{C}$. Ce foncteur est, dans $(Cat)_{eq}$, le foncteur inverse du foncteur h . La propriété précédente n'est autre que le " caractère fonctoriel " de la solution d'un problème universel.

Exemple . Soit $\mathcal{C}$ la catégorie dont les objets sont les corps commutatifs et les morphismes les homomorphismes de corps. Soit K la catégorie des anneaux commutatifs unitaires et intègres. A tout objet A de K associons le foncteur covariant F_A de $\mathcal{C}$ dans la catégorie des ensembles, F_A étant défini de la manière suivante : si X est un corps commutatif, $F_A(X)$ est l'ensemble des homomorphismes injectifs de l'anneau A dans l'anneau sous-jacent à X . Supposons F_A coreprésentable pour tout anneau A et soit (X_A, u_A) un coreprésentant de F_A . Le couple (X_A, u_A) est caractérisé par la propriété suivante : si $\alpha(u_A) = u_A(X_A)(1_{X_A})$, alors pour tout corps Y et tout homomorphisme injectif g de A dans Y , il existe un homomorphisme et un seul f de X_A dans Y tel que le diagramme :

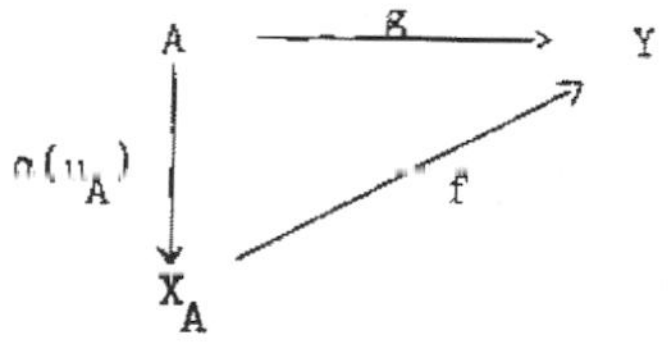

soit commutatif.

X_A est le corps des fractions de A . L'existence est établie de manière classique ; l'unicité, à un isomorphisme près, résulte de la théorie générale des problèmes couniversels. On laisse au Lecteur le soin d'expliciter le " caractère fonctoriel " .

§ 2 . Applications

On désire étendre aux catégories abstraites certaines définitions et certaines constructions connues sur la catégorie des ensembles. Les notions introduites devront être " invariantes par équivalence de catégories " . D'une manière sommaire, on cherche une caractérisation à l'aide des morphismes et, pour les " bonnes notions " , cette caractérisation est fournie par les foncteurs représentables ou coreprésentables. On se limitera à quelques exemples.

Définition des monomorphismes

On se propose de généraliser la notion d'injection.

Etudions le cas de la catégorie des ensembles. Soit h le foncteur canonique de (Ens) dans Hom((Ens)° , (Ens)) . Soit f une application d'un ensemble X dans un ensemble Y . h_f est un morphisme fonctoriel du foncteur h_X dans le foncteur h_Y . On vérifie immédiatement que les deux propriétés suivantes sont équivalentes :

- f est injective ;
- pour tout ensemble Z , $h_f(Z) : \mathrm{Hom}(Z,X) \longrightarrow \mathrm{Hom}(Z,Y)$ est injective.

On a donc une caractérisation des injections à l'aide des morphismes. Le mot " injection " étant réservé à (Ens) , on pose la définition suivante :

<u>DEFINITION</u> . Un morphisme $f : X \longrightarrow Y$ d'une catégorie $\mathcal{C}$ est appelé monomorphisme si, pour tout objet Z de $\mathcal{C}$, l'application correspondante de $\mathrm{Hom}(Z,X)$ dans $\mathrm{Hom}(Z,Y)$ est injective.

<u>Structure de groupe sur un objet d'une catégorie</u>

On va caractériser la donnée d'une structure de groupe sur un ensemble à l'aide des morphismes. Soit (Ab) la catégorie des groupes abéliens ; on a défini un foncteur F , appelé foncteur ensemble sous-jacent, de (Ab) dans (Ens) .

Soient G un groupe abélien, X l'ensemble sous-jacent. Pour tout ensemble Z , $\mathrm{Hom}(Z,X)$ a une structure canonique de groupe abélien. L'application qui à l'ensemble Z associe le groupe abélien $\mathrm{Hom}(Z,X)$ permet de définir canoniquement un foncteur contravariant k de (Ens) dans (Ab) , ce foncteur étant tel que : $F \circ k = h_X$.

$$\begin{array}{ccc} (\mathrm{Ens})^\circ & \xrightarrow{\quad k \quad} & (\mathrm{Ab}) \\ {\scriptstyle h_X}\downarrow & \swarrow {\scriptstyle F} & \\ (\mathrm{Ens}) & & \end{array}$$

Réciproquement, donnons-nous un ensemble X et une factorisation $F \circ k = h_X$ du type précédent, alors X a une structure canonique de groupe abélien (il suffit de considérer l'ensemble à un élément) . A un isomorphisme près, il existe donc une bijection entre les structures du groupe sur X et les factorisations de h_X à travers (Ab) . Autrement dit, la donnée d'une structure de groupe abélien sur un ensemble X équivaut à la donnée d'une structure de groupe abélien sur chacun des ensembles $\mathrm{Hom}(Z,X)$, la loi de composition des morphismes étant linéaire.

Si X est un objet d'une catégorie abstraite, on dira que X est muni d'une structure de groupe abélien si on s'est donné une factorisation de h_X à travers (Ab) . Autrement dit, pour tout objet Z de la catégorie, $\mathrm{Hom}(Z,X)$ est muni d'une structure de groupe abélien et si $f : Z' \longrightarrow Z$ est un morphisme de la catégorie, $h_f(X) : \mathrm{Hom}(Z,X) \longrightarrow \mathrm{Hom}(Z',X)$ est un isomorphisme de groupes.

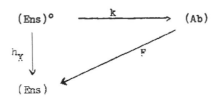

Définition des épimorphismes

On se propose d'étendre la notion de surjection.

On examine d'abord le cas de la catégorie des ensembles. La considération des foncteurs représentables ne donne rien ; par contre, si h' désigne le foncteur canonique de $(Ens)^{\circ}$ dans $\underline{Hom}((Ens),(Ens))$, on obtient la caractérisation suivante : pour qu'une application f d'un ensemble X dans un ensemble Y soit surjective, il faut et il suffit que, pour tout ensemble Z l'application $h'_f(Z)$ de $Hom(Y,Z)$ dans $Hom(X,Z)$ soit injective. Le mot " surjection " étant réservé à (Ens) , on pose la définition suivante :

DEFINITION . Un morphisme $f : X \longrightarrow Y$ d'une catégorie $\mathcal{C}$ est appelé épimorphisme si, pour tout objet Z de $\mathcal{C}$, l'application correspondante de $Hom(Y,Z)$ dans $Hom(X,Z)$ est injective.

Remarque . Les notions de monomorphisme et d'épimorphisme sont duales. h' étant une anti-équivalence de catégories transforme les monomorphismes en épimorphismes et inversement. Donc, si f est un épimorphisme , h'_f est un monomorphisme ; ceci explique que, dans la caractérisation des épimorphismes on ait trouvé $h'_f(Z)$ injectif et non pas surjectif. En un certain sens, la notion de monomorphisme est une notion " directe " tandis que la notion d'épimorphisme est une notion " duale ".

A partir de maintenant, on donnera directement les définitions générales sans étudier le cas préliminaire de la catégorie des ensembles.

Limite projective d'un foncteur

Soient $\mathcal{C}$ et $\mathcal{C}'$ deux catégories et F un foncteur de $\mathcal{C}'$ dans $\mathcal{C}$, par exemple covariant. On va définir un foncteur contravariant G de $\mathcal{C}$ dans (Ens) . Si X est un objet de $\mathcal{C}$, $G(X)$ est le sous-ensemble de $\prod_{A \in Ob(\mathcal{C}')} Hom(X,F(A))$ formé des familles $(\rho_A)_{A \in Ob(\mathcal{C}')}$ vérifiant la condition suivante : pour tout morphisme $f : A \longrightarrow B$ le diagramme

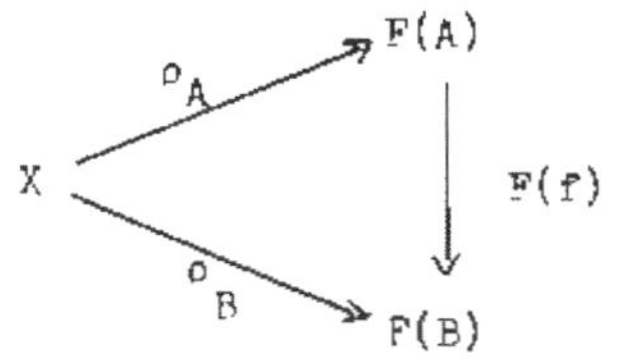

est commutatif.

G est défini de manière évidente sur les morphismes de $\mathcal{C}$.

On dit que le foncteur F admet une <u>limite projective</u> si le foncteur G est <u>représentable</u>. On appelle <u>limite projective</u> de F tout représentant de G. La limite projective est donc définie à un isomorphisme près. Si (X,u) est un représentant de G, on note $X = \varprojlim(F)$ et par abus de langage, on dit que X est la limite projective de F. (X,u) désignant toujours un représentant de G, on sait que u est déterminé par un élément de $G(X)$ ($\alpha(u)$ avec notations de parg, 1), c'est-à-dire une famille $(u_A)_{A \in Ob(\mathcal{C}')}$ de morphismes $u_A : X \longrightarrow F(A)$ " compatible avec les morphismes de $\mathcal{C}'$. On a alors la propriété caractéristique (" universelle ") suivante : pour tout objet Y de $\mathcal{C}$ et pour tout élément $(\rho_A)_{A \in Ob(\mathcal{C}')}$ de $G(Y)$, il existe une morphisme ρ de Y dans X et un seul tel que, pour tout objet A de $\mathcal{C}'$, on ait $u_A \circ \rho = \rho_A$.

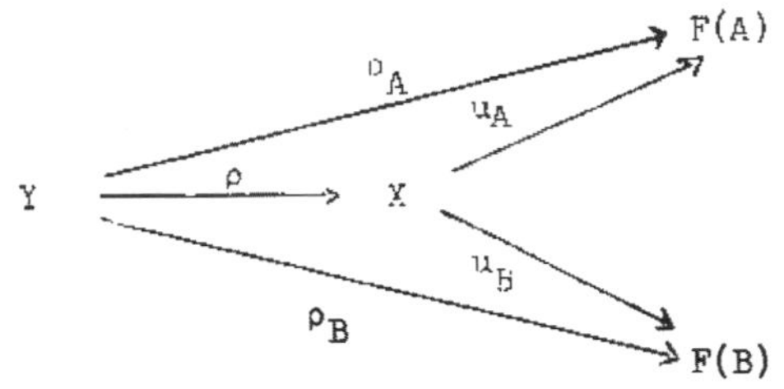

D'après la théorie générale des foncteurs représentables, la limite projective est fonctorielle en ce sens que si F et F' sont deux foncteurs (par exemple covariants) de $\mathcal{C}'$ dans $\mathcal{C}$ et v un morphisme fonctoriel de F vers F', on en déduit un morphisme fonctoriel de G vers G' et par suite si (X,u) est un représentant de G, (X',u') un représentant de G', il existe un morphisme et un seul noté $\varprojlim v$ de X dans X', tel que, pour tout objet A de $\mathcal{C}'$, on ait $u'_A \circ \varprojlim v = u_A$. On retrouve ceci directement en considérant le diagramme :

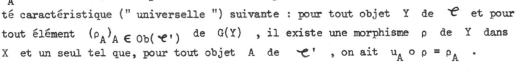

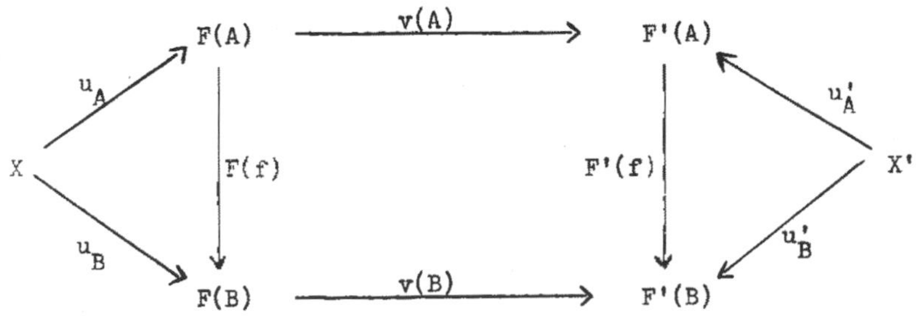

En particulier, si on considère le foncteur F_Y de $\mathcal{C}'$ dans $\mathcal{C}$, associant à tout objet de $\mathcal{C}'$ l'objet Y de $\mathcal{C}$ et à tout morphisme de $\mathcal{C}'$ le morphisme identique de Y , on voit que se donner un élément $(\rho_A)_{A \in Ob(\mathcal{C}')}$ de $G(Y)$, c'est se donner un morphisme fonctoriel de F_Y vers F . Comme Y est la limite projective de F_Y , on a $\rho = \varprojlim((\rho_A)_{A \in Ob(\mathcal{C}')})$. Si $\mathcal{C}'$ n'a qu'un nombre fini d'objets et un nombre fini de morphismes, on dit que la limite projective est une limite projective finie.

Exemples :

1 . Produit direct d'objets

Soient $\mathcal{C}$ une catégorie et $(A_i)_{i \in I}$ une famille d'objets de $\mathcal{C}$. Considérons la catégorie suivante $\mathcal{C}'$: les objets de $\mathcal{C}'$ sont les éléments de I , les morphismes de $\mathcal{C}'$ se réduisent aux morphismes identiques.

L'application qui a l'objet i de $\mathcal{C}'$ associe l'objet A_i de $\mathcal{C}$ définit de manière évidente un foncteur F de $\mathcal{C}'$ dans $\mathcal{C}$. La limite projective de F , si elle existe s'appelle le produit direct des objets A_i . On la note $\prod_{i \in I}(A_i)$. En désignant par u_i les morphismes canoniques du produit direct dans les A_i , la propriété caractéristique est la suivante : pour tout objet Y de $\mathcal{C}$, l'application qui associe à un élément ρ de $Hom(Y, \prod_{i \in I} A_i)$ l'élément $(u_i \circ \rho)_{i \in I}$ de $\prod_{i \in I} Hom(Y,A_i)$ est bijective. On vérifie immédiatement que le produit direct est associatif.

Limite projective d'une famille préordonnée

Soit I un ensemble préordonné. Considérons la catégorie suivante : les objets sont les éléments de I ; si i et j sont deux éléments de I , $Hom(i,j)$ est, vide si $i > j$, réduit au morphisme identique si $i = j$, réduit à un seul élément $\alpha_{i,j}$ si $i < j$. Si $i < j < k$ on suppose que $\alpha_{jk} \circ \alpha_{ij} = \alpha_{i,k}$. Un foncteur de cette catégorie dans une catégorie $\mathcal{C}$ est déterminé par une famille $(A_i)_{i \in I}$ d'objets de $\mathcal{C}$ et par une famille $(u_{i,j})_{i < j}$ de morphismes $u_{i,j}$ de A_i dans A_j , ces morphismes étant tels que $u_{j,k} \circ u_{i,j} = u_{i,k}$ chaque fois que $i < j < k$. On laisse au lecteur le soin d'expliciter la propriété caractéristique de la limite projective d'un tel foncteur . En pratique, c'est ce cas qui est le plus fréquemment utilisé.

Remarque. Si $(A_i)_{i \in I}$ est une famille préordonnée, il existe un morphisme canonique de $\varprojlim (A_i)_{i \in I}$ dans $\prod_{i \in I}(A_i)$.* Ce morphisme est un monomorphisme strict de sorte que la limite projective est un sous-objet du produit direct. Cette remarque sera utilisée systématiquement pour établir l'existence de la limite projective .

<u>DEFINITION</u> . Soient $\mathcal{C}_1$ et $\mathcal{C}_2$ deux catégories et F un foncteur de $\mathcal{C}_1$ dans $\mathcal{C}_2$. On dit que F commute aux limites projectives (resp. aux limites projectives finies) si pour toute catégorie $\mathcal{C}'$ (resp. toute catégorie $\mathcal{C}'$ n'ayant qu'un nombre fini de morphismes) et tout foncteur F' de $\mathcal{C}'$ dans $\mathcal{C}_1$ possédant une limite projective, alors F o F' possède une limite projective et :

$$\varprojlim (F \circ F') = F(\varprojlim (F')) \quad .$$

<u>Limite inductive</u>. C'est la notion duale de la notion de limite projective.

Si $\mathcal{C}$ et $\mathcal{C}'$ sont deux catégories et F un foncteur de $\mathcal{C}'$ dans $\mathcal{C}$, la limite inductive de F , si elle existe est un objet de $\mathcal{C}$, noté $\varinjlim F$, muni d'une famille de morphismes $(u_A)_{A \in Ob(\mathcal{C}')}$, $u_A : F(A) \longrightarrow \varinjlim F$, possédant la propriété caractéristique suivante :

pour tout objet Y de $\mathcal{C}$ et toute famille $(\rho_A)_{A \in Ob(\mathcal{C}')}$ de morphismes $\rho_A : F(A) \longrightarrow Y$ compatible avec les morphismes de $\mathcal{C}'$, c'est-à-dire telle que $\rho_B \circ F(f) = \rho_A$ pour tout morphisme $f : A \longrightarrow B$ de $\mathcal{C}'$, alors il existe un morphisme ρ et un seul de $\varinjlim F$ dans Y , tel que, pour tout objet A de $\mathcal{C}'$, $\rho \circ u_A = \rho_A$.

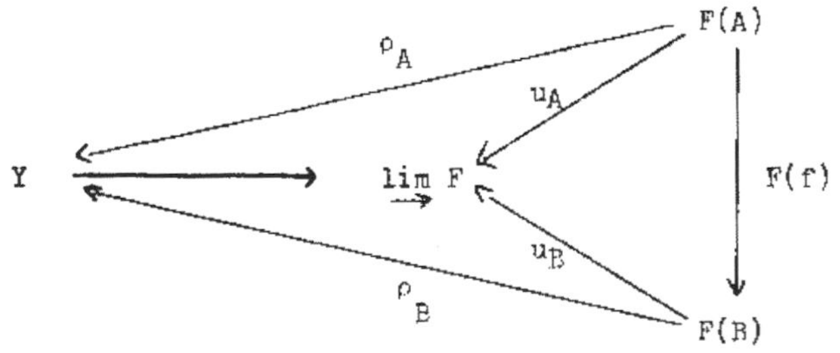

La limite inductive a un " caractère fonctoriel " , et, en particulier, on a $\rho = \varinjlim \rho_A$.

<u>Cas particuliers</u>

1) Somme directe d'objets de $\mathcal{C}$: c'est le cas où les seuls morphismes de $\mathcal{C}'$ sont les morphismes identiques. On la note $\coprod$

2) Limite inductive d'une famille préordonnée.* On a un épimorphisme strict canonique de la somme directe dans la limite inductive, ce qui permet de considérer

la limite inductive comme un objet quotient de la somme directe * .

On définit de manière évidente les foncteurs commutant aux limites inductives (resp. aux limites inductives finies) .

Noyau et conoyau de deux flèches

Noyau - Soient $\mathcal{C}$ une catégorie, X et Y deux objets de $\mathcal{C}$ et f et g deux morphismes de X dans Y . Soit $\mathcal{C}'$ la catégorie suivante : elle a deux objets A et B et quatre morphismes, les morphismes identiques et deux morphismes u et v de A dans B . Soit F le foncteur de $\mathcal{C}'$ dans $\mathcal{C}$ défini par $F(A) = X, F(B) = Y$, $F(u) = f$ et $F(v) = g$. On appelle noyau de f et de g la limite projective, si elle existe, du foncteur F . Cette limite projective est formée d'un objet de $\mathcal{C}$, noté Ker(f,g) , et de deux morphismes i et j de source Ker(f,g) , de buts respectifs X et Y et tels que $f \circ i = g \circ i = j$. La propriété caractéristique s'énonce de la manière suivante : pour tout objet Z de $\mathcal{C}$ et tout morphisme k de Z dans X tel que $f \circ k = g \circ k$, il existe un morphisme et un seul k' de Z dans Ker(f,g) tel que $k = i \circ k'$.

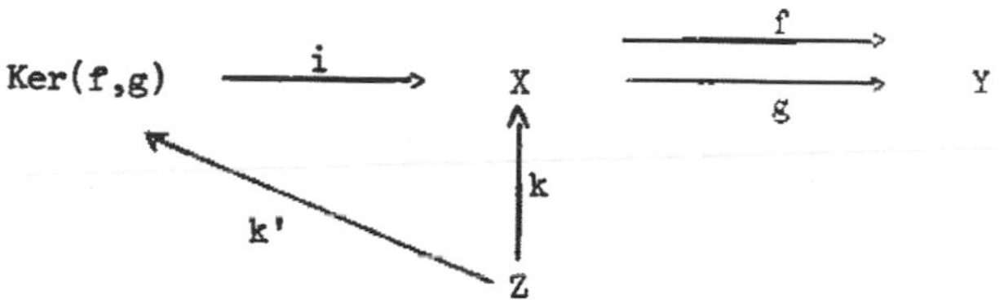

On en déduit que i est un monomorphisme. j étant déterminé par i , on dit simplement que le couple (Ker(f,g),i) est le noyau de f et g ou encore plus simplement que i est le noyau de f et g .

Dans la catégorie des ensembles, le noyau de f et g est l'injection canonique dans X du sous-ensemble $\text{Ker}(f,g) = \{t, f(t) = g(t)\}$.

Dans la catégorie des groupes abéliens, le noyau d'un homomorphisme et de l'homomorphisme nul n'est autre que le noyau au sens habituel.

DEFINITION. Etant donnée une catégorie, $\mathcal{C}$, un monomorphisme $i : A \longrightarrow B$ de $\mathcal{C}$ est dit strict si i est un noyau, c'est-à-dire s'il existe un objet C de $\mathcal{C}$ et deux morphismes f et g de B dans C tels que i soit le noyau de f et g . Si i est un noyau on dit que (A,i) est un sous-objet de B .

Exemples

1) Soient (evt) la catégorie des espaces vectoriels topologiques, E et F

deux objets et i une application linéaire de E dans F. Pour que i soit un monomorphisme, il faut et il suffit que i soit injective et continue. Pour que i soit un monomorphisme strict, il faut et il suffit que i soit un monomorphisme et que, sur $i(E)$, la topologie image par i de celle de E soit identique à la topologie induite par celle de F.

2) Soit $i : X \longrightarrow Y$ un morphisme inversible à gauche et j un inverse à gauche de i. i est un monomorphisme et j un épimorphisme. De plus, on vérifie immédiatement que i est le noyau des flèches 1_X et $i \circ j$.

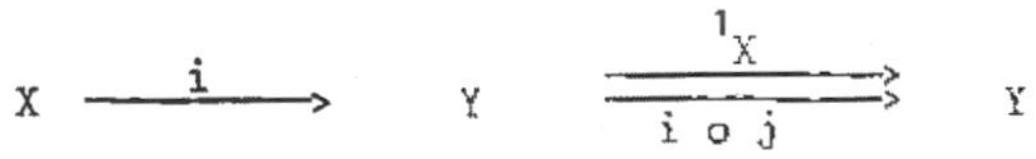

Un morphisme inversible à gauche est donc un monomorphisme strict.

Conoyau

C'est la notion duale de la notion de noyau. Avec les notations employées pour définir ce dernier, le conoyau des deux flèches f et g est donc, si elle existe, la limite inductive du foncteur F. Le conoyau est formé d'un objet de $\mathcal{C}$, noté $\mathrm{Coker}(f,g)$, et c'est un morphisme p de Y dans $\mathrm{Coker}(f,g)$.
La propriété caractéristique est la suivante : pour tout objet Z de $\mathcal{C}$ et tout morphisme k de Y dans Z tel que $k \circ f = k \circ g$, il existe un morphisme et un seul k' de $\mathrm{Coker}(f,g)$ dans Z tel que $k' \circ p = k$.

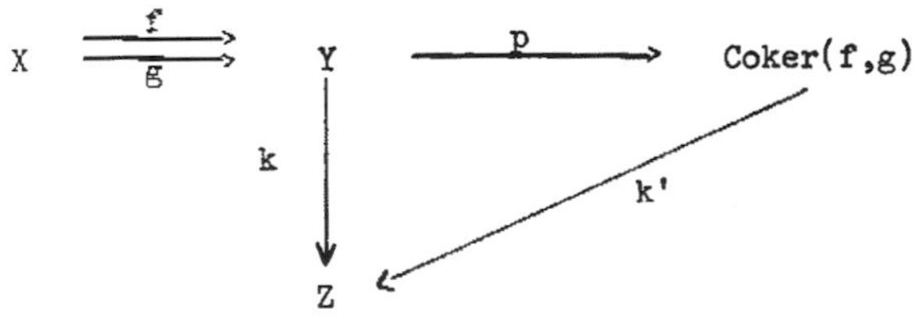

On en déduit que p est un épimorphisme. On dit simplement que p est le conoyau de f et g.

DEFINITION. Etant donnée une catégorie $\mathcal{C}$, un épimorphisme $p : A \longrightarrow B$ est dit strict s'il peut être considéré comme un conoyau, c'est-à-dire s'il existe un objet C de $\mathcal{C}$ et deux morphismes f et g de C dans B tels que p soit le conoyau de f et g. Si p est un conoyau, on dit que (B,p) est un objet quotient de A.

Exemple. Les morphismes inversibles à droite sont des épimorphismes stricts.

DEFINITION. Soient $\mathcal{C}$ une catégorie et f un morphisme de $\mathcal{C}$, on dit que f est un morphisme strict si f se met sous la forme : $f = i \circ p$ où i est un monomorphisme strict et p un épimorphisme strict.

Objet initial, objet final, objet nul

Soit E un ensemble à un élément et $\mathcal{C}$ une catégorie. Si le foncteur covariant (resp. contravariant) qui associe à tout objet l'ensemble E est coreprésentable (resp. représentable), on dit que son représentant, défini à un isomorphisme près, est un objet final (resp. initial) de $\mathcal{C}$. Pour tout objet X de $\mathcal{C}$, il existe un morphisme et un seul de X dans un objet final (resp. d'un objet initial dans X) . On dit qu'un objet est nul s'il est à la fois initial et final.

Foncteurs adjoints (d'après [1])

Soient $\mathcal{C}$ et $\mathcal{C}'$ deux catégories, T un foncteur covariant de $\mathcal{C}$ dans $\mathcal{C}'$ et S un foncteur covariant de $\mathcal{C}'$ dans $\mathcal{C}$. Considérons les deux bifoncteurs :

$$\mathrm{Hom}(\cdot\,,T\cdot) \;:\; (X, X') \rightsquigarrow \mathrm{Hom}(X',T(X)) \;,$$
$$\mathrm{Hom}(S\cdot\,,\cdot) \;:\; (X, X') \rightsquigarrow \mathrm{Hom}(S(X'),X))$$

des catégories $\mathcal{C}$ et $\mathcal{C}'$ dans la catégorie (Ens) .

Soit u un morphisme fonctoriel de Hom(., T.) dans Hom(S., .) . Pour tout objet (X,X') de $\mathcal{C} \times \mathcal{C}'$, u(X,X') est une application de Hom(X', T(X)) dans Hom(S(X'), X) . En particulier, si X' = T(X) , on a :

$$u(X, T(X)) \;:\; \mathrm{Hom}(T(X),T(X)) \longrightarrow \mathrm{Hom}(S \circ T(X), X) \;.$$

Posons :

$$U(X) = (u(X,T(X))(1_{T(X)}) \;.$$

On vérifie sans peine que l'application associant à tout objet X de $\mathcal{C}$ le morphisme U(X) définit un morphisme fonctoriel $\alpha(u) = U$ de $S \circ T$ dans $1_{\mathcal{C}}$.

Réciproquement, soit U un morphisme fonctoriel de $S \circ T$ dans $1_{\mathcal{C}}$.

Pour tout objet X de $\mathcal{C}$, U(X) est un élément de Hom(S o T(X), X) . Soient h et h' les foncteurs canoniques :

$$h \;:\; \mathcal{C} \longrightarrow \underline{\mathrm{Hom}}(\mathcal{C}^{\circ}, (\mathrm{Ens})) \;,$$
$$h' \;:\; \mathcal{C}' \longrightarrow \underline{\mathrm{Hom}}(\mathcal{C}'^{\circ}, (\mathrm{Ens})) \;.$$

A l'objet X de $\mathcal{C}$ on peut associer les deux foncteurs contravariants $h_X \circ S$ et $h'_{T(X)}$ de $\mathcal{C}'$ dans (Ens) , et, d'après une proposition établie lors de l'étude des foncteurs représentables, à l'élément $U(X)$ de $h_X \circ S(T(X)) = \mathrm{Hom}(S \circ T(X), X)$ correspond canoniquement à un morphisme fonctoriel de $h'_{T(X)}$ dans $h_X \circ S$. En particulier, pour tout objet X' de $\mathcal{C}'$, on a une application $u(X, X')$:

$$u(X,X') \ : \ h_{T(X)}(X') = \mathrm{Hom}(X', T(X)) \longrightarrow \mathrm{Hom}(S(X'),X) = h_X \circ S(X') \ .$$

On constate aisément que l'application associant au couple (X,X') le morphisme $u(X,X')$ définit un morphisme fonctoriel $\beta(U) = u$ de $\mathrm{Hom}(.,T.)$ dans $\mathrm{Hom}(S.,.)$ Enfin, il est clair que les applications α et β sont inverses, d'où :

PROPOSITION . L'application $u \rightsquigarrow \alpha(u)$ de $\mathrm{Hom}(\mathrm{Hom}(.,T.) , \mathrm{Hom}(S.,.))$ (dans $\mathrm{Hom}(S \circ T, 1_{\mathcal{C}})$ est bijective.

De manière analogue, à tout morphisme fonctoriel v de $\mathrm{Hom}(S.,.)$ dans $\mathrm{Hom}(.,T.)$ on associe un morphisme fonctoriel V de $1_{\mathcal{C}'}$ dans $T \circ S$ et cette application est bijective.

Soient $u : \mathrm{Hom}(.,T.) \longrightarrow \mathrm{Hom}(S.,.)$, $v : \mathrm{Hom}(S.,.) \longrightarrow \mathrm{Hom}(.,T.)$ U le morphisme fonctoriel de $S \circ T$ dans $1_{\mathcal{C}}$ associé à u et V le morphisme fonctoriel de $1_{\mathcal{C}'}$ dans $T \circ S$ associé à v .

$SV : S \longrightarrow S \circ T \circ S$, défini par : $(SV)(X') = S(V(X'))$
$VT : T \longrightarrow T \circ S \circ T$, défini par : $(VT)(X) = V(T(X))$
$TU : T \circ S \circ T \longrightarrow T$, défini par : $(TU)(X) = T(U(X))$
$US : S \circ T \circ S \longrightarrow S$, défini par : $(US)(X') = U(S(X'))$

PROPOSITION

1) Pour que $v \circ u$ soit le morphisme fonctoriel identique de $\mathrm{Hom}(.,T.)$, il faut et il suffit que $US \circ SV$ soit le morphisme fonctoriel identique de S .

2) Pour que $u \circ v$ soit le morphisme fonctoriel identique de $(\mathrm{Hom}(S.,.)$, il faut et il suffit que $TU \circ VT$ soit le morphisme fonctoriel identique de T .

La démonstration est laissée au Lecteur à titre d'exercice.

DEFINITION. Si les deux foncteurs $\mathrm{Hom}(.,T.)$ et $\mathrm{Hom}(S.,.)$ sont isomorphes, on dit que S (resp. T) est adjoint (resp. coadjoint) à T (resp. S) .

Si $\mathcal{C}$ et $\mathcal{C}'$ sont deux catégories et S (resp. T) un foncteur covariant de $\mathcal{C}'$ dans $\mathcal{C}$ (resp. de $\mathcal{C}$ dans $\mathcal{C}'$) , on dit que S (resp. T) est un

<u>foncteur adjoint</u> (<u>resp. coadjoint</u>) s'il existe un foncteur covariant T (resp. S) de $\mathcal{C}$ dans $\mathcal{C}'$ (resp. de $\mathcal{C}'$ dans $\mathcal{C}$) tel que S soit adjoint (resp. coadjoint) à T (resp. S) .

Pour que S soit un foncteur adjoint, il faut et il suffit que pour tout objet X de $\mathcal{C}$ le foncteur contravariant $h_X \circ S$ de $\mathcal{C}'$ dans (Ens) soit représentable. On a une propriété analogue pour les foncteurs coadjoints de sorte que l'adjoint (resp. le coadjoint) d'un foncteur est, s'il existe, défini à un isomorphisme près (on obtient en effet un foncteur coadjoint à S en choisissant pour tout X un représentant de $h_X \circ S$) ; On peut dire encore que pour que S soit adjoint à T , il faut et il suffit que le foncteur associant à l'objet X de $\mathcal{C}$ le foncteur $h_X \circ S$ soit isomorphe au foncteur $h' \circ T$.

<u>PROPOSITION</u> . Un foncteur adjoint commute aux limites inductives. Un foncteur coadjoint commute aux limites projectives.

C'est une conséquence immédiate de la définition.

TROISIEME PARTIE - CATEGORIES ADDITIVES, PRE-ABELIENNES ET ABELIENNES

CATEGORIES ADDITIVES

Soit $\mathcal{C}$ une catégorie vérifiant les deux axiomes suivants :

Cad 1 . Il existe un objet nul, noté 0 .

Cad 2 . Pour tout couple (X,Y) d'objets de $\mathcal{C}$, $X \prod Y$ et $X \coprod Y$ existent.

Si X et Y sont deux objets de $\mathcal{C}$, en composant le morphisme de X dans 0 avec le morphisme de 0 dans Y , on obtient un morphisme de X dans Y , noté $0_{X,Y}$ appelé morphisme nul.

Si X et Y sont deux objets de $\mathcal{C}$, notons :

q_X (resp. q'_Y) le morphisme canonique de $X \prod Y$ dans X (resp. dans Y),

j_X (resp. j'_Y) le morphisme canonique de X (resp. Y) dans $X \coprod Y$.

On laisse au Lecteur le soin d'établir le lemme suivant :

LEMME . Il existe un morphisme et un seul $h_{X,Y}$ de $X \coprod Y$ dans $X \prod Y$ tel que:

$$q_X \circ h \circ j_X = 1_X \quad , \quad q'_Y \circ h \circ j_X = 0_{X,Y} \quad ,$$

$$q'_Y \circ h \circ j'_Y = 1_Y \quad , \quad q_X \circ h \circ j'_Y = 0_{Y,X} \quad .$$

En général, ce morphisme n'est pas un isomorphisme. Dans la suite, on supposera que $\mathcal{C}$ vérifie l'axiome suivant :

Cad 3 . Pour tout couple (X,Y) d'objets de $\mathcal{C}$, $h_{X,Y}$ est un isomorphisme.

On identifiera désormais $X \coprod Y$ et $X \prod Y$ et on notera $X \oplus Y$ cet objet muni des morphismes canoniques. Comme les morphismes $h_{X,Y}$ définissent un isomorphisme fonctoriel de la somme directe de deux objets dans le produit direct de deux objets, cette identification est compatible avec la commutativité et l'associativité de la somme et du produit direct .

On a le diagramme suivant :

$$\begin{array}{ccccc} & & X & & \\ & & \downarrow{\scriptstyle j_X} & & \\ Y & \xrightarrow{j'_Y} & X \oplus Y & \xrightarrow{q'_Y} & Y \\ & & \downarrow{\scriptstyle q_X} & & \\ & & X & & \end{array}$$

avec : $q'_Y \circ j'_Y = 1_X$, $q_X \circ j_X = 1_X$, $q'_Y \circ j_X = 0_{X,Y}$

et $q_X \circ j'_Y = 0_{Y,X}$.

On va définir pour tout couple (X,Y) d'objets de $\mathcal{C}$ une loi de composition interne dans l'ensemble $\mathrm{Hom}(X,Y)$; les axiomes précédents entraineront que cette loi est associative, commutative et possède un élément neutre. Un quatrième axiome assurera l'existence d'un inverse pour tout élément. Les ensembles $\mathrm{Hom}(X,Y)$ seront des groupes abéliens et on vérifiera que la loi de composition des morphismes est bilinéaire.

Définition de la loi interne dans $\mathrm{Hom}(X,Y)$.

D'après la définition du produit direct, au couple $(1_X, 1_X)$ de morphismes est associé canoniquement un morphisme de X dans $X \oplus X$, noté S_X , appelé morphisme diagonal. De même, on a un morphisme D_Y de $Y \oplus Y$ dans Y . Si f et g sont deux morphismes de X dans Y , le caractère fonctoriel du produit direct permet de leur associer un morphisme $f \oplus g$ de $X \oplus X$ dans $Y \oplus Y$.

Par définition, on pose : $f + g = D_Y \circ (f \oplus g) \circ S_X$.

$$X \xrightarrow{S_X} X \oplus X \xrightarrow{f \oplus g} Y \oplus Y \xrightarrow{D_Y} Y$$

Il est immédiat que cette loi est commutative, associative et que $0_{X,Y}$ est l'élément neutre.

Supposons que $\mathcal{C}$ vérifie l'axiome suivant :

<u>Cad 4</u> . Pour tout objet X de $\mathcal{C}$, il existe un morphisme $c(X)$ de X dans X tel que le diagramme :

$$\begin{array}{ccc} X & \xrightarrow{\quad 0_{X,X} \quad} & X \\ \downarrow{\scriptstyle S_X} & & \downarrow{\scriptstyle D_X} \\ X \oplus X & \xrightarrow{\quad c(X) \oplus 1_X \quad} & X \oplus X \end{array}$$

soit commutatif.

Cet axiome signifie que $c(X)$ est l'opposé de 1_X dans $\mathrm{Hom}(X,X)$. Si f est un morphisme quelconque de X dans Y , $f \circ c(X) = c(X) = c(Y) \circ f$ est l'opposé de f dans $\mathrm{Hom}(X,Y)$.

On vérifie sans peine que le loi de composition des morphismes est bilinéaire. Réciproquement :

<u>PROPOSITION</u> . Soit $\mathcal{C}$ une catégorie vérifiant les conditions suivantes :

1) il existe un objet nul.
2) La somme directe (ou le produit direct) de deux objets quelconques de $\mathcal{C}$ existe.
3) Pour tout couple (X,Y) d'objets de $\mathcal{C}$, $\mathrm{Hom}(X,Y)$ est muni d'une structure de groupe abélien.
4) La loi de composition des morphismes est bilinéaire.

Alors, $\mathcal{C}$ vérifie les axiomes Cad. i ($i = 1, 2, 3, 4$) et, pour tout couple (f, g) de morphismes de l'objet X de $\mathcal{C}$ dans l'objet Y de $\mathcal{C}$, $f + g = D_Y \circ (f \oplus g) \circ S_X$.

La démonstration est classique ; le Lecteur pourra, par exemple, se reporter à [2] .

<u>DEFINITION</u>. Une catégorie $\mathcal{C}$ est dite additive si elle satisfait aux quatre axiomes Cad 1, Cad 2, Cad 3, et Cad 4 .

<u>FONCTEURS ADDITIFS</u>

<u>PROPOSITION</u>. Etant données deux catégories $\mathcal{C}$ et $\mathcal{C}'$, additives, et un foncteur F de $\mathcal{C}$ dans $\mathcal{C}'$, les deux propriétés suivantes sont équivalentes :

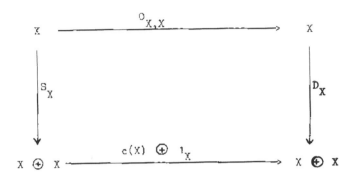

1 - F commute aux sommes directes finies.

2 - Pour tout couple (f,g) de morphismes d'un objet X de $\mathcal{C}$ dans un objet Y de $\mathcal{C}$, $F(f + g) = F(f) + F(g)$.

On appelle foncteur additif tout foncteur vérifiant l'une ou l'autre des conditions précédentes.

L'équivalence des deux propriétés résulte de la définition de l'addition dans Hom(X,Y) .

Sauf mention expresse du contraire, lorsqu'on ne considère que des catégories additives, tous les foncteurs introduits sont tacitement supposés additifs.

Exemples de catégories additives

1 - La catégorie des espaces vectoriels topologiques.

2 - La catégorie des groupes abéliens.

CATEGORIES PRE-ABELIENNES

Soient $\mathcal{C}$ une catégorie additive, X et Y deux objets de $\mathcal{C}$, et f un morphisme de X dans Y . On appelle noyau de f et on note Ker(f) , le noyau, s'il existe des deux flèches f et $0_{X,Y}$. Le noyau de f est donc un objet de $\mathcal{C}$, noté encore Ker(f) , muni d'un monomorphisme strict i de Ker(f) dans X et ayant la propriété suivante :

pour tout objet Z de $\mathcal{C}$ et tout morphisme g de Z dans X tel que $f \circ g = 0_{Z,Y}$, il existe un morphisme et un seul g' de Z dans Ker(f) tel que $g = i \circ g'$.

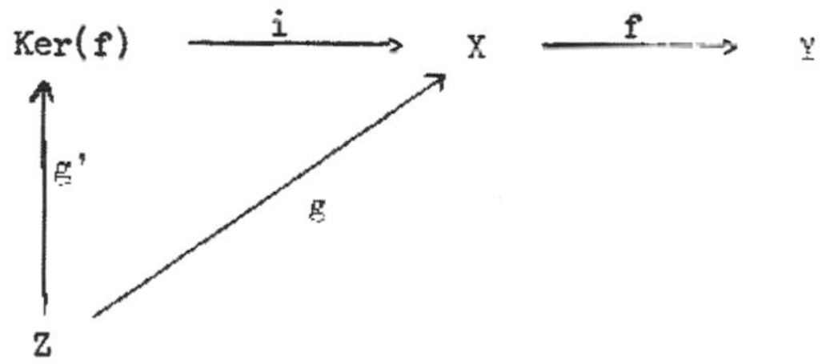

De même le conoyau de f est, s'il existe, le conoyau des flèches f et $0_{X,Y}$. C' est donc un objet de $\mathcal{C}$, noté Coker(f) , muni d'un épimorphisme strict p de Y dans Coker(f) et possédant la propriété caractéristique suivante :

pour tout objet Z de $\mathcal{C}$ et tout morphisme g de Y dans Z tel que $g \circ f = 0_{X,Z}$, il existe un morphisme et un seul g' de Coker(f) dans Z tel que $g = p \circ g'$.

Par définition, on appelle image de f et on note Im(f) le noyau, s'il existe,

du conoyau de f et <u>co-image</u> de f , le conoyau, s'il existe, du noyau de f .
La co-image est notée $\mathrm{Coim}(f)$.

$$\mathrm{Im}(f) = \mathrm{Ker}(\mathrm{Coker}(f)) \quad ; \quad \mathrm{Coim}(f) = \mathrm{Coker}(\mathrm{Ker}(f)) \quad .$$

Soient q l'épimorphisme strict canonique de X dans $\mathrm{Coim}(f)$ et j le monomorphisme strict canonique de $\mathrm{Im}(f)$ dans Y . Il existe un morphisme et un seul $\bar{f}$ de $\mathrm{Coim}(f)$ dans $\mathrm{Im}(f)$ tel que $f = j \circ \bar{f} \circ q$. Cette décomposition est appelée décomposition canonique de f .

$$\begin{array}{ccccccc}
\mathrm{Ker}(f) & \xrightarrow{\ i\ } & X & \xrightarrow{\ f\ } & Y & \xrightarrow{\ p\ } & \mathrm{Coker}(f) \\
 & & \downarrow{\scriptstyle q} & & \uparrow{\scriptstyle j} & & \\
 & & \mathrm{Coim}(f) & \xrightarrow{\ \bar{f}\ } & \mathrm{Im}(f) & &
\end{array}$$

En général $\bar{f}$ n'est pas un isomorphisme.

<u>DEFINITION</u>. Un morphisme de f d'une catégorie additive est dit strict si son noyau, son conoyau, son image et sa coimage existent et si $\bar{f}$ est un isomorphisme.

On retrouve comme cas particulier les monomorphismes et les épimorphismes stricts et, à un isomorphisme près, pour qu'un morphisme soit strict, il faut et il suffit qu'il s'obtienne en composant (de droite à gauche) un épimorphisme strict et un monomorphisme strict.

<u>DEFINITION</u>. Une catégorie est dite pré-abélienne si elle est additive et si tout morphisme possède un noyau et un conoyau.

Dans la suite, toutes les catégories considérées sont pré-abéliennes.

<u>SUITES ANTE-EXACTES, POST-EXACTES ET EXACTES</u>

Soient $\mathcal{C}$ une catégorie pré-abélienne, X,Y,Z trois objets de $\mathcal{C}$, f un morphisme de X dans Y et g un morphisme de Y dans Z .

On a le diagramme suivants où les morphismes sont les morphismes canoniques :

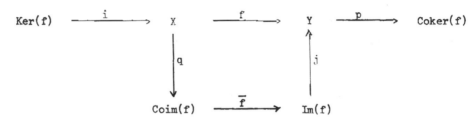

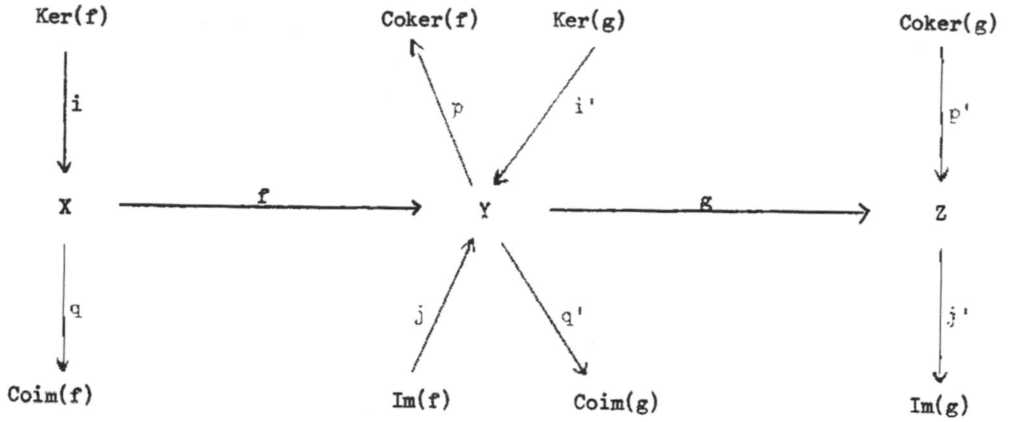

Supposons que $g \circ f = 0_{X,Z}$.

$g \circ f = 0$, donc f se factorise de manière unique à travers $i' : f = i' \circ f_1$. $f \circ i = 0$ donc $i' \circ f_1 \circ i = 0$ mais i' est un monomorphisme donc $f_1 \circ i = 0$ et f_1 se factorise de manière unique à travers $q : f_1 = \alpha(f,g) \circ q$. De manière analogue, on obtient successivement $g = g_1 \circ p$ puis $g_1 = j' \circ \beta(f,g)$.

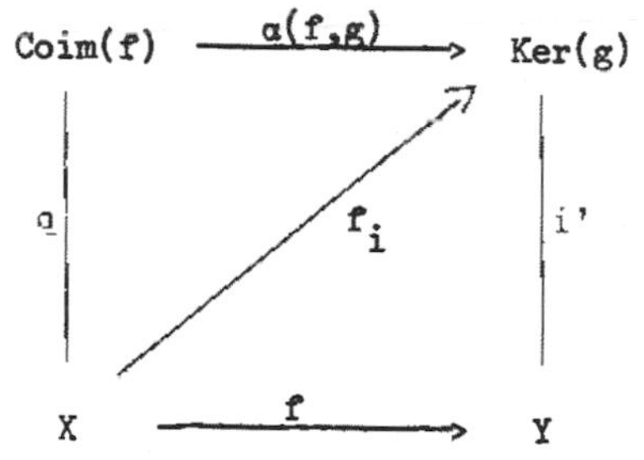

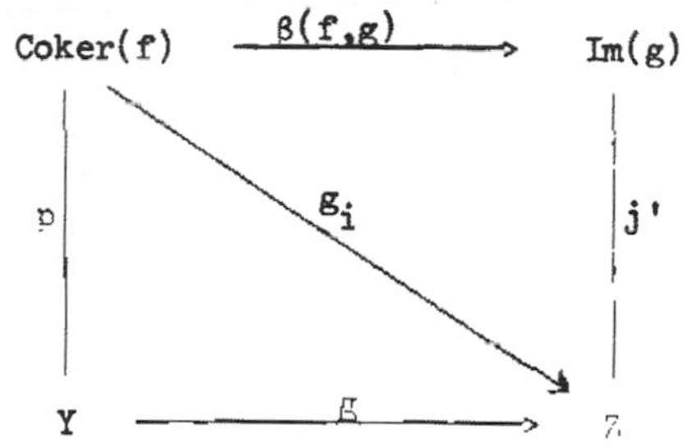

DEFINITION . Etant donnée une suite $X \xrightarrow{f} Y \xrightarrow{g} Z$ telle que $g \circ f = 0$,

1) On dit qu'elle est anté-exacte (resp. post-exacte) si le morphisme $\alpha(f,g)$ (resp. $\beta(f,g)$) est un isomorphisme.

2) On dit qu'elle est exacte si elle est à la fois anté-exacte et post-exacte.

On généralise immédiatement ces définitions aux suites comportant plus de deux morphismes. Il est important de noter que les notions de suite anté-exacte et post-exacte sont duales.

Quelques cas particuliers qui seront utilisés par la suite sont résumés dans le tableau ci-dessous. La première colonne indique le type de la suite, la deuxième (resp. la troisième) donne la ou les conditions nécessaires et suffisantes pour qu'elle soit anté-exacte (resp. post-exacte) .

$0 \longrightarrow A \xrightarrow{u} B$	u est un monomorphisme	u est un monomorphisme strict
$A \xrightarrow{u} B \longrightarrow 0$	u est un épimorphisme strict	u est un épimorphisme
$0 \longrightarrow A \xrightarrow{u} B \xrightarrow{v} C$	u est le noyau de v	u noyau de v et v est strict
$A \xrightarrow{u} B \xrightarrow{v} C \longrightarrow 0$	v est le conoyau de u et u est strict	v conoyau de u
$0 \longrightarrow A \xrightarrow{u} B \xrightarrow{v} C \longrightarrow 0$ (suites courtes)	u est le noyau de v et v conoyau de u	u est le noyau de v et v conoyau de u

EXACTITUDE DE FONCTEURS

DEFINITIONS . Soient $\mathcal{C}$ et $\mathcal{C}'$ deux catégories pré-abéliennes et F un foncteur de $\mathcal{C}$ dans $\mathcal{C}'$. Supposons F covariant. On dit que :

1 - F est exact à gauche (resp. à droite) s'il transforme le noyau (resp. le conoyau) d'un morphisme f en le noyau (resp. le conoyau) du morphisme F(f) .

2 - F est anté-exact (resp. post-exact) s'il transforme les suites anté-exactes (resp. post-exactes) en suites anté-exactes (resp. post-exactes) .

3 - F est exact s'il est à la fois anté-exact et post-exact.

Si F est contravariant, on obtient des définitions analogues en le considérant comme un foncteur covariant de la catégorie duale $\mathcal{C}^{\circ}$ dans $\mathcal{C}'$.

PROPOSITION. Pour qu'un foncteur covariant soit anté-exact (resp. post-exact) , il faut et il suffit qu'il soit exact sur les suites courtes et exact à gauche (resp. à droite) . Pour qu'un foncteur covariant soit exact, il faut et il suffit qu'il soit exact à gauche et à droite.

La démonstration est laissée au soin du Lecteur.

CATEGORIES ABELIENNES

DEFINITION. Une catégorie est dite abélienne si elle est pré-abélienne et si tout morphisme est strict.

La dernière condition équivaut à la conjonction des deux suivantes :

- pour tout morphisme f , le morphisme $\bar{f}$: $\mathrm{Coim}(f) \longrightarrow \mathrm{Im}(f)$ est à la fois un épimorphisme et un monomorphisme.

- Tout morphisme qui est à la fois un monomorphisme et un épimorphisme est un isomorphisme.

Dans une catégorie abélienne, les notions de suites anté-exactes et post-exactes coïncident. Dans une telle catégorie, lorsqu'on ne considère qu'un nombre fini d'objets et de morphismes les résultats obtenus dans la catégorie (Ab) se généralisent (par exemple les théorèmes d'isomorphisme de Noether, les suites de composition) . Le rédacteur en ayant assez d'écrire des trivialités, le Lecteur est désormais prié d'énoncer lui-même les propositions qu'on lui laisse le soin de démontrer.

---

[1] GABRIEL - " Des catégories abéliennes " - Thèse

[2] GROTHENDIECK - Séminaire 1957 - " Algèbre homologique " (I.H.P)

[3] GROTHENDIECK - " Sur quelques points d'algèbre homologique " - Tohoku Math. J. 1957

[4] CHEVALLEY, GABRIEL et GROTHENDIECK - " Catégories et foncteurs " - A paraitre

[5] GROTHENDIECK - Séminaire Cartan 1960-1961 - Exposé 11 .

SEMINAIRE BANACH

Exposés 3 - 4 - 5 -

CHAPITRE 1

ESPACES VECTORIELS TOPOLOGIQUES ET BORNOLOGIQUES GENERALITES

(par Hervé JACQUET)

§ 1 . Espaces Vectoriels Topologiques

Soit K un corps valué complet non discret. (evt_K) ou simplement (evt) désigne la catégorie des espaces vectoriels topologiques sur K (cf. Bourbaki et Grothendieck) .

Rappelons que la structure d'un espace vectoriel topologique est définie par la donnée du filtre des voisinages de 0 .

(evt) admet des limites projectives : la limite projective d'un système projectif $(E_i)_{i \in I}$ n'est autre que l'espace vectoriel E limite projective des espaces E_i , muni de la topologie initiale pour les applications canoniques $u_i : E \longrightarrow E_i$. Les ensembles de la forme $u_i^{-1}(V_i)$ ($i \in I$, V_i voisinage de 0 dans E_i) engendrent les voisinages de 0 dans E et forment un système fondamental de voisinages de 0 si I est filtrant. (evt) admet des limites inductives finies : la limite inductive d'un système inductif fini $(E_i)_{i \in I}$ n'est autre que l'espace vectoriel E limite inductive des espaces E_i , muni de la topologie finale pour les applications canoniques $u_i : E_i \longrightarrow E$. Les ensembles de la forme $\sum_{i \in I} u_i(V_i)$ ($i \in I$, V_i voisinage de 0 dans E_i) forment un système fondamental de voisinages de 0 dans E . (En fait (evt) admet des limites inductives quelconques). (evt) est une catégorie additive et même préabélienne. Nous allons expliciter les notions générales relatives aux catégories préabéliennes.

Soit u un morphisme de E dans F .

- son noyau est le sous-espace $u^{-1}(0)$ muni de la topologie induite par F .
- son conoyau l'espace $F/u(E)$ muni de la topologie quotient de celle de F .
- son image le sous-espace $u(E)$ de F .
- son coimage l'espace $E/u^{-1}(0)$ muni de la topologie quotient de celle de E .

Pour que u soit :

- un monomorphisme, il faut et il suffit que u soit injectif ;
- un épimorphisme, il faut et il suffit que u soit surjectif ;
- un monomorphisme strict, il faut et il suffit que u soit injectif et que la topologie de E soit image réciproque de celle de F ;
- un épimorphisme strict, il faut et il suffit que u soit surjectif et que la topologie de F soit quotient de celle de E .
- un morphisme strict, il faut et il suffit que les traces sur u(E) des voisinages de 0 dans F soient les images des voisinages de 0 dans E .

Soit $E \xrightarrow{u} F \xrightarrow{v} G$ une suite de morphismes. Pour qu'elle soit ante-exacte (resp. postexacte) , il faut et il suffit que la suite soit exacte au sens algébrique et que u (resp. v) soit un morphisme strict.

Désignons par (evts) la catégorie des espaces vectoriels topologiques séparés. Pour qu'un espace vectoriel topologique soit séparé, il faut et il suffit que l'intersection des voisinages de 0 soit réduite à {0} .

L'application associant à tout espace vectoriel topologique E son séparé $\dot{E}$ définit un foncteur :

$$(evt) \longrightarrow (evts)$$

adjoint du foncteur d'inclusion

$$evts \hookrightarrow evt .$$

(evts) admet des limites projectives et inductives. Le foncteur d'inclusion :

$$evts \hookrightarrow evt$$

commute aux limites projectives (autrement dit si (E_i) est un système projectif d'espaces séparés, leur limite projective E dans (evt) est en fait séparée). Le foncteur

$$(evt) \longrightarrow (evts)$$

commute aux limites inductives.

(evts) est additive et même préabélienne. Le noyau dans (evts) d'un morphisme $u : E \longrightarrow F$ est le sous-espace $u^{-1}(0)$, mais le conoyau est le séparé de $F/u(E)$ isomorphe à $F/\overline{u(E)}$. L'image est donc le sous-espace $\overline{u(E)}$ et la coimage $E/u^{-1}(0)$. On en déduit que :

$$evts \hookrightarrow evt .$$

est <u>anteexact</u> et le foncteur adjoint

$$evt \longrightarrow evts$$

<u>postexact</u>.

La situation est analogue pour la catégorie des espaces vectoriels topologiques complets notée (evtc) . (Nous dirons complet pour séparé et complet). Elle se résume à ceci.

A tout espace vectoriel topologique E , on associe son complété $\hat{E}$ (séparé complété dans la terminologie de Bourbaki) . Rappelons que les adhérences dans $\hat{E}$ des images des voisinages de 0 dans E forment un système fondamental de voisinages de 0 . L'application

$$E \rightsquigarrow \hat{E}$$

définit un foncteur

$$(evt) \longrightarrow (evtc)$$

adjoint du foncteur d'inclusion

$$(evtc) \hookrightarrow (evt) \quad .$$

Ce foncteur d'inclusion commute aux limites projectives, et est ante-exact .

Le foncteur adjoint commute aux limites inductives et est postexact.

Etudions maintenant les espaces vectoriels topologiques métrisables et en particulier les espaces métrisables et complets. Les espaces vectoriels topologiques métrisables sont caractérisés par le fait que l'origine admet un système fondamental dénombrable de voisinages, l'espace étant supposé séparé : il en résulte qu'une limite projective dénombrable d'espaces vectoriels topologiques métrisables est métrisable.

PROPOSITION 1 . Le séparé d'une limite inductive finie d'espaces vectoriels topologiques métrisables est métrisable (autrement dit le foncteur d'inclusion (evt métrisables) $\hookrightarrow$ (evts) est exact) .

(cf. Bourbaki, Top. Gen. Chp. IX, parag. 3, n° 1, Prop. 4) .

PROPOSITION 2 . Le séparé d'une limite inductive finie d'espaces vectoriels topologiques métrisables et complets est métrisable et complet (autrement dit le foncteur d'inclusion

$$(evtc\ métrisables) \hookrightarrow (evts) \text{ est exact} \quad .$$

Soient E et F des groupes topologiques. On dira qu'un morphisme de groupes $u : E \longrightarrow F$ est presque ouvert, si pour tout voisinage V de e dans E , $\overline{u(V)}$ a un point intérieur autrement dit u(V) n'est pas rare. Il revient au même de dire que pour tout voisinage U de e dans E , $\overline{u(U)}$ est un voisinage de e dans F . En effet, si V est un voisinage symétrique de e tel que $VV \subset U$, on a

$$\overline{u(U)} \supset \overline{u(VV)} = \overline{u(V)\, u(V)^{-1}} \supset \overline{u(V)}\ \overline{u(V)^{-1}}$$

Si a est un point intérieur à $\overline{u(V)}$, $e = aa^{-1}$ est point intérieur à $\overline{u(V)}\ \overline{u(V)^{-1}}$ donc à $\overline{u(U)}$.

Notons que si E et F sont des espaces vectoriels topologiques et si $u : E \longrightarrow F$ est une application linéaire, ou bien u est presque ouverte, ou bien $u(E)$ est maigre. Car si u n'est pas presque ouverte, choisissons un voisinage V de 0 dans E dont l'image $u(V)$ soit rare et une suite de scalaires λ_n tendant vers l'infini en valeur absolue, alors :

$$E = \bigcup_n \lambda_n V \quad \text{et} \quad u(E) = \bigcup_n u(\lambda_n V) = \bigcup_n \lambda_n u(V) \quad .$$

Donc $u(E)$ est maigre.

PROPOSITION 3 . Soient E et F des espaces vectoriels topologiques, F étant un espace de Baire. Soit u une application linéaire continue de E sur F . Alors u est presque ouverte.

En effet, $u(E) = F$ ne peut être maigre et la proposition résulte donc de la remarque précédente.

PROPOSITION 4 . Soient E et F des groupes métrisables, E étant complet et soit $u : E \longrightarrow F$ un morphisme de groupes, continu et presque ouvert. Alors u est ouvert

(cf. Bourbaki, EVT, Chap. I, parag. 3, n° 3) .

Corollaire 1 . (Théorème de Banach)

Soient E et F des espaces vectoriels topologiques métrisables et complets et u une application linéaire continue de E dans F . Alors, ou bien u est surjective et c'est alors un épimorphisme strict, ou bien $u(E)$ est maigre.

Corollaire 2 . Soient E et F des espaces vectoriels topologiques, E étant métrisable et complet et F séparé. Si $u : E \longrightarrow F$ est un morphisme strict, $u(E)$ est fermé.

Réciproquement, si F est métrisable et complet et si $u(E)$ est fermé, u est un morphisme strict.

En effet, si u est un morphisme strict, $u(E)$ est métrisable et complet (Prop. 2) donc $u(E)$ est fermé dans F .

Réciproquement, si $u(E)$ est fermé dans F métrisable et complet, $u(E)$ est lui-même métrisable et complet, donc u est un morphisme strict.

<u>Corollaire 4</u> . Soit E un espace vectoriel topologique métrisable et complet. Si M et N sont deux sous-espaces vectoriels fermés supplémentaires (algébriques) dans E , E est somme directe topologique de M et N . (cf. Bourbaki, loc. cit.) .

<u>Corollaire 5</u> . Soient E et F deux espaces vectoriels topologiques métrisables et complet. Pour qu'une application linéaire u de E dans F soit continue, il faut et il suffit que son graphe dans l'espace produit $E \times F$ soit fermé. (cf. Bourbaki, loc. Cit.) .

§ 2 . Ensembles Bornologiques

<u>DEFINITIONS</u>. 1 - Soient E un ensemble et $\mathcal{B}$ une partie de $\mathcal{P}(E)$, c'est-à-dire un ensemble de parties de E . On dit que $\mathcal{B}$ est une bornologie si les propriétés suivantes sont vérifiées :

B_1) Si $B \in \mathcal{B}$ et $B' \in \mathcal{B}$, $B \cup B' \in \mathcal{B}$

B_2) Si $B \in \mathcal{B}$ et B' est contenu dans B , $B' \in \mathcal{B}$

B_3) Pour tout point x de E , l'ensemble réduit à $\{x\}$ appartient à $\mathcal{B}$.

On appelle ensemble bornologique un ensemble muni d'une bornologie. Les ensembles de la bornologie s'appellent bornés de l'ensemble.

Soient E et F deux ensembles bornologiques, $u : E \longrightarrow F$ une application. On dira que u est bornée si elle transforme tout borné de E en un borné de F . Enfin, on forme une catégorie notée (Bor) en prenant pour objets les ensembles bornologiques et pour morphismes les applications bornées.

Soit $\mathcal{C}$ un sous-ensemble d'une bornologie $\mathcal{B}$ sur un ensemble E .
On dira que $\mathcal{C}$ est un système fondamental de parties bornées pour $\mathcal{B}$ si tout ensemble de $\mathcal{B}$ est contenu dans un ensemble de $\mathcal{C}$.

Soit $\mathcal{C}$ un ensemble de parties d'un ensemble E . Pour que l'ensemble des parties de E contenu dans une partie appartenant à $\mathcal{C}$ soit une bornologie (c'est-à-dire que $\mathcal{C}$ soit un système fondamental de parties bornées pour une bornologie) il faut et il suffit que les propriétés suivantes soient vérifiées :

B'_1) Si B et B' appartiennent à $\mathcal{C}$, il existe un ensemble $C \in \mathcal{C}$ tel que

$$B \cup B' \subset C$$

B'_3) la réunion

$$\bigcup_{A \in \mathcal{C}} A$$

est égale à l'ensemble E .

Exemples

1) Soit E un ensemble quelconque. L'ensemble de toutes les parties de E est une bornologie (bornologie triviale) . L'ensemble de toutes les parties finies est une bornologie (bornologie discrète) .

2) Soit E un espace métrique, d sa distance (par exemple E est un corps K valué et $d(x,y) = |x - y|$) . Les parties A de E telles que

$$\sup_{\substack{x \in A \\ y \in A}} d(x,y) < +\infty$$

forment une bornologie dans E .

3) Soit E un espace topologique séparé (resp. un espace uniforme) . L'ensemble des parties relativement compactes (resp. des parties précompactes) de E est une bornologie dans E dite bornologie compacte (resp. précompacte) sur E . Soient F un autre espace topologique séparé (resp. un espace uniforme) , $f : E \longrightarrow F$ une application continue (resp. uniformément continue) . f est bornée lorsque l'on munit E et F de leur bornologie compacte (resp. précompacte). Autrement dit, on définit un foncteur de la catégorie des espaces topologiques séparés (resp. espaces uniformes) dans la catégorie (Bor) .

4) Soient E un espace topologique (resp. uniforme) , F un espace uniforme. Dans $\mathcal{C}(E, F)$ ensemble des applications continues de E dans F (resp. dans $\mathcal{U}(E, F)$ ensemble des applications uniformément continues de E dans F) , les parties équicontinues (resp. uniformément équicontinues) forment une bornologie dite bornologique de l'équiconticontinuité (resp. de l'uniforme équicontinuité) (cf. Bourbaki, Top. Gén. Chap. X , parag. 2, Déf. 1 et 2) .

5) Soient E et F des ensembles bornologiques. Disons qu'un ensemble H d'applications de E dans F est équiborné si pour tout borné A de E

$$H(A) = \bigcup_{u \in H} u(A)$$

est un borné de F . Dans l'ensemble des applications bornées de E dans F , les parties équibornées forment une bornologie (équibornologie) . On note $\mathcal{B}(E, F)$ l'ensemble bornologique ainsi obtenu.

DEFINITION 2 . Soient E un ensemble, $\mathcal{B}_1$ et $\mathcal{B}_2$ des bornologies sur E . On dira que $\mathcal{B}_1$ est plus fine que $\mathcal{B}_2$ si $\mathcal{B}_1$ est contenue dans $\mathcal{B}_2$.

Il revient au même de dire que l'application identique de E muni de $\mathcal{B}_1$ dans E muni de $\mathcal{B}_2$ est bornée.

THEOREME 1 . Soit $(E_i)_{i \in I}$ une famille d'ensembles bornologiques, E un ensemble quelconque. Pour tout $i \in I$, soit

$$f_i \; : \; E \longrightarrow E_i$$

une application.

Il existe sur E une bornologie (unique) qui est initiale pour les f_i .

Il s'agit de trouver une bornologie $\mathcal{B}$ sur E satisfaisant à la condition suivante : soit g une application d'un ensemble bornologique Z dans E ; pour que g soit bornée (lorsqu'on munit E de la bornologie $\mathcal{B}$) , il faut et il suffit que chacune des fonctions $f_i \circ g$ soit bornée. Il est visible que l'ensemble $\mathcal{B}$ des parties A de E telles que pour tout i , $f_i(A)$ soit bornée dans E_i répond à la question.

Corollaire 1 . Soit $(\mathcal{B}_i)_{i \in I}$ une famille de bornologies sur un ensemble E .

$$\mathcal{B} = \bigcap_{i \in I} \mathcal{B}_i$$

est une bornologie sur E qui est la borne supérieure de la famille $(\mathcal{B}_i)$ (pour l'ordre " plus fin ") .

En particulier, soit $\mathcal{A}$ un ensemble de parties de E . Il existe une bornologie plus fine dans l'ensemble des bornologies contenant $\mathcal{A}$, à savoir la bornologie intersection des bornologies contenant $\mathcal{A}$. On dit que c'est la bornologie engendrée par $\mathcal{A}$. Si $\mathcal{A}$ contient l'ensemble des parties finies de E , l'ensemble $\mathcal{A}'$ des réunions finies de parties de $\mathcal{A}$ est un système fondamental de parties bornées pour cette bornologie.

Corollaire 2 . Soit F un sous-ensemble d'un ensemble bornologique E . Les bornés de E contenus dans F forment une bornologie sur F dite bornologie induite par E .

Corollaire 3 . La catégorie (Bor) admet des limites projectives (quelconques) . Si (E_i) est un système projectif d'ensembles bornologique, soit E l'ensemble limite projective des ensembles E_i , f_i les applications canoniques

$$f_i \; : \; E \longrightarrow E_i$$

Il suffit de munir E de la bornologie initiale pour les f_i pour obtenir l'ensemble bornologique limite projective des E_i .

THEOREME 2 . Soient $(E_i)_{i \in I}$ une famille d'ensembles bornologiques, E un ensemble quelconque. Pour chaque $i \in I$, soit

$$f_i \ : \ E_i \longrightarrow E$$

une application. Il existe une bornologie (unique) sur E qui est finale pour les f_i .

Si $\mathcal{B}_i$ désigne, pour chaque i , la bornologie de E_i , il est clair que la bornologie de E engendrée par

$$\bigcup_i f_i(\mathcal{B}_i)$$

répond à la question.

Corollaire 1 . Soit $(\mathcal{B}_i)_{i \in I}$ une famille de bornologies sur un ensemble E . La bornologie engendrée par $\bigcup_i \mathcal{B}_i$ est la borne inférieure de la famille.

Corollaire 2 . Soit E un ensemble bornologique, F un ensemble quelconque, $u : E \longrightarrow F$ une application surjective. Les images des bornées de E forment une bornologie sur F (bornologie quotient) .

Corollaire 3 . La catégorie (Bor) admet des limites inductives (quelconques) .

C'est une conséquence immédiate du Théorème 2 . En particulier, si le système inductif (E_i) est filtrant, si E désigne sa limite inductive et f_i les morphismes canoniques :

$$f_i \ : \ E_i \longrightarrow E$$

les bornés de E sont les parties de la forme

$$f_i(A_i) \ , \ i \in I \ , \ A_i \text{ borné de } E_i \ .$$

Un ensemble bornologique quelconque E induit sur une partie bornée A de E , la bornologie triviale. On a donc :

$$E = \varinjlim_{A \in \mathcal{B}} A$$

en désignant par $\mathcal{B}$ la bornologie de E .

PROPOSITION . Soient X un ensemble quelconque, Y un espace uniforme. Pour tout entourage V de Y soit $W(V)$ l'ensemble des applications f de X dans Y telles que :

$$(f(x)\ ,\ f(y)) \in V \quad \text{pour tout} \quad (x, y) \in X \times X$$

Lorsque V parcourt l'ensemble des entourages de Y, les ensembles $W(V)$ forment un système fondamental d'entourages d'une structure uniforme sur l'ensemble de toutes les applications de X dans Y.

On note $\mathcal{F}(X, Y)$ l'espace uniforme ainsi obtenu. Soient X un ensemble bornologique, $\mathcal{B}$ sa bornologie. On considère l'espace uniforme obtenu en munissant l'ensemble de toutes les applications de X dans Y de la structure uniforme initiale pour les applications des restrictions.

$$u \longrightarrow u/A \quad \text{de} \quad Y^X \quad \text{dans} \quad \mathcal{F}(A, Y) \quad \text{où}$$

A parcourt $\mathcal{B}$. Lorsque X est trivial, cet espace uniforme n'est autre que $\mathcal{F}(X, Y)$. On peut donc dans tous les cas le noter $\mathcal{F}(X, Y)$. On voit que :

$$\mathcal{F}(X, Y) = \varprojlim_{A \in \mathcal{B}} \mathcal{F}(A, Y)$$

et qu'on obtient un système fondamental d'entouragesde $\mathcal{F}(X, Y)$ de la façon suivante : pour tout $A \in \mathcal{B}$ et tout entourage V de Y, soit $W(A, V)$ l'ensemble des couples (u, v) d'applications de X dans Y tels que $(u(x), v(x)) \in V$ pour tout $x \in A$; lorsque A parcourt $\mathcal{B}$ et que V parcourt l'ensemble des entourages de Y, les $W(A, V)$ forment un système fondamental d'entourages de $\mathcal{F}(X, Y)$.

<u>Exercices</u> (1) Notons (top) la catégorie des espaces topologiques et (uni) celle des espaces uniformes

Les bifoncteurs

$$(\text{bor})^\circ \times \text{bor} \longrightarrow \text{bor}$$
$$(\text{top})^\circ \times \text{uni} \longrightarrow \text{bor}$$
$$(\text{uni})^\circ \times \text{uni} \longrightarrow \text{bor}$$
$$(\text{bor})^\circ \times \text{uni} \longrightarrow \text{uni}$$

définis respectivement par :

$(X, Y) \rightsquigarrow \mathcal{B}(X, Y)$ (équibornologie)

$(X, Y) \rightsquigarrow \mathcal{C}(X, Y)$ (bornologie de l'équicontinuité)

$(X, Y) \rightsquigarrow \mathcal{U}(X, Y)$ (bornologie de l'uniforme équicontinuité)

$(X, Y) \rightsquigarrow \mathcal{F}(X, Y)$

sont compatibles avec les limites inductives relativement à la première variable et les limites projectives relativement à la seconde

(i.e. on a $\mathcal{B}(\varinjlim E_\lambda , \varprojlim F_\mu) \simeq \varprojlim \mathcal{B}(E_\lambda, F_\mu)$ ... etc) (Bourbaki, Top. X, parag. 1, prop. 3 et 4) .

(2) Soient E et F des ensembles bornologiques, Y un espace uniforme, on a :

$$\mathcal{F}(E \times F, G) \simeq \mathcal{F}(E, \mathcal{F}(F, G))$$

(Bourbaki, Top. X, parag. 1 , prop. 2) .

§ 3 . Espaces Vectoriels Bornologiques

On considère dans ce paragraphe, des espaces vectoriels sur un corps K valué complet non discret. La valeur absolue de K définit une bornologie (parag. 2, exemple 2) pour laquelle

$$(x, y) \rightsquigarrow x + y \qquad x \rightsquigarrow -x \qquad (x, y) \rightsquigarrow xy$$

sont bornées; sauf mention du contraire, on munit toujours K de cette bornologie.

DEFINITION 1 . Soit E un espace vectoriel sur K , $\mathcal{B}$ une bornologie sur E . On dit que $\mathcal{B}$ est vectorielle (ou qu'elle est compatible avec la structure vectorielle de E) , si les applications

$$(t, x) \rightsquigarrow tx$$

de $K \times E$ dans E et

$$(x, y) \rightsquigarrow x + y$$

de $E \times E$ dans E sont bornées lorsqu'on munit K de la bornologie précédente, et E de la bornologie $\mathcal{B}$.

On appelle espace vectoriel bornologique, un espace vectoriel muni d'une bornologie vectorielle.

On définit une catégorie notée (evb) en prenant pour objets les espaces vectoriels bornologiques et pour morphismes les applications linéaires bornées.

On a aussitôt les propositions suivantes :

PROPOSITION 1 . Pour qu'une bornologie $\mathcal{B}$ sur un espace vectoriel E soit vectorielle, il faut et il suffit que les conditions suivantes soient satisfaites :

BV1) La somme de deux bornés est un borné ;

BV2) L'homothétique d'un borné est borné ;

BV3) L'enveloppe équilibrée d'un borné est bornée.

PROPOSITION 2 . Soit E un espace vectoriel sur K . Toute bornologie vectorielle admet un système fondamental de parties bornées $\mathcal{C}$ satisfaisant aux propriétés suivantes :

BV'1) Si B et B' appartiennent à $\mathcal{C}$, il existe $C \in \mathcal{C}$ tel que $B + B' \subset C$

BV'2) Si $B \in \mathcal{C}$, $\lambda B \in \mathcal{C}$ pour tout $\lambda \in K$

BV'3) Les ensembles de $\mathcal{C}$ sont équilibrés.

Réciproquement, soit $\mathcal{C}$ un système fondamental de parties bornées satisfaisant à BV'1 - BV'2 - BV'3 . $\mathcal{C}$ engendre une bornologie vectorielle.

Exemples

1) La bornologie triviale d'un espace vectoriel est vectorielle.

2) Sur le corps K , considéré comme espace vectoriel sur lui-même, la bornologie triviale et la bornologie définie par la valeur absolue sont les seules bornologies vectorielles : cela résulte aussitôt de ce que toute partie B équilibrée qui n'est pas bornée pour la valeur absolue est égale à K tout entier.

3) Si K est localement compact, la bornologie précompacte d'un espace vectoriel topologique E est vectorielle. Si de plus, E est séparé, il en est de même de la bornologie compacte.

4) Soient F un espace vectoriel topologique, E un espace topologique quelconque. La bornologie de l'équicontinuité de $\mathcal{C}(E, F)$ est compatible avec sa structure vectorielle évidente. De même si E est un espace uniforme, la bornologie de l'uniforme équicontinuité de $\mathcal{U}(E, F)$ est vectorielle.

5) Soient E un ensemble bornologique, F un espace vectoriel bornologique. L'équibornologie de $\mathcal{B}(E, F)$ est compatible avec la structure vectorielle induite.

LIMITES PROJECTIVES ET INDUCTIVES DANS (evb)

PROPOSITION 3 . Soient $(E_i)_{i \in I}$ une famille d'espaces vectoriels bornologiques, E un espace vectoriel ; pour chaque i , soit

$$f_i : E \longrightarrow E_i$$

une application linéaire. La bornologie initiale pour les f_i est vectorielle.

En effet, soit $a_E : E \times E \longrightarrow E$ l'addition dans E et pour chaque indice i soit $a_{E_i} : E_i \times E_i \longrightarrow E_i$ l'addition dans E_i .

Comme les f_i sont linéaires, on a pour tout i un diagramme commutatif :

$$\begin{array}{ccc} E \times E & \xrightarrow{\ a_E\ } & E \\ {\scriptstyle f_i \times f_i}\downarrow & & \downarrow{\scriptstyle f_i} \\ E_i \times E_i & \xrightarrow[\ a_{E_i}\ ]{} & E_i \end{array}$$

qui prouve que pour tout indice i , l'application composée $f_i \circ a_E$ est bornée (lorsqu'on munit E de la bornologie initiale et $E \times E$ de la bornologie produit). Donc a_E est bornée. On prouve de même que

$$K \times E \longrightarrow E$$

est bornée pour la bornologie initiale de E .

<u>Corollaire 1</u> . La borne supérieure (i.e. la bornologie intersection) d'une famille de bornologies vectorielles est vectorielle.

Le corollaire est immédiat.

Soit $\mathcal{A}$ un ensemble de parties d'un espace vectoriel E . D'après le corollaire 1, parmi les bornologies vectorielles contenant $\mathcal{A}$, il en existe une plus fine. On dit que c'est la bornologie vectorielle engendrée par $\mathcal{A}$. Si $\mathcal{A}$ contient toutes les parties finies de E (ce qu'il est loisible de supposer), on en obtient un système fondamental de parties bornées en appliquant à $\mathcal{A}$ les opérateurs de réunion finie, de somme finie, homothétie d'une partie, enveloppe équilibrée d'une partie.

Si $\mathcal{A}$ est l'ensemble des parties finies de E , la bornologie vectorielle engendrée par $\mathcal{A}$ est la plus fine des bornologies vectorielles de E .

Sur K la bornologie définie par la valeur absolue est évidemment la bornologie vectorielle la plus fine . De même sur l'espace K^n la bornologie produit de celle de K est la bornologie vectorielle la plus fine.

<u>Corollaire 2</u> . Soit E un sous-espace d'un espace vectoriel bornologique F . La bornologie induite par F sur E est vectorielle.

Sous les hypothèses du corollaire 2, on dit que E est un sous-espace vectoriel bornologique de F .

Corollaire 3 . La catégorie (evb) admet des limites projectives (quelconques) .

Soit $(E_i)_{i \in I}$ un système projectif dans (evb) ; E l'ensemble bornologique limite projective dans (bor) des E_i . E admet une structure vectorielle pour laquelle les applications canoniques

$$f_i : E \longrightarrow E_i$$

sont linéaires. La bornologie de E est compatible avec cette structure vectorielle (prop. 3) et l'espace vectoriel bornologique ainsi obtenu est limite projective du système $(E_i)_{i \in I}$.

PROPOSITION 4 . Soient $(E_i)_{i \in I}$ une famille d'espaces vectoriels bornologiques

$$f_i : E_i \longrightarrow E$$

des applications linéaires. Il existe une bornologie vectorielle qui est finale pour les f_i (et qui est donc en particulier la plus fine des bornologies vectorielles pour lesquelles les f_i sont bornées) .

Evidemment la bornologie engendrée par la réunion des $f_i(\mathcal{B}_i)$ ($\mathcal{B}_i$ bornologie de E_i) est une bornologie vectorielle finale pour les f_i .

En particulier, si $\sum_{i \in I} f_i(E_i) = E$, les ensembles de la forme $\sum_{i \in J} f_i(A_i)$ A_i borné dans E_i , J partie finie de I forment lorsque J parcourt l'ensemble des parties finies de I et A_i décrit $\mathcal{B}_i$, un système fondamental de parties bornées pour cette bornologie.

Corollaire 1 . Toute famille de bornologies vectorielles sur un espace vectoriel E , admet une borne inférieure dans l'ensemble des bornologies vectorielles sur E .

Corollaire 2 . Soient E un espace vectoriel bornologique, F un espace vectoriel $u : E \longrightarrow F$ une application linéaire surjective, la bornologie image de la bornologie de E par u est vectorielle.

Corollaire 3 . La catégorie (evb) admet des limites inductives (quelconques) .

Soit (E_i) un système inductif d'evb , E l'espace vectoriel limite inductive des espaces E_i , $f_i : E_i \longrightarrow E$ les applications linéaires canoniques. Il est clair que si on munit E de la bornologie vectorielle finale pour les f_i , on obtient un espace vectoriel bornologique qui est la limite inductive des E_i dans la catégorie evb . Si la limite inductive est filtrante, les ensembles de la forme $f_i(A)$, A bornée dans E_i forment un système fondamental de parties bornées (cf. Remarque suivant la Prop. 4) .

(evb) est, comme on le vérifie aussitôt, une <u>catégorie préabélienne</u> . Les notions générales s'explicitent ainsi.

Soit $u : E \longrightarrow F$ un morphisme

- son noyau est le sous-espace $u^{-1}(0)$ de E muni de la bornologie induite ;
- son conoyau est l'espace $F/u(E)$ muni de la bornologie quotient de celle de F .
- son image est le sous-espace $u(E)$ muni de la bornologie induite par celle de F .
- sa coimage est l'espace $E/u^{-1}(0)$ muni de la bornologie quotient de celle de E .

Pour que u soit

- un monomorphisme, il faut et il suffit que u soit injectif ;
- un monomorphisme strict, il faut et il suffit que u soit injectif et que la bornologie de E soit image réciproque de celle de F .
- un épimorphisme, il faut et il suffit que u soit surjectif ;
- un épimorphisme strict, il faut et il suffit que u soit surjectif et que la bornologie de F soit image de celle de E .
- un morphisme strict, il faut et il suffit que les bornés de F contenus dans $u(E)$ soient les images des bornés de E .

Soit

$$E \xrightarrow{u} F \xrightarrow{v} G$$

une suite de morphismes dans evb .

Pour que cette suite soit anté-exacte, il faut et il suffit qu'elle soit exacte au sens algébrique et que u soit un morphisme strict.

Pour qu'elle soit post-exacte, il faut et il suffit qu'elle soit exacte au sens algébrique et que v soit un morphisme strict.

n° 3 - <u>SEPARATION, FERMETURE</u>

<u>DEFINITION 2</u> . On dit qu'un espace vectoriel bornologique E est séparé, si le seul sous-espace vectoriel borné de E , est $\{0\}$. Il revient au même de dire que E ne contient pas de droite bornée.

On dit qu'un un sous-espace F d'un espace vectoriel bornologique E est fermé si E/F (muni de la bornologie quotient) est un espace vectoriel bornologique séparé.

Les sous-espaces fermés d'un espace vectoriel bornologique E sont donc les noyaux des morphismes de E dans les espaces séparés. De là résulte que l'image réciproque par un morphisme $v : G \longrightarrow E$ d'un sous-espace fermé de E est un sous-espace fermé de G . Une intersection de sous-espaces fermés est fermée.

Soit E un espace vectoriel bornologique. Pour tout sous-espace F , il existe un plus petit sous-espace fermé contenant F autrement dit un sous-espace " adhérence " . Soit $u : E \longrightarrow G$ un morphisme de E dans un espace séparé G . u s'annule sur tous les sous-espaces bornés de E , donc sur leur réunion N et finalement on obtient une factorisation de u à travers l'espace séparé $E/\overline{N}$.

$$u : E \longrightarrow E/\overline{N} \longrightarrow G \ .$$

$E/\overline{N}$ est appelé l'espace séparé associé à E et est noté $\dot{E}$ si aucune confusion n'en résulte.

L'application $E \rightsquigarrow \dot{E}$

définit un foncteur (evb) $\longrightarrow$ (evbs) qui est adjoint du foncteur d'inclusion

$$(\text{evbs}) \hookrightarrow (\text{evb})$$

L'étude des morphismes de la catégorie (evb) est résumée dans la proposition suivante (qui est immédiate) .

<u>PROPOSITION 5</u> . La catégorie (evbs) est une catégorie préabélienne. Elle admet des limites inductives et projectives.

Le foncteur d'inclusion

$$\text{evbs} \hookrightarrow \text{evb}$$

est ante-exact et commute aux limites projectives.

Le foncteur adjoint

$$\text{evb} \longrightarrow \text{evbs}$$

est post-exact et commute aux limites inductives.

En d'autres termes, la limite projective

$$E = \underset{\underset{i}{\longleftarrow}}{\lim} E_i$$

(prise dans (evb)) d'un système projectif d'espaces séparés est séparée. C'est donc aussi la limite projective des E_i dans <u>evbs</u> . Au contraire, la limite inductive (prise dans <u>evb</u>) d'un système inductif d'espaces séparés

$$E = \underset{\longrightarrow}{\lim} E_i$$

n'est pas nécessairement séparée et la limite inductive des E_i dans (evbs) n'est autre que l'espace séparé associé à E . On a toutefois la proposition suivante :

PROPOSITION 6 . Soit $(E_i)_{i \in I}$ un système inductif d'espaces vectoriels bornologiques séparés. Désignons par E sa limite inductive dans la catégorie evb. , et supposons les morphismes canoniques

$$\varphi_i \; : \; E_i \longrightarrow E$$

injectifs. Alors E est un espace vectoriel bornologique séparé (et est alors la limite inductive des E_i dans evbs) .

Le cas où I est fini se ramène aussitôt au cas évident d'une somme directe finie.

Il en résulte que si I est infini, on peut supposer le système inductif filtrant. Les bornés de E sont alors les parties de la forme :

$$\varphi_i(B) \qquad i \in I \quad , \qquad B \text{ borné de } E_i \quad .$$

Comme les E_i sont séparés, aucune droite de E n'est bornée. Autrement dit E est séparé.

n° 4 - LIMITES AU SENS DE MACKEY

DEFINITION . Soient E un espace vectoriel bornologique et Φ un filtre dans E . On dira que Φ converge vers 0 au sens de Mackey s'il existe un borné B de E tel que pour tout scalaire λ non nul , λB appartienne au filtre Φ . Soit a un point de E ; on dira que Φ tend vers a au sens de Mackey si le filtre $\Phi - a$ tend vers 0 au sens de Mackey.

Exemples.

1) Dans l'espace vectoriel bornologique K , la notion de convergence au sens de Mackey est identique à la notion de convergence au sens usuel de la valeur absolue ;

2) Dans un espace vectoriel bornologique E , pour qu'une suite x_n tende vers 0 au sens de Mackey, il faut et il suffit qu'il existe une suite de scalaires λ_n tendant vers 0 et une suite bornée (y_n) telles que

$$x_n = \lambda_n y_n \quad .$$

En effet, si cette condition est réalisée, il existe un borné équilibré B contenant tous les points y_n . Pour tout scalaire λ non nul, on a pour tout n

$$x_n \in \lambda_n B = \frac{\lambda_n}{\lambda} \lambda B$$

Si n assez grand, $|\lambda_n| \leq |\lambda|$ et $\left|\frac{\lambda_n}{\lambda}\right| B \subset B$. Donc $x_n \in \lambda B$ pour n assez grand. C'est bien dire que x_n tend vers 0 .

Inversement, supposons que la suite x_n tende vers 0 . Soit B un borné tel que pour $\lambda \in K$, $\lambda \neq 0$, il existe un entier N tel que pour $n \geq N$, $x_n \in \lambda B$. Soit λ_i une suite de scalaires non nuls tendant vers 0 . Il existe une suite strictement croissante d'entiers (N_i) telle que :

$$n \geq N_i \quad \text{entraine} \quad x_n \in \lambda_i B \quad .$$

On définit une suite de scalaires μ_n pour $n \geq N_1$ par $\mu_n = \lambda_i$ si i est tel que $N_i \leq n < N_{i+1}$. Il est clair que μ_n tend vers 0 et que $x_n \in \mu_n B$. D'où le résultat.

<u>PROPOSITION 7</u> . Soient E, F, G des espaces vectoriels bornologiques, Φ un filtre sur E convergent vers A , ψ un filtre sur F convergent vers b . Pour toute application linéaire bornée

$$u : E \longrightarrow G$$

$u(\Phi)$ converge vers $u(a)$.

Pour toute application bilinéaire bornée

$$v : E \times F \longrightarrow G$$

$v(\Phi \times \psi)$ converge vers $v(a, b)$.

La démonstration est immédiate.

<u>PROPOSITION 8</u> . Soit E un espace vectoriel bornologique, F un sous-espace. Pour que F soit fermé, il faut et il suffit que pour toute suites de points de F tendant vers un point a de E , a appartienne à F .

<u>Corollaire 1</u> . Pour qu'un espace vectoriel bornologique E soit séparé, il faut et il suffit que toute suite convergente admette une seule limite.

En effet, si E n'est pas séparé, $\{0\}$ n'est pas fermé et d'après la proposition précédente, la suite $x_n = 0$ admet plusieurs limites. Au contraire, si E est séparé et si une suite x_n de points de E admet deux limites a et b , $a - b$ appartient à l'adhérence de 0 . Donc $a = b$.

<u>Corollaire 2</u> . Soit E un espace bornologique.
L'intersection d'une famille de sous-espaces fermés est fermée.

On dira qu'une suite x_n de points d'un espace vectoriel bornologique E est une suite de Cauchy-Mackey ou plus simplement une suite de Cauchy si la suite double $x_n - x_p$ tend vers 0 . Toute suite de Cauchy est bornée.

Toute suite convergente est une suite de Cauchy. On dira qu'un espace vectoriel bornologique est semi-complet s'il est séparé et si toute suite de Cauchy admet une limite (nécessairement unique).

PROPOSITION 9 . Soient E un espace vectoriel bornologique, F un sous-espace.

i - Si E est semi-complet, et F fermé, F est semi-complet.

ii - Si E est séparé et F semi-complet, F est fermé.

La démonstration est analogue à la démonstration du résultat correspondant relatif aux espaces uniformes.

PROPOSITION 10 . Toute limite projective d'espaces semi-complets est semi-complète.

Soit (E_i) un système projectif, d'espaces semi-complets, E la limite projective des E_i . D'après le corollaire 2 de la proposition 8, E est fermé dans le produit des E_i . Il suffit donc de démontrer la proposition, de considérer le cas d'un produit

$$E = \prod_{i \in I} E_i$$

d'espaces semi-complets.

On sait que E est séparé. D'autre part, une suite de Cauchy x_n dans E se projette dans chaque E_i sur la suite de Cauchy $pr_i(x_n)$. Par hypothèse, pour chaque i , $pr_i(x_n)$ converge vers un point a_i de E_i . Par translation, on peut se ramener au cas où $a_i = 0$ pour tout i , ce qu'on va supposer. Soit C un borné de E de la forme $C = \prod_{i \in I} C_i$, tel que pour tout scalaire non nul λ on ait $x_n - x_p \in \lambda C$, pour n et p assez grands. Soit pour tout i B_i un borné de E_i tel que pour tout scalaire non nul λ on ait $pr_i(x_n) \in \lambda B_i$ pour n assez grand. Soit enfin λ un scalaire, il existe un entier N tel que

$$x_n - x_p \in \lambda C \quad \text{pour} \quad n \geq N \quad \text{et} \quad p \geq N$$

ce qui s'écrit

$$pr_i(x_n) - pr_i(x_p) \in \lambda C_i \quad \text{pour} \quad n \geq N \ \text{et} \ p \geq N \ \text{et} \ i \in I$$

Or, $pr_i(x_p) \in \lambda B_i$ dès que p est assez grand. D'où

$$pr_i(x_n) \in \lambda C_i + \lambda B_i \qquad \text{pour} \quad n \geq N \ \text{et} \ i \in I$$

soit

$$x_n \in \lambda(B + C) \qquad \text{pour} \qquad n \geq N .$$

Ainsi $x_n \longrightarrow 0$.

L'assertion est démontrée.

PROPOSITION 11 . Soit E_i un système inductif d'espaces vectoriels bornologiques semi-complets ; supposons que les morphismes canoniques

$$\varphi_i \ : \ E_i \longrightarrow E \quad \text{dans la limite inductive}$$

$$E = \varinjlim E_i \quad ,$$

soient injectifs. Alors E est semi-complet.

En effet, on peut se ramener au cas d'une limite inductive filtrante (cf. prop. 6) . D'autre part E est séparé (loc. cit) . Soit x_n une suite de Cauchy dans E , B un borné tel que $x_n - x_p \in \lambda B$ pour n et p assez grands. Comme le système inductif est filtrant et qu'une suite de Cauchy est toujours bornée, il existe un indice i , un borné B' de E_i , une suite x'_n de E_i tels que $\varphi_i(x'_n) = x_n$ et $\varphi(B') = B$. Comme φ est injectif, pour tout scalaire $x'_n - x'_p \in \lambda B'$ pour n et p assez grands x'_n converge vers un point a' et x_n converge vers le point $\varphi(a')$. C.Q.F.D.

PROPOSITION 12 . Soit E un espace vectoriel bornologique séparé de dimension finie. Alors E est isomorphe à l'espace vectoriel K^n muni de bornologie produit (K étant muni de la bornologie définie par la valeur absolue) .

Pour dim E = 1 , il suffit de remarquer que sur l'espace vectoriel K , la bornologie de la valeur absolue est l'unique bornologie vectorielle séparée. Il en résulte d'ailleurs le lemme

LEMME 1 . Tout hyperplan fermé H d'un espace vectoriel bornologique E est facteur direct.

Soit D un supplémentaire algébrique de H . L'application canonique

$$\varphi \ : \ D \longrightarrow E/H$$

étant bornée (pour la bornologie induite par E sur D) , E/H étant séparé, D est lui-même séparé et φ est un isomorphisme, ce qui prouve le lemme.

Prouvons maintenant la proposition par récurrence sur la dimension n de E . Nous l'avons démontrée pour n = 1 . Supposons la vraie pour n et démontrons la pour n + 1 . Soit H un hyperplan de E . D'après l'hypothèse de récurrence, H muni de la bornologie induite est isomorphe à K^n donc est semi-complet. Alors, d'après la proposition 9 , il est fermé dans E . Le lemme 1 prouve que H est facteur direct dans E . Cela montre que E est isomorphe à K^{n+1} .

Corollaire. Dans un espace vectoriel bornologique E , tout sous-espace fermé de co-dimension finie est facteur direct.

La démonstration est analogue à celle du lemme 1 .

§ 4 . Espaces d'applications linéaires

n° 1 - LE FONCTEUR Leb

Soient E et F deux espaces vectoriels bornologiques. L'ensemble $\mathrm{Hom}_{evb}(E, F)$ est muni d'une structure vectorielle. Il est clair que la bornologie induite par Bor(E, F) sur $\mathrm{Hom}_{evb}(E, F)$ est compatible avec cette structure vectorielle. On note Leb(E, F) l'espace vectoriel bornologique ainsi obtenu. L'application $(E, F) \rightsquigarrow \mathrm{Leb}(E, F)$ définit un bifoncteur.

$$(evb)^{\circ} \times evb \longrightarrow evb \quad .$$

Pour tout espace vectoriel bornologique F , l'application canonique $\mathrm{Leb}(K, F) \longrightarrow F$ est un isomorphisme.

PROPOSITION 1 . Si $E = \varinjlim E_{\lambda}$, $F = \varprojlim F_{\mu}$, $\mathrm{Leb}(E, F) \simeq \varprojlim_{\lambda,\mu} \mathrm{Leb}(E_{\lambda}, F_{\mu})$.

En particulier, Leb est additif et exact à gauche par rapport aux deux variables.

Désignons par $e_{\lambda} : E_{\lambda} \longrightarrow E$, $f_{\mu} : F \longrightarrow F_{\mu}$ les morphismes canoniques. Il leur correspond des morphismes d'espaces vectoriels bornologiques :

$$\varphi_{\lambda,\mu} : \mathrm{Leb}(E, F) \longrightarrow \mathrm{Leb}(E_{\lambda}, F_{\mu})$$
$$f \rightsquigarrow f_{\mu} \circ f \circ e_{\lambda}$$

L'espace vectoriel Leb(E, F) est la limite projective des espaces vectoriels $\mathrm{Leb}(E_{\lambda}, F_{\mu})$ (par définition des limites inductives et projectives) . Il suffit donc de vérifier que toute partie A de Leb(E, F) telle que pour tout couple (λ,μ) , $\varphi_{\lambda,\mu}(A) = f_{\mu} \circ A \circ e_{\lambda}$ soit un ensemble équiborné d'applications de E dans F est elle-même un ensemble équiborné d'applications de E dans F . Or, soit B un borné de E de la forme

$$B = \sum_{1 \leq i \leq n} e_{\lambda_i}(B_{\lambda_i}) \qquad B_{\lambda_i} \text{ borné de } E_{\lambda_i}$$

On a pour tout indice :

$$f_{\mu}(A(B)) = \sum_{i} f_{\mu} \circ A \circ e_{\lambda_i}(B_{\lambda_i})$$

. C'est donc un borné de F_{μ} et A(B) est un borné de F , ce qu'il fallait démontrer.

PROPOSITION 2 . Si F est séparé, $Leb(E, F)$ est séparé.

Réciproquement, si E est non nul, et si $Leb(E, F)$ est séparé, F est séparé.

Supposons F séparé. Si $Leb(E, F)$ n'est pas séparé, il existe un ensemble équiborné d'applications linéaires de E dans F de la forme Ku , $u \neq 0$. Soit x un point de E tel que $u(x) \neq 0$, $Ku(x)$ est une droite bornée de F . D'où une contradiction.

Supposons F non séparé et E non nul, et soit x un point de F tel que la droite Kx soit bornée. Enfin, choisissons une forme linéaire non nulle f sur E . L'application linéaire

$$u : y \rightsquigarrow f(y)x$$

de E dans F est bornée et l'ensemble Ku est un ensemble équiborné d'applications linéaires. $Leb(E, F)$ n'est donc pas séparé.

n° 2 - LE FONCTEUR Lec .

Soient E et F deux espaces vectoriels topologiques. La bornologie de l'équicontinuité de $\mathcal{C}(E, F)$ induit sur $Hom_{evt}(E, F)$ une bornologie compatible avec la structure vectorielle. On note $Lec(E, F)$ l'espace vectoriel topologique ainsi obtenu. Les parties bornées de $Lec(E, F)$ sont donc les ensembles H d'applications linéaires de E dans F satisfaisant à la condition suivante : pour tout voisinage W de 0 dans F , il existe un voisinage V de 0 dans E tel que $H(V) \subset W$.

L'application $(E, F) \rightsquigarrow Lec(E, F)$

définit un bifoncteur

$$(evt)^\circ \times evt \longrightarrow evt \quad .$$

PROPOSITION 3 . Si $E = \varinjlim_{\lambda \in \Lambda} E_\lambda$, Λ fini, $F = \varprojlim_{\mu} F_\mu$, $Lec(E, F) \simeq \varprojlim_{\lambda,\mu} Lec(E_\lambda, F_\mu)$. En particulier Lec est un bifoncteur additif et exact à gauche.

Désignons par $e_\lambda : E_\lambda \longrightarrow E$, $f_\mu : F \longrightarrow F_\mu$ les morphismes canoniques. Soit H un ensemble d'applications linéaires continues de E dans F tel que pour tout couple (λ,μ) $f_\mu \circ H \circ e_\lambda$ soit un ensemble équicontinu d'applications de E dans F . Comme pour la prop. 1 , il suffira de montrer que H est équicontinu. Soit W un voisinage de 0 dans F et p le nombre d'éléments de Λ . Il existe un voisinage W' de 0 dans F tel que

$$\overbrace{W' + W' + \dots + W'}^{p} \subset W$$

$$W' = \bigcap_{1 \leq i \leq n} f_{\mu_i}^{-1}(W_{\mu_i}) \qquad W_{\mu_i} \text{ voisinage de } 0 \text{ dans } F_{\mu_i} .$$

Par hypothèse, pour tout $\lambda \in A$, il existe un voisinage V_λ de 0 dans F_λ tel que

$$H \circ e_\lambda(V_\lambda) \subset W'$$

On a donc en désignant par V le voisinage de 0 dans E ,

$$V = \sum_{\lambda \in \Lambda} e_\lambda(V_\lambda)$$

$$H(V) \subset \overbrace{W' + \dots + W'}^{p} \subset W$$

ce qui termine la démonstration.

PROPOSITION. Soient E et F deux espaces vectoriels topologiques.

1) L'application $Lec(E, F) \longrightarrow Lec(E, \dot{F})$ déduite de l'application canonique $\varphi : F \longrightarrow \dot{F}$ identifie $Lec(E, \dot{F})$ au séparé de $Lec(E, F)$.

2) Si E est non nul, et si $Lec(E, F)$ est séparé, F est séparé.

En effet, désignons par N l'adhérence de $\{0\}$ dans F . Pour toute application linéaire continue g de E dans $\dot{F}$, il existe une application linéaire f de E dans F telle que $g = \varphi \circ f$. Prouvons que f est continue.

Pour tout voisinage W de 0 dans F , il existe un voisinage V de 0 dans E tel que $g(V) \subset \varphi(W)$, cela s'écrit

$$f(V) \subset W + N \subset W + W$$

puisque N est l'intersection des voisinages de 0 dans F . D'où notre assertion. D'autre part, soit $f : E \longrightarrow F$ une application linéaire continue. La relation $\varphi \circ f = 0$ s'écrit $f(E) \subset N$. Comme N est l'intersection des voisinages de 0 dans F , il est clair que si $Kf(E) = f(E) \subset N$, Kf est un ensemble équicontinu. Réciproquement, si Kf est un ensemble équicontinu, pour tout voisinage W de 0 dans F , il existe un voisinage V de 0 dans E tel que

$$f(E) = Kf(V) \subset W$$

D'où $f(E) \subset N$.

En définitive, on a prouvé que l'application

$$\mathrm{Lec}(E, F) \longrightarrow \mathrm{Lec}(E, \hat{F})$$

est surjective et a pour noyau l'adhérence de 0 dans Lec(E, F) . D'où 1 .
2. est laissé aux soins du lecteur.

<u>PROPOSITION 5</u> . Si F est complet, le morphisme canonique

$$E \longrightarrow \hat{E}$$

définit un isomorphisme d'espaces vectoriels bornologiques

$$\mathrm{Lec}(\hat{E}, F) \xrightarrow{\sim} \mathrm{Lec}(E, F)$$

Cela résulte aussitôt de la propriété universelle de $\hat{E}$ et de la construction des voisinages de 0 dans $\hat{E}$ comme adhérence des images des voisinages de 0 dans F .

n° 3 - <u>LA BORNOLOGIE CANONIQUE .</u>

Soit E un espace vectoriel topologique. A toute application linéaire (nécessairement continue)

$$f : K \longrightarrow E$$

associons le point f(1) de E . On obtient ainsi une application linéaire bijective

$$\mathrm{Lec}(K, E) \longrightarrow E \qquad .$$

<u>DEFINITION</u> . On appelle bornologie canonique de E , la bornologie vectorielle obtenue en transportant à E la bornologie de Lec(K, E) par la bijection précédente.

On note ${}^{b}E$ l'espace vectoriel bornologique ainsi obtenu.

Soit A une partie de E . Pour qu'elle soit bornée pour ${}^{b}E$ il faut et suffit que pour tout voisinage W de 0 dans E il existe un voisinage de 0 dans K , de la forme

$$\{ \lambda \in K \ ; \quad |\lambda| < a \}$$

dont les images par les applications linéaires

$$\lambda \rightsquigarrow \lambda x \qquad\qquad x \in A$$

soient contenues dans W . Ceci s'écrit encore :

$$\lambda A \subset W \qquad \text{pour} \qquad |\lambda| < a$$

Les bornés de E^b sont donc les parties de E <u>absorbées par tout voisinage de</u> 0 dans E .

Les propriétés du foncteur Lec développées au n° 2 se traduisent en les énoncés suivants :

- $E \rightsquigarrow E^b$ définit un foncteur

$$\text{evt} \longrightarrow \text{evb}$$

qui commute aux limites projectives et en particulier est additif et exact à gauche.

- L'espace E^b est séparé si et seulement si E est séparé.

Le foncteur $E \rightsquigarrow E$ ne commute pas aux limites inductives, mêmes finies.

* Il existe des espaces de Montel qui admettent un quotient qui n'est pas de Montel. (cf. Grothendieck, Sur les espaces (F) et (DF) , chap. II, n° 3) . *

<u>PROPOSITION 5</u> . Soit E un espace vectoriel bornologique. L'adhérence (pour la topologie) d'un borné canonique est encore une partie bornée canonique.

Cela résulte aussitôt de l'existence d'un système fondamental de voisinages de 0 dans E , fermés (pour la topologie) .

<u>PROPOSITION 6</u> . Soit E un espace vectoriel topologique. Pour que B soit borné, dans E , il faut et il suffit que pour toute suite x_n de points de B et toute suite de scalaires λ_n tendant vers 0 , la suite $\lambda_n x_n$ tende vers 0 (au sens de la topologie) .

On voit aisément que la condition est nécessaire. Inversement, si B n'est pas borné, il existe un voisinage de 0 V qui n'absorbe pas B . Pour chaque entier n , il existe un scalaire λ_n de valeur absolue inférieure à 1/n tel que λ_n ne soit pas contenu dans V , autrement dit, il existe un point x_n de B tel que $\lambda_n x_n \notin V$. La suite λ_n tend vers 0 , mais pas la suite $\lambda_n x_n$.

<u>Corollaire 1</u> . Dans un espace vectoriel topologique E , la convergence au sens de Mackey (pour la bornologie canonique) d'une suite x_n vers un point a entraine la convergence de x_n vers a au sens de la topologie.

<u>Corollaire 2</u> . Pour qu'une partie B de E soit bornée, dans E^b , il faut et il suffit que toute partie dénombrable de B soit bornée dans E^b .

n° 4 - LE FONCTEUR Lub

Soit E un ensemble bornologique, F un espace vectoriel topologique. L'ensemble $\mathcal{F}(E, F)$ de toutes les applications de E dans F , est muni d'une structure de groupe et la topologie de la convergence uniforme dans les bornés de E est compatible avec la structure de groupe. De plus, un système fondamental de voisinages de 0 par cette topologie est formé des ensembles $T_o(A, V)$ (A borné de E , V voisinage de 0 dans F) ensemble des applications u de E dans F telles que $u(A) \subset V$. Cette description montre d'ailleurs que la structure uniforme déduite de cette topologie et de la structure de groupe n'est autre que la structure uniforme de la convergence uniforme dans les bornés de E .

PROPOSITION 7 . Soit H un sous-espace vectoriel de $\mathcal{F}(E, F)$. Pour que la topologie induite par $\mathcal{F}(E, F)$ sur H soit vectorielle, il faut et il suffit que les éléments de H soient des applications bornées

$$E \longrightarrow F^b$$

(autrement dit que chacune transforme tout borné de E en une partie de F absorbée par tout voisinage de l'origine) .

En effet, un système fondamental de voisinages de 0 dans H pour la topologie induite par $\mathcal{F}(E, F)$ est formé des ensembles $H \cap T_o(M, V)$, M parcourant la bornologie de E et V l'ensemble des voisinages, équilibrés de 0 dans F . Ce système de voisinages est invariant par homothétie et est fermé de voisinages équilibrés. Comme la topologie induite par $\mathcal{F}(E, F)$ est compatible avec la structure de groupe, une condition nécessaire et suffisante pour qu'elle soit compatible avec la structure vectorielle est que les ensembles $H \cap T_o(M, V)$ soient absorbants dans H ; or, cela signifie que pour tout $u \in H$, tout borné M de E et tout voisinage équilibré V de 0 dans F , il existe λ non nul tel que $u(M) \subset \lambda V$ c'est-à-dire que u(M) est borné dans F .

Corollaire . Soit E un espace vectoriel bornologique, F un espace vectoriel topologique. La topologie induite par $\mathcal{F}(E, F)$ sur $Hom_{evb}(E, F^b)$ (c'est-à-dire la topologie de la convergence uniforme sur les bornés de E) est compatible avec la structure d'espace vectoriel.

On notera Lub(E, F) l'espace vectoriel topologique ainsi obtenu. Nous poserons $T(M, V) = Lub(E, F) \cap T_o(M, V)$ pour M borné de E , et V voisinage de 0 dans F .

L'application $(E, F) \rightsquigarrow Lub(E, F)$ définit un bifoncteur.

$$(evb)^o \times (evt) \longrightarrow (evt)$$

PROPOSITION 8 . Si $E = \varinjlim_{\lambda} E_\lambda$, $F = \varprojlim_{\mu} F_\mu$, on a :

$$\mathrm{Lub}(E, F) \xrightarrow{\sim} \varprojlim_{\lambda,\mu} \mathrm{Lub}(E_\lambda, F_\mu) .$$

En particulier, Lub est un foncteur additif et exact à gauche par rapport aux deux variables.

En effet, on a d'abord $F = \varprojlim_{\mu} {}^b(F_\mu)$ (n° 3) . D'où, pour les espaces vectoriels, la formule

$$\mathrm{Hom}_{evb}(E, {}^bF) \xrightarrow{\sim} \varprojlim_{\lambda,\mu} \mathrm{Hom}_{evb}(E_\lambda, {}^b(F_\mu))$$

Cela étant, on vérifie aisément que dans $\mathrm{Hom}_{evb}(E, F_b)$ la topologie de la convergence uniforme dans les bornés de E est initiale pour les applications

$$\mathrm{Hom}_{evb}(E, {}^bF) \longrightarrow \mathrm{Lub}(E_\lambda, F_\mu)$$

D'où le résultat.

PROPOSITION 9 . Soit E un espace vectoriel bornologique, F un espace vectoriel topologique. On a ${}^b\mathrm{Lub}(E, F) = \mathrm{Leb}(E, {}^bF)$.

En effet, pour qu'une partie H de Lub(E, F) soit bornée pour la bornologie canonique associée à la topologie, il faut et il sffit que pour tout borné A de E et tout voisinage V de 0 dans F équilibré, il existe un scalaire non nul λ tel que

$$\lambda H \subset T(A, V)$$

cela s'écrit encore

$$\lambda H(A) \subset V$$

Or, cela signifie que H(A) est borné dans ${}^bF$. D'où le résultat.

Corollaire. L'application $\mathrm{Lub}(E, F) \longrightarrow \mathrm{Lub}(E, F)$ déduite de l'application canonique $F \longrightarrow \dot{F}$ identifie $\mathrm{Lub}(E, \dot{F})$ au séparé de Lub(E, F) .

Inversement, si E est non nul, et si Lub(E, F) est séparé, F est séparé. Cela résulte de la prop. 9 , et des propriétés du fçncteur bornologie canonique.

Remarques . 1) Lub(K, F) s'identifie à F par l'application

$$f \rightsquigarrow f(1)$$

de Lub(K, F) dans F .

2) S'il existe une forme linéaire bornée non nulle sur E , le foncteur $F \rightsquigarrow \mathrm{Lub}(E, F)$ est conservatif.

PROPOSITION 10 . Soit E un espace vectoriel bornologique, F un espace vectoriel topologique séparé. $Lub(E, F)$ est fermé dans $\mathcal{F}(E, F)$.

En effet, soit u un élément de $\mathcal{F}(E, F)$ adhérent à $Lub(E, F)$. Il est d'abord clair que u est une application linéaire. Montrons que u est une application bornée de E dans ${}^bF$. Pour tout borné A de E et tout voisinage équilibré V de 0 dans F , il existe un $v \in Lub(E, F)$ tel que

$$u - v \in T_o(A, V) \quad .$$

Cela s'écrit

$$u(A) \subset V + v(A) \quad .$$

Or, comme $v(A)$ est borné, il existe un scalaire λ qu'on peut supposer de valeur absolue supérieure à 1 tel que

$$v(A) \subset \lambda V$$

On a donc a fortiori

$$u(A) \subset \lambda V + \lambda V$$

et la proposition résulte de ce que lorsque V parcourt les voisinages équilibrés de 0 , $\lambda V + \lambda V$ parcourt un système fondamental de voisinages de 0 dans F .

Corollaire . Si F est séparé et complet, $Lub(E, F)$ est séparé et complet.

On sait, en effet, que dans ces conditions $\mathcal{F}(E, F)$ est séparé et complet. (Bourbaki, Top. X, parag. 1) .

n° 5 - LE FONCTEUR Lvb

DEFINITION . Soient E un espace vectoriel topologique, F un espace vectoriel bornologique. On dit qu'une application linéaire

$$u : E \longrightarrow F$$

est bornante s'il existe un voisinage V de 0 dans E dont l'image $u(V)$ est bornée dans F . On dit qu'un ensemble H d'applications linéaires de E dans F est équibornant s'il existe un voisinage V de 0 dans E tel que

$$H(V) = \bigcup_{u \in H} u(V)$$

soit borné dans F .

L'ensemble des applications linéaires bornantes de E dans F est un sous-espace de l'espace vectoriel de toutes les applications de E dans F . Les parties équibornantes forment dans cet espace une bornologie vectorielle. On note $Lvb(E, F)$ l'espace vectoriel bornologique ainsi obtenu. L'application

$$(E, F) \rightsquigarrow Lvb(E, F)$$

définit un bifoncteur

$$(evt)^{o} \times evb \longrightarrow evb$$

PROPOSITION 11 .

Si $E = \varinjlim_{\lambda \in \Lambda} E_\lambda$, Λ fini, $F = \varprojlim_{\mu \in M} F_\mu$, M fini ,

$$Lvb(E, F) \simeq \varprojlim_{\lambda,\mu} Lvb(E_\lambda, F_\mu) .$$

En particulier, le foncteur Lvb est additif et exact à gauche, par rapport aux deux variables.

Désignons par $e_\lambda : E_\lambda \longrightarrow E$, $f_\mu : F \longrightarrow F_\mu$ les morphismes canoniques. Soit H un ensemble d'applications linéaires de E dans F tel que pour tout couple (λ, μ) $f_\mu \circ H \circ e_\lambda$ soit un ensemble équibornant d'applications linéaires de E_λ dans F_μ . Nous allons prouver que H est un ensemble équibornant d'applications linéaires de E dans F . Cela prouvera que l'espace $Lvb(E, F)$ s'identifie à la limite projective des $Lvb(E_\lambda, F_\mu)$, puisque la bornologie de $Lvb(E, F)$ est initiale pour les applications :

$$Lvb(E, F) \longrightarrow Lvb(E_\lambda, F_\mu)$$

ce qui terminera la démonstration.

Comme M est fini , il existe pour chaque λ un voisinage V_λ de 0 dans E_λ , dont l'image $f_\mu \circ H \circ e_\lambda(V_\lambda)$ est bornée dans F_μ quel que soit μ . Comme Λ est fini,

$$(f_\mu \circ H \circ)\Big(\sum_{\lambda \in \Lambda} e_\lambda(V_\lambda)\Big) = \sum_{\lambda \in \Lambda} (f_\mu \circ H \circ e_\lambda)(V_\lambda)$$

est borné pour tout μ .

Cela montre que $H\big(\sum_{\lambda \in \Lambda} e_\lambda(V_\lambda)\big)$ est borné dans F . Comme $\sum_{\lambda \in \Lambda} e_\lambda(V_\lambda)$ est un voisinage de 0 dans E , H est équiborné. Du coup, voilà la démonstration achevée.

Exercice . Soient $(E_\lambda)_{\lambda \in \Lambda}$ un système projectif filtrant d'espaces vectoriels topologiques, $(F_\mu)_{\mu \in M}$ un système inductif filtrant d'espaces vectoriels bornologiques séparés. On suppose que les morphismes canoniques

$F_\mu \longrightarrow F = \varinjlim_\mu F_\mu$ sont injectifs.

$$\text{Alors } Lvb(\varprojlim_\lambda E_\lambda, \varinjlim_\mu F_\mu) \xleftarrow{\sim} \varinjlim_{\lambda,\mu} Lvb(E_\lambda, F_\mu) .$$

PROPOSITION 12 . Si F est séparé, l'espace Lvb(E, F) est séparé. Inversement, si E est non nul, et si Lvb(E, F) est séparé, F est séparé.

Supposons Lvb(E, F) non séparé : il existe donc une application linéaire $u : E \longrightarrow F$, non nulle, un voisinage V de 0 dans E tel que

$$A = \bigcup_{\lambda \in K} \lambda u(V) = u(E)$$

soit un borné de F . Comme u n'est pas nulle, $A \neq \{0\}$, F est donc non séparé. La première assertion est démontrée. La deuxième est laissée aux soins du Lecteur.

Exemples.

On rencontre en analyse les exemples suivants : F est un espace vectoriel topologique muni de sa bornologie canonique, ou de sa bornologie précompacte, ou de sa bornologie compacte (dans ce dernier cas F est supposé séparé et l'on dit application compacte pour application bornante) ; F est un espace vectoriel muni de la bornologie vectorielle la plus fine (dans ce dernier cas les applications bornantes sonr les applications dont l'image est de rang fini ou comme on dit les applications de rang fini) .

§ 5 . Espaces Vectoriels Topologiques et Bornologiques

n° 1 . DEFINITION . Soit E un espace vectoriel muni d'une topologie $\mathcal{E}$ et d'une bornologie $\mathcal{B}$ toutes deux vectorielles. On dit que $\mathcal{E}$ et $\mathcal{B}$ sont compatibles si :

TB1) - $\mathcal{B}$ est plus fine que la bornologie canoniquement associée à $\mathcal{E}$ (autrement dit tout $B \in \mathcal{B}$ est absorbé par tout voisinage de 0 pour $\mathcal{E}$) .

TB2) - L'adhérence (pour la topologie $\mathcal{E}$) d'un borné B de $\mathcal{B}$ est un borné de $\mathcal{B}$.

On appelle espace vectoriel topologique et bornologique un espace vectoriel muni d'une topologie et d'une bornologie vectorielles et compatibles. On forme une catégorie en prenant pour objets les espaces vectoriels topologiques et bornologiques et pour morphismes les applications linéaires continues et bornées. On la note (evtb) .

Exemples . 1) Soit E un espace vectoriel topologique. Sa bornologie canonique est compatible avec sa topologie.

2) Si K est localement compact, il en est de même de la bornologie précompacte de E .

3) Si de plus E est séparé, il en est de même de la bornologie compacte.

4) Sur un espace vectoriel, la bornologie vectorielle la plus fine est compatible avec toute topologie vectorielle séparée.

Notons enfin que la topologie (resp. la bornologie) sous-jacente à un espace vectoriel topologique et bornologique permet de définir un foncteur canonique evtb ⟶ evt (resp. evtb ⟶ evb) .

PROPOSITION 1 . La catégorie (evtb) admet des limites projectives (quelconques). Les foncteurs :

evtb ⟶ evt et evtb ⟶ evb

commutent aux limites projectives.

Soit E_λ un système projectif d'evtb . Désignons par $\mathcal{B}_\lambda$ (resp. $\mathcal{T}_\lambda$) la bornologie (resp. la topologie) de E_λ , par E l'espace limite projective des espaces E_λ , et par e_λ la projection canonique

$$e_\lambda : E \longrightarrow E_\lambda$$

Soit $\mathcal{T}$ la topologie initiale pour les e_λ et les $\mathcal{T}_\lambda$. Soit $\mathcal{B}$ la bornologie initiale pour les e_λ et les $\mathcal{B}_\lambda$. Tout revient à prouver que $\mathcal{T}$ et $\mathcal{B}$ sont compatibles. Or, la bornologie canonique associée à $\mathcal{T}$ est la bornologie initiale pour les bornologies canoniques associées aux $\mathcal{T}_\lambda$ (parag. 4, n° 3) . Cela montre que TB_1 est satisfait. Maintenant, soit A un borné de $\mathcal{B}$. On a pour tout λ

$$e_\lambda(\overline{A}) \subset \overline{e_\lambda(A)}$$

($\overline{A}$ adhérence pour $\mathcal{T}$, $\overline{e_\lambda(A)}$ adhérence pour $\mathcal{T}_\lambda$) .

Par hypothèse, $e_\lambda(A)$ est borné pour $\mathcal{B}_\lambda$. Donc, il en est de même de son adhérence $\overline{e_\lambda(A)}$ pour la topologie $\mathcal{T}_\lambda$. Cela montre que TB_2 est satisfait.

E muni de $\mathcal{T}$ et $\mathcal{B}$ est clairement la limite projective des E_λ . Les deux dernières assertions sont alors évidentes.

PROPOSITION 2 . La catégorie (evtb) admet des limites inductives finies. Le foncteur (evtb) $\longrightarrow$ evt commute aux limites inductives finies.

Soit $(E_\lambda)_{\lambda \in \Lambda}$ un système inductif fini, $\mathcal{T}_\lambda$ la topologie de E_λ , $\mathcal{B}_\lambda$ sa bornologie, E l'espace vectoriel limite inductive des E ,

$$e_\lambda : E_\lambda \longrightarrow E$$

les applications linéaires canoniques, $\mathcal{T}$ la topologie finale pour les $\mathcal{T}_\lambda$. Désignons par $\mathcal{B}$ la bornologie sur E dont un système fondamental est formé des adhérences pour $\mathcal{T}$ des ensembles : $\sum_{\lambda \in \Lambda} e_\lambda(A_\lambda)$ où pour chaque λ , A_λ parcourt $\mathcal{B}_\lambda$.

Il est clair que $\mathcal{T}$ et $\mathcal{B}$ sont compatibles et que E muni de $\mathcal{T}$ et $\mathcal{B}$ est la limite inductive du système. La dernière assertion est évidente. On prouve sans peine que evtb est une catégorie préabélienne. On laisse au Lecteur le soin d'expliciter les notions de noyau, conoyau, morphismes stricts, etc ...

n° 2 . SEPARATION ET COMPLETION

DEFINITION 2 . On dit qu'un espace vectoriel topologique et bornologique est séparé si sa topologie et sa bornologie le sont.

D'après TB_1 et prop. 4 , parag. 4 , il suffit pour cela que la topologie le soit. Soit E un espace vectoriel topologique et bornologique, F l'espace vectoriel topologique séparé associé à l'espace topologique sous-jacent à E . Désignons par $\mathcal{B}$ la bornologie de F admettant pour système fondamental de parties bornées les adhérences des images des bornés de E . F muni de $\mathcal{B}$ est l'espace vectoriel topologique et bornologique séparé associé à E . Les morphismes de E dans les evtb séparés se factorisent à travers F . Autrement dit, nous avons défini un foncteur

$$\text{evtb} \longrightarrow \text{evtbs}$$

(catégorie des espaces vectoriels topologiques et bornologiques séparés) qui est adjoint du foncteur d'inclusion

$$\text{evtbs} \hookrightarrow \text{evtb} \quad .$$

DEFINITION 3 . Soient E un espace vectoriel topologique et bornologique séparé. On dit que E est quasi-complet si toute partie bornée (pour la bornologie donnée) fermée (pour la topologie donnée) est complète (pour la structure uniforme déduite de la topologie) .

Soient E un espace vectoriel bornologique, $\hat{E}$ l'espace vectoriel topologique complété de l'espace topologique sous-jacent à E , φ l'application canonique. Désignons par $\hat{\hat{E}}$ la réunion dans $\hat{E}$ des ensembles $\overline{\varphi(A)}$, A borné dans E . Il est clair que $\hat{\hat{E}}$ est un sous-espace vectoriel de $\hat{E}$. Munissons-le de la topologie induite par $\hat{E}$ et de la bornologie dont un système fondamental est formé dans $\overline{\varphi(A)}$, A borné dans E . On obtient ainsi un espace vectoriel topologique et bornologique quasi-complet que l'on appelle le quasi-complété de E . Les morphismes de E dans des espaces quasi-complets se factorisent uniquement à travers $\hat{\hat{E}}$. Autrement dit, si nous désignons par evqc la catégorie des espaces vectoriels topologiques et bornologiques quasi-complets, on a défini un foncteur

$$\text{evtb} \longrightarrow \text{evqc}$$

qui est adjoint du foncteur d'inclusion evqc $\hookrightarrow$ evtb .

n° 3 . LE FONCTEUR Lbc

Soient E et F deux objets de evtb . $\mathrm{Hom}_{evtb}(E, F)$ n'est autre que l'ensemble $\mathrm{Leb}(E, F) \cap \mathrm{Lec}(E, F)$. On peut donc munir $\mathrm{Hom}_{evtb}(E, F)$ de la bornologie vectorielle intersection des bornologies induites par $\mathrm{Leb}(E, F)$ et $\mathrm{Lec}(E, F)$ (autrement dit, de la bornologie formée des ensembles à la fois équibornés et équicontinus d'applications linéaires de E dans F) . Comme la bornologie donnée sur F est plus fine que la bornologie canonique associée à la topologie, on a

$$\mathrm{Hom}_{evtb}(E, F) \subset \mathrm{Lub}(E, F) .$$

On peut donc munir $\mathrm{Hom}_{evtb}(E, F)$ de la topologie induite par $\mathrm{Lub}(E, F)$. La bornologie et la topologie ainsi définies sur Hom_{evtb} sont compatibles. En effet, comme ${}^{b}\mathrm{Lub}(E, F) = \mathrm{Leb}(E, {}^{b}F)$, il est d'abord clair que TB_1 est satisfait. Et TB_2 résulte de la proposition plus précise suivante :

<u>PROPOSITION 3</u> . F séparé . Soit H un ensemble équiborné et équicontinu d'applications linéaires de E dans F . L'adhérence $\overline{H}$ de H dans $\mathcal{F}(E, F)$ est contenue dans $\mathrm{Hom}_{evtb}(E, F)$ et est équibornée et équicontinue.

En effet, les éléments de $\overline{H}$ sont des applications linéaires. Si A est un borné $\overline{H}(A) \subset \overline{H(A)}$ qui est borné d'après TB_2 . D'autre part, soit W un voisinage de 0 dans F fermé. Il existe un voisinage V de 0 dans E tel que $H(V) \subset W$. Alors $\overline{H}(V) \subset \overline{H(V)} \subset W$. Donc $\overline{H}$ est équicontinu et équiborné. C.Q.F.D.

$\mathrm{Hom}_{evtb}(E, F)$ estdonc un espace vectoriel topologique et bornologique que l'on notera $\mathrm{Lbc}(E, F)$.

L'application $(E, F) \rightsquigarrow Lbc(E, F)$

définit un bifoncteur

$$(evtb)^{\circ} \times evtb \longrightarrow evtb \quad .$$

On laisse au Lecteur le soin de démontrer les propositions suivantes (qui résultent au moins en partie des propositions analogues relatives aux foncteurs Leb, Lec, Lub) .

PROPOSITION 4 . Si $E = \varinjlim_{\lambda \in \Lambda} E_\lambda$ où Λ est fini, $F = \varprojlim_{\mu \in M} F_\mu$, $Lbc(E, F) \xrightarrow{\sim} \varprojlim_{\lambda, \mu} Lbc(E_\lambda, F_\mu)$.

En particulier, Lbc est additif et exact à gauche.

PROPOSITION 5 .

Si F est séparé, Lbc(E, F) est séparé.

Si E est non nul, et Lbc(E, F) séparé, F est séparé.

PROPOSITION 6 .

Si F est quasi-complet, Lbc(E, F) est quasi-complet.

De plus, l'application $E \longrightarrow \hat{E}$ définit un isomorphisme

$Lbc(\hat{E}, F) \xrightarrow{\sim} Lbc(E, F)$ pour tout espace E topologique et bornologique.

En effet, soit H un ensemble équicontinu équiborné d'applications linéaires de E dans F . Pour tout x de E , H(x) est borné. Son adhérence dans F est complète. D'après Bourbaki, Top. Gén. Chap. X , parag. 1, n° 5, prop. 5, coroll. 3 , l'adhérence de H dans $\mathcal{F}(E, F)$ est complète. Or, cette adhérence est aussi l'adhérence de H dans Lbc(E, F) (prop. 3) . D'où la première assertion.

La seconde est laissée aux soins du Lecteur.

THEOREME 1 . (Banach-Steinhauss)

Soient E et F deux espaces vectoriels topologiques et bornologiques

i) Si F est un espace vectoriel topologique muni de sa bornologie canonique, tout ensemble équicontinu d'applications linéaires de E dans F est équiborné.

ii) Si E est un espace de Baire, tout ensemble équiborné d'applications linéaires continues de E dans F est équicontinu.

i) Soient H un ensemble équicontinu d'applications linéaires de E dans F ; A un borné de E , W un voisinage équilibré de 0 dans F . Il existe un voisinage équilibré V de 0 dans E tel que $H(V) \subset W$ et un scalaire λ non nul tel que $A \subset \lambda V$. Cela entraîne $H(A) \subset \lambda H(V) \subset \lambda W$ et montre que $H(A)$ est un borné de F .

ii) Soient H un ensemble équiborné d'applications linéaires, V un voisinage de 0 dans F , W un voisinage fermé équilibré de 0 dans F tel que $W - W \subset V$. L'ensemble

$$H^{-1}(W) = \bigcap_{u \in H} u^{-1}(W)$$

est fermé équilibré dans E . De plus, pour tout x de E , $H(x)$ est borné donc absorbé par $H^{-1}(W)$. En d'autres termes, $H^{-1}(W)$ est absorbant.

Si λ_n est une suite de scalaires tendant vers l'infini en valeur absolue, on a donc $\bigcup_n \lambda_n H^{-1}(W) = E$. L'un des $\lambda_n H^{-1}(W)$, donc $H^{-1}(W)$ lui-même admet un point intérieur. Alors $H^{-1}(W) - H^{-1}(W)$ est un voisinage de l'origine. Comme

$$H^{-1}(V) \supset H^{-1}(W-W) \supset H^{-1}(W) - H^{-1}(W)$$

$H^{-1}(V)$ est un voisinage de l'origine. C.Q.F.D.

n° 4 . LE FONCTEUR $\widetilde{Lbc}$. APPLICATIONS LINEAIRES QUASI-CONTINUES

Soient E et F deux espaces vectoriels topologiques et bornologiques. On dira qu'une application linéaire

$$u : E \longrightarrow F$$

est quasi-continue si sa restriction à tout borné de E est continue uniformément. De même, on dira qu'un ensemble H d'applications linéaires de E dans F est quasi-équicontinu si pour tout borné A de E , l'ensemble des applications u/A , $u \in H$ est un ensemble uniformément équicontinu d'applications de A dans F .

Les applications linéaires quasi-continues et bornées de E dans F forment un sous-espace vectoriel L de l'ensemble de toutes les applications de E dans F . Dans L , les ensembles quasi-équicontinus et équibornés d'applications linéaires forment une bornologie vectorielle. Enfin, L est contenu dans $Lub(E, F)$ et on peut donc le munir de la topologie induite, c'est-à-dire de la topologie de la convergence uniforme dans les bornés de E . L muni de ces différentes structures est comme on le vérifie aussitôt un espace vectoriel topologique et bornologique, que l'on notera $\widetilde{Lbc}(E, F)$.

L'application $(E, F) \rightsquigarrow \widetilde{Lbc}(E, F)$ définit un bifoncteur :

$$(evtb)^{\circ} \times evtb \longrightarrow evtb$$

Remarques

1) Soit $\mathcal{T}$ la topologie de E, $\mathcal{B}$ sa bornologie. Désignons par $\mathcal{T}_1$ la plus fine des topologies vectorielles qui induisent sur chaque borné de $\mathcal{B}$ une structure uniforme moins fine que la structure uniforme induite par $\mathcal{T}$. Il est d'abord clair que $\mathcal{T}_1$ induit sur chaque borné la même structure uniforme que $\mathcal{T}$. D'autre part, $\mathcal{T}_1$ est compatible avec $\mathcal{B}$. Désignons par E_1 l'evtb obtenu en munissant E de $\mathcal{T}_1$ et $\mathcal{B}$.

L'application canonique

$$E \longrightarrow E_1$$

est une application linéaire quasi-continue et bornée. Elle définit donc un morphisme d'evtb

$$Lbc(E_1, F) \longrightarrow \widetilde{Lbc}(E, F)$$

Ce morphisme est un isomorphisme.

2) On en tire les corollaires suivants : si F est séparé (resp. quasi-complet), $\widetilde{Lbc}(E, F)$ séparé (resp. quasi-complet)

3) On peut définir la catégorie $\widetilde{evtb}$ en prenant pour objets les espaces vectoriels topologiques et bornologiques, pour morphismes les applications linéaires quasi-continues et bornées. Alors l'application

$$(E, F) \rightsquigarrow \widetilde{Lbc}(E, F)$$

définit un bifoncteur

$$(\widetilde{evtb})^{\circ} \times \widetilde{evtb} \longrightarrow \widetilde{evtb} .$$

PROPOSITION. Soit E un espace vectoriel topologique et bornologique et F un espace vectoriel topologique muni de sa bornologie canonique. Alors $\widetilde{Lbc}(E, F)$ est fermé dans $\mathcal{F}(E, F)$. En particulier, si F est complet, $\widetilde{Lbc}(E, F)$ est complet.

Soit u une application adhérente à $\widetilde{Lbc}(E, F)$ dans $\mathcal{F}(E, F)$. Il est d'abord clair que u est linéaire et quasi-continue. Prouvons que u est bornée. Soit V un voisinage équilibré de 0 dans F et A un borné de E. Il existe une application $v \in \widetilde{Lbc}(E, F)$ telle que $u-v \in T_0(A, V)$ ce qui s'écrit :

$$u(A) \subset v(A) + V$$

Il existe un scalaire λ qu'on peut supposer de valeur absolue supérieure à 1 tel que

$$v(A) \subset \lambda V$$

On a donc $u(A) \subset \lambda V + V \subset \lambda(V + V)$.

Lorsque V parcourt l'ensemble des voisinages équilibrés de 0 , $V + V$ parcourt un système fondamental de voisinages de 0 dans F . Ainsi u est bornée.

§ 6 . Espaces d'applications bilinéaires

Soient E , F , G trois espaces vectoriels.
Pour toute application bilinéaire

$$u : E \times F \longrightarrow G$$

et tout point x de E , on désigne par u_x l'application linéaire

$$u_x : y \rightsquigarrow u(x, y)$$

de F dans G .

L'application

$$x \rightsquigarrow u_x$$

est une application linéaire de E dans $\mathcal{L}(F, G)$ c'est-à-dire un élément de $\mathcal{L}(E, \mathcal{L}(F, G))$.

Nous avons défini ainsi une application

$$\mathcal{L}(E, F ; G) \longrightarrow \mathcal{L}(E, \mathcal{L}(F, G)) \qquad (1)$$

qui est en fait un isomorphisme (dit canonique) .

On définit de même l'isomorphisme canonique

$$\mathcal{L}(E, F ; G) \longrightarrow \mathcal{L}(F, \mathcal{L}(E, G)) \qquad (2)$$

et l'isomorphisme canonique

$$\mathcal{L}(E, \mathcal{L}(F, G)) \longrightarrow \mathcal{L}(F, \mathcal{L}(E, G)) \qquad (3)$$

n° 1 - Le foncteur Beb

Soient E, F, G des espaces vectoriels bornologiques. Considérons dans l'espace vectoriel topologique $\mathcal{B}(E \times F ; G)$ le sous-espace formé des applications bilinéaires bornées de $E \times F$ dans G. On notera $\text{Beb}(E, F ; G)$ cet espace vectoriel bornologique.

L'application

$$(E, F ; G) \rightsquigarrow \text{Beb}(E, F ; G)$$

définit un foncteur.

$$(\text{evb})^\circ \times (\text{evb})^\circ \times \text{evb} \longrightarrow \text{evb} \quad .$$

PROPOSITION 1 . Soient E, F, G des espaces vectoriels bornologiques. L'application (1) définit un isomorphisme d'espaces vectoriels bornologiques

$$\text{Beb}(E, F ; G) \xrightarrow{\sim} \text{Leb}(E, \text{Leb}(F, G))$$

Soit H un ensemble d'applications bilinéaires de $E \times F$ dans G. Tout revient à prouver l'équivalence des conditions suivantes

i) pour tout borné A de E et B de F, $H(A \times B)$ est borné ;

ii) pour tout borné A de E $\{u_x\}_{u \in H, x \in A}$ est un ensemble équiborné d'applications de F dans G.

La 2ème condition s'écrit encore ; pour tout borné A de E et B de F, l'ensemble $\bigcup_{u \in H, x \in A} u_x(B)$ est un borné de F.

Or, cet ensemble n'est autre que $H(A \times B)$

La proposition est donc démontrée.

Corollaire. Si G est séparé, $\text{Beb}(E, F ; G)$ est séparé.

Si $E = \varinjlim E_\lambda$, $F = \varinjlim F_\mu$, $G = \varprojlim G_\nu$

$$\text{Beb}(E, F ; G) \xrightarrow{\sim} \varprojlim_{\lambda,\mu,\nu} \text{Beb}(E_\lambda, F_\mu ; G_\nu) \quad .$$

n° 2 - Le foncteur Bec

Soient E, F, G des espaces vectoriels topologiques. On désigne par $\text{Bec}(E, F ; G)$ le sous - espace bornologique de $\mathcal{C}(E \times F ; G)$ formé des applications biliniéaires continues de $E \times F$ dans G .

L'application

$$(E, F, G) \rightsquigarrow Bec(E, F ; G)$$

définit un foncteur.

$$(evt)^{\circ} \times (evt)^{\circ} \times evt \longrightarrow evb .$$

Il n'existe pas de propositions analogues à la proposition 1 . Le Lecteur montrera facilement les résultats suivants .

PROPOSITION 2 . Si G est séparé, $Bec(E, F ; G)$ est séparé

Si $E = \varinjlim_{\lambda \in \Lambda} E_{\lambda}$, fini , $F = \varinjlim_{\mu \in M} F_{\mu}$, M fini $G = \varprojlim_{\Lambda \in N} G_{\nu}$

$$Bec(E, F ; G) \simeq \varprojlim_{\lambda,\mu,\nu} Bec(E_{\lambda}, F_{\mu} ; G_{\nu}) .$$

n° 3 - Le foncteur Bub

Soient E et F des espaces vectoriels bornologiques, G un espace vectoriel topologique. D'après la proposition 7 du parag. 4 , n° 4 , la topologie induite par $\mathcal{F}(E \times F , G)$ sur l'espace vectoriel des applications bilinéaires bornées de $E \times F$ dans ${}^{b}G$ est vectorielle. On désignera par $Bub(E, F ; G)$ l'espace vectoriel bornologique ainsi obtenu.

PROPOSITION 3 . L'application (1) définit un isomorphisme d'espaces vectoriels topologiques

$$Bub(E, F ; G) \longrightarrow Lub(E, Lub(F, G))$$

En effet, l'ensemble $Bub(E \times F, G)$ n'est autre que l'ensemble $Beb(E \times F, {}^{b}G)$.
De même, l'ensemble $Lub(E, Lub(E, G))$ n'est autre que l'ensemble $Leb(E, {}^{b}Lub(F, G)_{b}) = Leb(E, Leb(F, {}^{b}G))$ (cf. parag. 4, prop. 9, n° 4) . La proposition 1 montre donc que (1) induit une application bijective :

$$Bub(E \times F, G) \longrightarrow Lub(E, Lub(F, G)) .$$

Or, lorsque A parcourt l'ensemble des bornés de E , B l'ensemble des bornés de F , V l'ensemble des voisinages de 0 dans G , l'ensemble $T(A, T(B, V))$ (resp. $S(A, B, V) = \{u \in Bub(E, F ; G) , u(A \times B) \subset V\}$) parcourt un système fondamental de voisinages de 0 dans l'espace $Lub(E, Lub(F, G))$ (resp. $Bub(E,F;G)$).

En définitive, la proposition résulte de ce que (1) applique $S(A, B, V)$ sur $T(A, T(B, V))$.

<u>Corollaires</u>. Si G est séparé, $Bub(E, F ; G)$ est séparé.

Si $E = \varinjlim E_\lambda$, $F = \varinjlim F_\mu$, $G = \varprojlim G_\nu$

$$Bub(E, F ; G) \xrightarrow{\sim} \varprojlim_{\lambda,\mu,\nu} Bub(E_\lambda, F_\mu ; G_\lambda) .$$

n° 4 - <u>Le foncteur</u> Byc . <u>Applications bilinéaires hypocontinues</u>

<u>PROPOSITION 4</u> . Soient E un espace vectoriel bornologique, F et G des espaces vectoriels topologiques. L'application (3) induit un isomorphisme d'espaces vectoriels bornologiques

$$Leb(E, Lec(F, G)) \longrightarrow Lec(F, Lub(E, G)) .$$

Le fait que (3) induise une application bijective du premier espace sur le second résulte aussitôt du lemme suivant.

<u>LEMME 1</u> . Soit $u : E \times F \longrightarrow G$ une application bilinéaire. Les assertions suivantes sont équivalentes :

i) l'application $x \rightsquigarrow u_x$ est un élément de $Leb(E, Lec(F, G))$ (autrement dit, pour tout borné A de E , $\{u_x\}_{x \in A}$ est un ensemble équicontinu d'applications linéaires de F dans G) .

ii) l'application $y \rightsquigarrow u_y$ est un élément de $Lec(F, Lub(E, G))$ (autrement dit pour tout y de F , $u_y \in Lub(E, G)$ et $y \rightsquigarrow u_y$ est une application continue de F dans $Lub(E, G)$) .

iii) Pour tout borné A de E , tout voisinage W de 0 dans G ; il existe un voisinage V de 0 dans F tel que :

$$u(A \times V) \subset W .$$

En effet , (i) signifie que pour tout borné A de E , tout voisinage W de 0 dans G , il existe un voisinage V de 0 dans F tel que

$$\bigcup_{x \in A} u_x(V) \subset W \qquad \text{ce qui s'écrit } u(A \times V) \subset W$$

(i) et (iii) sont donc équivalentes.

D'autre part (ii) s'écrit encore : pour tout y de F , u_y est une application bornée de E dans ${}^bG$ et pour tout borné A de E , tout voisinage W

de 0 dans G il existe un voisinage V de 0 dans F tel que $y \in V$ entraîne $u_y \in T(A, W)$. Ceci s'écrit encore $\bigcup_{y \in V} u_y(A) \subset W$ ou $u(A \times V) \subset W$.

Enfin (iii) entraîne que u_y est une application bornée de E dans ${}^bG$ pour tout y . L'équivalence de (ii) et (iii) est donc établie.

On montrerait de même le lemme 2 qui prouve que l'application bijective

$$\mathrm{Leb}(E, \mathrm{Lec}(F, G)) \longrightarrow \mathrm{Lec}(F, \mathrm{Lub}(E, G))$$

est un isomorphisme d'espaces vectoriels bornologiques.

<u>LEMME 2</u> . Soit H un ensemble d'applications bilinéaires de $E \times F$ dans G . Les conditions suivantes sont équivalentes :

i) lorsque u parcourt H , l'application $x \rightsquigarrow u_x$ décrit un ensemble équiborné d'applications de E dans $\mathrm{Lec}(F, G)$

ii) lorsque u parcourt H , l'application $y \rightsquigarrow u_y$ décrit un ensemble équicontinu d'applications de F dans $\mathrm{Lub}(E, G)$

iii) pour tout borné A de E , tout voisinage W de 0 dans G , il existe un voisinage V de 0 dans F tel que

$$H(A \times V) \subset W \quad .$$

<u>DEFINITION 1</u> . Soit u une application bilinéaire de $E \times F$ dans G . On dit qu'elle est E-hypocontinue (ou simplement hypocontinue) si elle vérifie les conditions équivalentes du lemme 1 .

Soit H un ensemble d'applications bilinéaires de $E \times F$ dans G . On dit que H est E-équihypocontinu (ou simplement équihypocontinu) s'il vérifie les conditions équivalentes du lemme 2 .

Les applications bilinéaires hypocontinues forment un espace vectoriel et les parties équihypocontinues forment une bornologie vectorielle.

On notera $\mathrm{Byc}(E, F ; G)$ l'espace vectoriel bornologique ainsi obtenu. Il est par construction isomorphe à $\mathrm{Leb}(E, \mathrm{Lec}(F, G))$ et à $\mathrm{Lec}(F, \mathrm{Lub}(E, G))$. Donc

<u>PROPOSITION 5</u> . Si G est séparé, $\mathrm{Byc}(E, F ; G)$ est séparé.

Si $E = \varinjlim E_\lambda$, $F = \varinjlim F_\mu$, $\mu \in M$ fini, $G = \varprojlim G_\nu$

$$\mathrm{Byc}(E, F ; G) \xrightarrow{\sim} \varprojlim_{\lambda,\mu,\nu} \mathrm{Byc}(E_\lambda, F_\mu, G_\nu) \quad .$$

n° 5 - Le foncteur Bbc

PROPOSITION 7 . L'application (3) définit un isomorphisme d'espaces vectoriels topologiques et bornologiques $Lbc(E, Lbc(F, G)) \xrightarrow{\sim} Lbc(F, Lbc(E, G))$.

D'après la proposition 3, il suffit d'établir que (3) induit un isomorphisme d'espaces vectoriels bornologiques.

Or, l'espace vectoriel bornologique sous-jacent à $Lbc(E, Lbc(F, G))$ n'est autre que

$$Leb(E, Leb(F, G)) \cap Leb(E, Lec(F, G)) \cap Lec(E, Lub(F, G))$$

(c'est-à-dire que la bornologie n'est autre que la bornologie intersection des bornologies induites) .

De même, l'evb sous-jacent à $Lbc(F, Lbc(E, G))$ est

$$Leb(F, Leb(E, G)) \cap Leb(F, Lec(E, G)) \cap Lec(F, Lub(E, G))$$

les prop. 1 et 4 entraînent alors notre assertion.

Nous pouvons maintenant poser les définitions suivantes : on dira qu'une application bilinéaire $u : E \times F \longrightarrow G$ est (E-F)-hypocontinue (ou simplement hypocontinue) si elle est E-hypocontinue, et F-hypocontinue. En d'autres termes, pour tout borné A de E , tout borné B de F , tout voisinage Ω de 0 dans G , il existe un voisinage V ((resp. W) de 0 dans E (resp. dans F) tel que $u(V \times B) \subset \Omega$ (resp. $u(A \times W) \subset \Omega$) . On définit de même les ensembles (E-F)-équihypocontinus d'applications bilinéaires.

Les applications hypocontinues et bornées forment un espace vectoriel, les parties équibornées et équi-hypocontinues y forment une bornologie vectorielle. On peut le munir de la topologie de la convergence uniforme dans les bornés de $E \times F$.

On obtient ainsi un evtb noté $Bbc(E, F ; G)$ isomorphe par construction à $Lbc(E, Lbc(F, G))$.

L'application $(E, F, G) \rightsquigarrow Bbc(E, F ; G)$ définit un trifoncteur

$$(evtb)^{o} \times (evtb)^{o} \times evtb \longrightarrow evtb \quad .$$

On a comme d'habitude la proposition

PROPOSITION 8 . Si G est séparé, $Bbc(E, F ; G)$ est séparé .

Si $E = \varinjlim_{\lambda \in \Lambda} E_\lambda$, $F = \varinjlim_{\mu \in M} E_\mu$ $G = \varprojlim_{\nu \in N} G_\nu$, M et N finis

$$\mathrm{Bbc}(E, F ; G) \xrightarrow{\sim} \varprojlim_{\lambda,\mu,\nu} \mathrm{Bbc}(E_\lambda, F_\mu ; G_\nu)$$

On a aussitôt la proposition suivante :

PROPOSITION 8 . Soit H un ensemble équihypocontinu d'applications bilinéaires. Pour tout borné A de E et tout borné B de F , $H|A \times F$ est un ensemble équicontinu d'applications et $H|A \times B$ un ensemble uniformément équicontinu.

Enfin, le théorème suivant est un corollaire du Théorème de Banach-Steinhauss (cf. Bourbaki, EVT , chap. III, parag. 3 , th. 3) .

THEOREME . 1) Supposons que G soit un espace vectoriel topologique muni de sa bornologie canonique. Alors, tout ensemble équihypocontinu d'applications bilinéaires est équiborné.

2) Si E et F sont métrisables et complets, tout ensemble équihypocontinu d'applications bilinéaires est équicontinu.

n° 5 .

Le tableau suivant donne la nature de l'application bilinéaire

$$E \times G \longrightarrow F$$
$$(x, u) \rightsquigarrow u(x)$$

E et F désignant des espaces vectoriels munis d'une structure et G un espace d'applications linéaires de E dans F .

Structure de E	Structure de F	Espace G	Nature de $E \times G \longrightarrow F$
evb	evb	Leb(E, F)	bornée
evt	evt	Lec(E, F)	Lec(E, F)-hypocontinue
evb	evt	Lub(E, F)	E-hypocontinue
evtb	evtb	Lbc(E, F)	Hypocontinue et bornée

(Les démonstrations sont laissées aux soins du Lecteur) .

Dans le tableau suivant E , F , G sont encore des espaces vectoriels munis d'une structure , G_1 est un espace d'applications linéaires de E dans F , G_2 de F dans G , et G_3 de E dans G . La dernière colonne indique la nature de l'application bilinéaire

$$G_1 \times G_2 \longrightarrow G_3$$

$$(u, v) \rightsquigarrow v \circ u$$

E	F	G	G_1	G_2	G_3	Nature de $G_1 \times G_2 \longrightarrow G_3$
evb	evb	evb	Leb(E, F)	Leb(F, G)	Leb(E, G)	bornée
evb	evb	evt	Leb(E, F)	Lub(F, G)	Lub(E, G)	Leb(E, F)-hypocontinue
evt	evt	evt	Lec(F, G)	Lec(F, G)	Lec(E, G)	bornée
evt	evt	evb	Lec(E, F)	Lvb(F, G)	Lvb(E, G)	bornée
evb	evt	evt	Lub(E, F)	Lec(F, G)	Lub(E, G)	Lec(F, G)-hypocontinue
evt	evb	evb	Lvb(E, F)	Leb(F, G)	Lvb(E, G)	bornée
evtb	evtb	evtb	Lbc(E, F)	Lbc(F, G)	Lbc(E, G)	hypocontinue et bornée

(cf. Bourbaki, EVT , III , parag. 4) .

CHAPITRE 2

QUESTIONS DE CONVEXITE

(J.P. FERRIER)

§ 1 . Espaces semi-normés

1 . Cônes

Dans tout ce qui va suivre, K désignera un corps valué complet non discret. Si K est $\mathbb{R}$ ou $\mathbb{C}$, la valeur absolue vérifie l'inégalité triangulaire :

$$|x + y| \leq |x| + |y| \quad .$$

Si K est un corps ultramétrique, elle vérifie l'inégalité plus forte :

$$|x + y| \leq \sup(|x|,|y|) \quad .$$

On va être conduit à distinguer sur $\mathbb{R}_+$ et $\overline{\mathbb{R}}_+$ les structures définies par les lois $(x,y) \rightsquigarrow x + y$ et $(x,y) \rightsquigarrow \sup(x,y)$. Sauf mention du contraire, $(x,y) \rightsquigarrow x \perp y$ désignera la première si le corps considéré est $\mathbb{R}$ ou $\mathbb{C}$ et la seconde si le corps considéré est ultramétrique.

DEFINITION 1 . - On appelle $\mathbb{R}_+$-cône un ensemble E muni d'une loi de monoïde abélien à élément unité notée $\top$, d'une loi externe avec $\mathbb{R}_+$ comme domaine d'opérateurs et d'une relation d'ordre vérifiant les axiomes :

$$\begin{aligned} \lambda(x \top y) &= \lambda x \top \lambda y \\ (\lambda \perp \mu)x &= \lambda x \top \mu x \\ (\lambda \mu)x &= \lambda(\mu x) \\ 0x &= 0 \\ 1x &= x \end{aligned}$$

$$x \leq y \text{ entraîne } x \top z \leq y \top z \quad \text{et} \quad \lambda x \leq \lambda z$$

quels que soient λ, $\mu \in \mathbb{R}_+$ et $x, y, z \in E$.

$\mathbb{R}_+$ et $\overline{\mathbb{R}}_+$ sont des $\mathbb{R}_+$-cônes pour la loi interne $(x,y) \longrightarrow x \perp y$, et la loi externe $(\lambda,x) \rightsquigarrow \lambda x$, avec $0(+\infty) = 0$.

De même, pour tout ensemble I , $\mathbb{R}_+^I$ et $\overline{\mathbb{R}}_+^I$ sont des $\mathbb{R}_+$-cônes pour les lois $((x_i), (y_i)) \rightsquigarrow (x_i \perp y_i)$, $(\lambda,(x_i)) \rightsquigarrow (\lambda x_i)$ et la relation d'ordre produit. Nous n'aurons d'ailleurs pas à considérer d'autres exemples.

DEFINITION 2 . - Soient C un $\mathcal{R}_+$-cône, D un espace vectoriel sur K (resp. un $\mathcal{R}_+$-cône) , p une application de D dans C . On dit que p est une semi-norme si les axiomes qui suivent sont vérifiés :

$$p(\lambda x) = |\lambda|\, p(x) \qquad (\text{resp. } p(\lambda x) = \lambda p(x))$$

$$p(x+y) \leq p(x) \top p(y) \qquad (\text{resp. } p(x \top y) \leq p(x) \top p(y) \text{ et } p \text{ est croissante})$$

quels que soient $\lambda \in K$ (resp. $\lambda \in \mathcal{R}_+$) et $x, y \in D$.

Des exemples de semi-normes $\bar{\mathcal{R}}_+^I \longrightarrow \bar{\mathcal{R}}_+$ sont fournis par les applications :

(1) $(x_i)_{i \in I} \longrightarrow \underset{i \in I}{\perp} x_i$

(2) $(x_i)_{i \in I} \longrightarrow \sup_{i \in I} x_i$.

On vérifie d'autre part que la composée de deux semi-normes est une semi-norme. Si on a une semi-norme à valeurs dans $\bar{\mathcal{R}}_+^I$, on pourra donc en déduire par composition avec l'une des applications (1) et (2) , une semi-norme à valeurs dans $\bar{\mathcal{R}}_+$.

En particulier, l'ensemble des semi-normes sur un espace vectoriel E sur K (resp. un $\mathcal{R}_+$-cône D) , à valeurs dans $\bar{\mathcal{R}}_+$ est stable par les opérations (1) et (2) .

Soient E, F deux espaces vectoriels sur K , $p : E \longrightarrow \bar{\mathcal{R}}_+$, $q : F \longrightarrow \bar{\mathcal{R}}_+$ deux semi-normes, $\mathcal{L}(E,F)$ l'espace vectoriel des applications linéaires de E dans F ; on définit une semi-norme $r : \mathcal{L}(E,F) \longrightarrow \bar{\mathcal{R}}_+$ de la façon suivante : si $f \in \mathcal{L}(E,F)$ on prend pour $r(f)$ la borne inférieure de l'ensemble des $a \in \bar{\mathcal{R}}_+$ tels que pour tout $x \in E$, on ait $q(f(x)) \leq ap(x)$. Autrement dit,

$p(f) = \sup_{p(x) \neq 0} \frac{(q \circ f)(x)}{p(x)}$ et la sous-additivité de r apparait sous cette forme comme conséquence de celle de $f \rightsquigarrow \frac{(q \circ f)(x)}{p(x)}$. Comme r est évidemment positivement homogène, c'est bien une semi-norme, et qui vérifie :

$$q(f(x)) \leq r(f)p(x) \quad .$$

On va maintenant considérer la catégorie des espaces vectoriels sur K munis d'une semi-norme à valeurs dans $\bar{\mathcal{R}}_+$, avec pour morphismes les applications linéaires f de semi-norme ≤ 1 , c'est-à-dire telles que $q(f(x)) \leq p(x)$ avec les notations qui précèdent.

* Cette catégorie est trivialement scindée au-dessus de (ev_K) , mais aussi coscindée * . Soit $\varphi : E \longrightarrow F$ un morphisme dans (ev_K) et soit p une semi-norme sur E à valeurs dans $\bar{\mathcal{R}}_+$. On vérifie immédiatement que l'application $\varphi_*(p) : F \longrightarrow \bar{\mathcal{R}}_+$ définie par :

$$(\varphi_*(p))(y) = \inf_{\varphi(x)=y} p(x)$$

est une semi-norme et l'image directe de p par φ .

On construit alors de façon évidente les limites projectives ou inductives en les ramenant à des bornes supérieures ou inférieures.

Exercice . - On peut interpréter la composition des semi-normes comme celle des morphismes d'une certaine catégorie.

On dira qu'une catégorie $\mathcal{C}$ est semi-additive si elle vérifie les axiomes (cad 1) , (cad 2) et (cad 3) (cf. chapitre 0 , troisième partie) . On appellera catégorie munie d'un cône une catégorie semi-additive $\mathcal{C}$ munie d'un idéal $\mathcal{J}$; une telle donnée définit sur chaque $\mathrm{Hom}_{\mathcal{C}}(X,Y)$ une relation de préordre : " il existe $h \in \mathrm{Hom}_{\mathcal{J}}(X,Y)$ avec $g = f + h$ " . Soient $\mathcal{C}$, $\mathcal{C}'$ deux catégories munies d'un cône ; un foncteur F de $\mathcal{C}$ dans $\mathcal{C}'$ est dit sous-additif si :

1) $F(0) = 0$
2) F est croissant
3) $F(f + g) \leq F(f) + F(g)$

Un cône est une catégorie Γ munie d'un cône, à trois objets 0 , A , M telle que $\mathrm{Hom}_\Gamma(M,A)$ soit réduit à un élément. Si Δ est une catégorie munie d'un cône à deux objets, un Δ-cône est un cône Γ tel que Δ soit la sous-catégorie pleine engendrée par 0 et A .

Autrement dit, un cône est un " semi-module muni d'un sous-semi-module " sur un " semi-anneau muni d'un semi-idéal " .

On définit une catégorie en prenant comme objets les cônes (resp. les Δ-cônes) et comme morphismes les foncteurs sous-additifs (resp. les foncteurs sous-additifs induisant l'identité de Δ) . Dans ces catégories, il existe des limites projectives qui commutent aux foncteurs ensembles sous-jacents $\mathrm{Hom}(A,A)$ et $\mathrm{Hom}(A,M)$. Il existe des sommes, mais non des quotients. Enfin, ces catégories sont elles-mêmes des catégories munies d'un cône dont l'idéal est celui des foncteurs positifs.

Une valuation s'interprète alors comme un morphisme $(K,K) \longrightarrow (\mathcal{R}_+, \mathcal{R}_+)$

et une semi-norme comme un morphisme $(K,E) \longrightarrow (\mathcal{R}_+,\mathcal{R}_+)$ ou si C est un $\mathcal{R}_+$-cône comme un morphisme $(K,E) \longrightarrow (\mathcal{R}_+,C)$.

2 . Semi-normes sur un espace vectoriel

Soit E un espace vectoriel sur K ; on désigne par $sn(E)$ l'ensemble des semi-normes sur E à valeurs dans $\bar{\mathcal{R}}_+$, c'est-à-dire des applications $p : E \longrightarrow \bar{\mathcal{R}}_+$ vérifiant :

$$p(x + y) \leq p(x) \perp p(y)$$
$$p(\lambda x) = |\lambda| \, p(x)$$

quels que soient $x, y \in E$ et $\lambda \in K$.

$sn(E)$ est un $\mathcal{R}_+$ cône complètement réticulé supérieurement et stable par l'opération $(p_i)_{i \in I} \rightsquigarrow \underset{i \in I}{\perp} p_i$. (cf. n° 1, (1), (2)) .

Si p est une semi-norme, l'ensemble F des $x \in E$ tels que $p(x) < +\infty$ est un sous-espace de E et la restriction de p à F est une semi-norme finie.

DEFINITION 3 . - On dit qu'une semi-norme p est une norme si p est finie et si $p(x) = 0$ entraîne $x = 0$.

Soit p une semi-norme sur E ; on appelle boule unité relative à p , l'ensemble $p^{-1}([0,1])$, boule unité ouverte l'ensemble $p^{-1}([0,1[)$.

Z^* La boule unité ouverte d'un espace vectoriel muni d'une semi-norme finie ne sera pas toujours l'intérieur de la boule unité $_*$.

La boule unité B relative à une semi-norme vérifie l'axiome :

$(\mathcal{D})$ Pour tout couple λ, μ d'éléments de K tel que $|\lambda| \perp |\mu| \leq 1$ et tout couple x, y d'éléments de B , $\lambda x + \mu y$ appartient à B .

On dira, de façon générale, qu'une partie B non vide de E est disquée (ou est un disque) si elle vérifie l'axiome $(\mathcal{D})$.

Si K est $\mathcal{R}$, ou $\mathcal{C}$, il revient au même de dire que B est *convexe$_*$ et cerclée. Si K est ultramétrique et si K_o désigne l'anneau de la valuation, un disque de E est exactement un K_o-module.

On désignera par $\mathcal{D}(E)$ l'ensemble des disques de E ; $\mathcal{D}(E)$ est un $\mathcal{R}_+$-cône pour la loi $A , B \rightsquigarrow A \cap B$ ou la loi $A , B \rightsquigarrow A + B$.

Une intersection de disques est un disque ; E est un disque ; on peut donc parler du plus petit disque contenant une partie A de E , que l'on appelle enveloppe disquée de E est la réunion des sommes $\sum_{i \in I} \lambda_i A$ où $(\lambda_i)_{i \in I}$ est une famille finie de K telle que $\bigsqcup_{i \in I} |\lambda_i| \leq 1$.

Enfin, une réunion filtrante de disques est un disque.

On peut définir une catégorie en prenant comme objets les espaces vectoriels sur K munis d'un disque et comme morphismes de (E,B) dans (E',B') , les applications linéaires f de E dans E' telles que $f(B) \subset B'$. Il est immédiat, d'après ce qui précède, que cette catégorie est * scindée et coscindée au-dessus de (ev_K) * et admet des limites projectives et inductives quelconques.

On définit une application $u : sn(E) \longrightarrow \mathfrak{D}(E)$ en associant à toute semi-norme sa boule unité ; inversement, on définit une application $v : \mathfrak{D}(E) \longrightarrow sn(E)$ en associant à un disque B la semi-norme $x \rightsquigarrow \inf \{|\lambda| \mid x \in \lambda B\}$ appelée <u>jauge</u> de B .

$u \circ v(B)$ est la " fermeture algébrique " de B , c'est-à-dire l'ensemble des $x \in E$ tels qu'il existe une suite μ_n dans K avec $\mu_n x \in B$ et $\sup |\mu_n| = 1$.

Soit $p' = v \circ u(p)$; si le groupe Γ des valeurs absolues est dense dans $\mathbb{R}_+^*$, v est surjective, et $v \circ u$ l'identité de $sn(E)$; si, au contraire, la valuation de K est discrète, Π étant une uniformisante, p' prend ses valeurs dans Γ et :

$$|\Pi|\, p' < p \leq p' \quad .$$

Pour cette raison, on se bornera souvent à ne considérer que des semi-normes à valeurs dans l'adhérence $\overline{\Gamma}$ du groupe des valeurs absolues. La correspondance entre semi-normes et disques est précisée par les propositions suivantes :

<u>PROPOSITION 1</u> . - Soit E un espace vectoriel sur K ; pour qu'une semi-norme p soit finie, il faut et il suffit que sa boule unité $u(p)$ soit absorbante ; dans ce cas, pour que p soit une norme, il faut et il suffit que $u(p)$ ne contienne d'autre sous-espace de E que $\{0\}$.

<u>PROPOSITION 2</u> . - a) Soit E un espace vectoriel topologique sur K ; u définit une injection de l'ensemble des semi-normes continues sur E dans l'ensemble des voisinages disqués fermés de 0 .

b) Soit E un espace vectoriel bornologique sur K ; u définit une injection de l'ensemble des semi-normes bornées sur E dans l'ensemble des * disques bornivores fermés au sens de Mackey * .

Z la surjectivité de u n'est vraie que si K est $\mathbb{R}$, $\mathbb{C}$ ou si la valuation de K est discrète.

PROPOSITION 3 . - u et v définissent deux (ev_K)-foncteurs adjoints entre la catégorie des espaces vectoriels sur K munis d'une semi-norme et celle des espaces vectoriels sur K munis d'un disque, u et v commutent aux images réciproques et v aux images directes.

Si on se limite aux disques " algébriquement fermés " et aux semi-normes à valeurs dans l'adhérence du groupe des valeurs absolues, u et v définissent deux isomorphismes inverses l'un de l'autre de catégories scindées sur (ev_K) .

PROPOSITION 4 . - Soient $\varphi : E \longrightarrow F$ un morphisme dans (ev_K) , B un disque " algébriquement fermé " dans E . Pour que $B = \varphi^{-1}(\varphi(B))$, il faut et il suffit que B contienne le noyau de φ .

La condition est évidemment nécessaire car $\varphi^{-1}(\varphi(B))$ contient le noyau de φ . Prouvons qu'elle est suffisante . Soit $p = v(B)$. Si x appartient au noyau de φ , $p(\lambda x) \leq 1$ pour tout $\lambda \in K$, donc (K n'étant pas discret) $p(x) = 0$. Si y appartient à B , pour tout x du noyau, $p(y + x) \leq p(y)$, donc $y + x$ appartient à B et B est saturé pour φ .

Dans toute la fin de ce numéro, on supposera que E est un espace vectoriel topologique. Pour les démonstrations relatives au cas où $K = \mathbb{R}$, on renvoie le lecteur à Bourbaki, E. V. T. II, § 1, n° 6 et § 4, n° 1 .

PROPOSITION 5 . - Dans un espace vectoriel topologique E sur K , l'adhérence d'un disque est un disque.

En effet, soit A un disque ; pour tout couple λ , μ de sacalaires tel que $|\lambda| \perp |\mu| \leq 1$ l'application $(x,y) \rightsquigarrow \lambda x + \mu y$ est continue dans $E \times E$ et applique $A \times A$ dans A , donc $\bar{A} \times \bar{A}$ dans $\bar{A}$.

PROPOSITION 6 . - Dans un espace vectoriel topologique E sur $\mathbb{R}$ ou $\mathbb{C}$, l'intérieur $\overset{\circ}{A}$ d'un disque A est un disque ; si $\overset{\circ}{A}$ n'est pas vide, il est identique à l'intérieur de $\bar{A}$, et $\bar{A}$ est un disque identique à l'adhérence de $\overset{\circ}{A}$.

Dans un espace vectoriel topologique sur un corps ultramétrique, un disque ayant un point intérieur est ouvert et fermé.

PROPOSITION 7 . - Soient A_i $(1 \leq i \leq n)$ un nombre fini d'ensembles compacts disqués dans un espace vectoriel topologique séparé E sur un corps localement compact. Alors l'enveloppe disquée de la réunion des A_i est compacte.

* PROPOSITION 8 . - Dans un espace localement convexe séparé sur un corps K localement compact, l'enveloppe disquée d'un ensemble précompact est un ensemble précompact * .

3 . La catégorie des espaces semi-normés

DEFINITION 4 . - On appelle espace semi-normé sur K , un espace vectoriel E sur K muni d'une semi-norme finie.

Conformément à ce qui a été dit au n° 1 , un morphisme d'espaces semi-normés est une application linéaire de semi-norme ≤ 1 .

La catégorie des espaces semi-normés sur K est scindée et coscindée au-dessus de (ev_K) ; elle possède des limites projectives et inductives quelconques ; pour s'en assurer, il suffit de remarquer que le foncteur qui à un espace vectoriel E muni d'une semi-norme p associe l'espace semi-normé $p^{-1}([0, \rightarrow [)$ muni de la semi-norme restriction de p , est coadjoint du foncteur d'inclusion de la catégorie des espaces semi-normés dans celle des espaces munis d'une semi-norme. On va expliciter le cas de la somme et celui du produit. Soit donc $(E_i, p_i)_{i \in I}$ une famille d'espaces semi-normés. Leur somme a pour espace vectoriel sous-jacent la somme algébrique $\coprod_{i \in I} E_i$ et pour semi-norme, l'application $\sum_{i \in I} x_i \rightsquigarrow \perp_{i \in I} p_i(x_i)$

Leur produit dans la catégorie des espaces munis d'une semi-norme est le produit algébrique $\prod_{i \in I} E_i$ muni de la semi-norme $(x_i)_{i \in I} \rightsquigarrow \sup_{i \in I} p_i(x_i)$. Le produit semi-normé est donc le sous-espace de $\prod_{i \in I} E_i$ des familles $(x_i)_{i \in I}$ telles que $\sup_{i \in I} p_i(x_i) < +\infty$, muni de la restriction de la semi-norme considérée.

Si K est un corps ultramétrique, $E \prod E$ et $E \coprod E$ sont isomorphes, de sorte que la catégorie des espaces semi-normés sur E est une catégorie préabélienne. Le résultat est évidemment faux si K est $\mathbb{R}$ ou $\mathbb{C}$. On peut alors définir pour tout $p \in [1, \rightarrow [$ une " p-somme " de la famille $(E_i, p_i)_{i \in I}$ en prenant sur $\coprod_{i \in I} E_i$ la semi-norme $\sum_{i \in I} x_i \rightsquigarrow (\sum_{i \in I} (p_i(x_i))^p)^{1/p}$, que l'on désignera par $\coprod_p E_i$; on a alors pour $p \leq q$ un morphisme $\coprod_p E_i \longrightarrow \coprod_q E_i$, qui n'est pas strict si $p \neq q$ et card $I \geq 2$.

Posant enfin $\coprod_\infty E_i = \varinjlim_p \coprod_p E_i$, on obtient un nouvel espace semi-normé, dont l'espace vectoriel sous-jacent est toujours la somme algébrique, mais la semi-norme induite par $\prod E_i$.

Soit E un espace semi-normé ; les ensembles homothétiques de la boule unité de E forment un système fondamental de parties bornées (resp. un système fondamental de voisinages de zéro) pour une bornologie (resp. une topologie) vectorielle sur E et on définit ainsi un foncteur b (resp. un foncteur t) de la catégorie des espaces semi-normés sur K dans la catégorie des espaces vectoriels bornologiques sur K (resp. des espaces vectoriels topologiques sur K) . Dans la suite de l'exposé, on écrira ${}^bE$ au lieu de $b(E)$ et ${}^tE$ au lieu de $t(E)$; on notera également ${}^bE$ l'espace bornologique associé à un espace topologique E qui a été noté E_b (cf.chapitre I) .

On vérifie immédiatement que b et t sont deux foncteurs fidèles et que pour tout espace semi-normé E , on a :

$$ {}^{bt}E = {}^bE . $$

Soient E , F deux espaces semi-normés, f une application linéaire de E dans F . Pour que f soit un morphisme de ${}^bE$ dans ${}^bF$, ou un morphisme de ${}^tE$ dans ${}^tF$, il faut et il suffit que f soit de semi-norme finie. On appelle catégorie des espaces bornologiques (resp. topologiques) semi-normables sur K , la sous-catégorie pleine de (evb_K) (resp. (evt_K)) engendrée par l'image par le foncteur b (resp. le foncteur t) de la catégorie des espaces semi-normés sur K . Le foncteur $(evt_K) \xrightarrow{b} (evb_K)$ induit un (ev_K)-isomorphisme de la catégorie des espaces topologiques semi-normables sur K sur celle des espaces bornologiques semi-normables sur K .

<u>DEFINITION 5</u> . - Soit E un espace vectoriel sur K ; on dit que deux semi-normes finies p_1, p_2 sont équivalentes si les applications identiques $(E,p_1) \longrightarrow (E,p_2)$ et $(E,p_2) \longrightarrow (E,p_1)$ sont de semi-norme finie, c'est-à-dire s'il existe $a, b \in \mathbb{R}_+^*$ tels que $ap_1 \leq p_2 \leq bp_1$.

La catégorie des espaces bornologiques semi-normables et celle des espaces topologiques semi-normables sont encore canoniquement isomorphes à la catégorie des espaces vectoriels munis d'une classe de semi-normes finies équivalentes.

Les propositions qui suivent vont permettre dans une certaine mesure d'identifier ces catégories.

<u>PROPOSITION 9</u> . - Soit E un espace semi-normé sur K ; pour qu'une suite (x_n) tende vers zéro dans ${}^tE$, ou tende vers zéro au sens de Mackey dans ${}^bE$, il faut et il suffit que la suite des semi-normes tende vers zéro.

PROPOSITION 10 . - Soit E un espace semi-normé sur K ; les conditions qui suivent sont équivalentes :

a) E est normé,

b) ${}^tE$ est séparé,

c) ${}^bE$ est séparé .

Si E est un espace normé, ${}^tE$ est métrisable : sa topologie est définie par la distance $(x,y) \rightsquigarrow p(x-y)$ où p est la norme de E .

On remarquera que l'unique topologie séparée et l'unique bornologie séparée compatibles avec la structure d'un espace vectoriel de dimension finie peuvent être définies par une norme.

D'autre part, si on désigne par $\dot{E}$ l'espace normé $E/p^{-1}(0)$ associé à un espace vectoriel E muni d'une semi-norme finie p , on a :

$$ {}^t(\dot{E}) = ({}^tE)^{\cdot} \quad \text{et} \quad {}^b(\dot{E}) = ({}^bE)^{\cdot} $$

DEFINITION 6 . - On dit qu'un espace normé E est un espace de Banach si ${}^tE$ est complet. Il revient au même de dire que ${}^tE$ est semi-complet ou que ${}^bE$ est semi-complet.

Soit E un espace semi-normé ; la semi-norme p se prolonge en une semi-norme $\hat{p}$ sur $\widehat{{}^tE}$ de sorte qu'il existe un foncteur adjoint du foncteur d'inclusion de la catégorie des espaces de Banach dans celle des espaces semi-normés ; on notera encore par $\hat{E}$ l'espace vectoriel sous-jacent de $\widehat{{}^tE}$ muni de $\hat{p}$. Ce foncteur permet de construire les limites projectives qui sont les mêmes que dans la grande catégorie et les limites inductives. On va expliciter le cas de la somme : soit $(E_i)_{i \in I}$ une famille d'espaces de Banach ; leur somme s'obtient en complétant la somme semi-normée ; elle sera notée $\widehat{\coprod_{i \in I}} E_i$. Si K est ultramétrique, $\widehat{\coprod_{i \in I}} E_i$ s'identifie au sous-espace de $\prod_{i \in I} E_i$ des familles (x_i) qui tendent vers zéro suivant le filtre des complémentaires des parties finies. On a encore une catégorie préabélienne.

Si K est $\mathbb{R}$ ou $\mathbb{C}$, $\widehat{\coprod_{i \in I}} E_i$ est le sous-espace de $\prod_{i \in I} E_i$ des familles sommables muni de la semi-norme $(x_i) \rightsquigarrow \sum_{i \in I} p_i(x_i)$. On peut encore définir pour tout $p \in [\, 1, \rightarrow [$ une " p-somme complétée " en prenant l'espace $\widehat{\coprod}_p E_i$ complété de $\coprod_p E_i$. Si $p \leq q$, on a un morphisme

$\widehat{\coprod_p E_i} \longrightarrow \widehat{\coprod_q E_i}$ qui n'est pas strict si $p \neq q$ et card $I \geq 2$. De même $\widehat{\coprod_\infty E_i}$ est le complété de $\coprod_\infty E_i$ ou la limite inductive dans la catégorie des espaces de Banach des $\widehat{\coprod_p E_i}$. Le morphisme $\widehat{\coprod_\infty E_i} \longrightarrow \prod E_i$ est alors strict.

4. - Orthogonalité

Soient E un espace vectoriel sur K muni d'une semi-norme finie p , F , G deux sous-espaces vectoriels de E . Considérons les assertions qui suivent :

a) le morphisme $F \longrightarrow (F + G)/G$ est un isomorphisme.

b) $F \cap G = \{0\}$ et l'application $F + G \longrightarrow F \prod G$ est un morphisme.

c) le morphisme canonique $F \coprod G \longrightarrow F + G$ est un isomorphisme.

On a toujours c) $\Longrightarrow$ b) $\Longrightarrow$ a) . Si K est ultramétrique, les assertions a) b) , c) sont équivalentes et on dit alors que F et G sont orthogonaux pour p .

PROPOSITION 11 . - Soient F , G deux sous-espaces vectoriels d'un espace vectoriel E sur un corps K ultramétrique, muni d'une semi-norme finie p . Pour que F , G soient orthogonaux pour p , il faut et il suffit que pour tout couple x , y tel que $x \in F$, $y \in G$, $p(x) = p(y) = 1$, on ait $p(x+y) = 1$.

PROPOSITION 12 . - Soit F un sous-espace vectoriel fermé d'un espace vectoriel semi-normé E sur K ; si $F \neq E$, pour tout $\varepsilon \in \mathbb{R}_+^*$, il existe $x \in E$ tel que le morphisme $\varphi : Kx \longrightarrow (F + Kx)/F$ vérifie

$$\frac{||x||}{1+\varepsilon} \leq ||\varphi(x)|| \leq ||x|| .$$

Le problème revient à la recherche d'un élément x de $E \cap \complement F$ tel que

$$||\varphi(x)|| = d(x,F) \quad \text{soit} \geq \frac{||x||}{1+\varepsilon} .$$

Soit $y \in E \cap \complement F$; il existe $z \in F$ tel que $d(y,F) \geq \frac{d(y,z)}{1+\varepsilon}$; posons $x = y - z$, il vient : $d(x,F) \geq \frac{||x||}{1+\varepsilon}$.

COROLLAIRE . - Si K est un corps ultramétrique à valuation discrète, la semi-norme prenant ses valeurs dans le groupe des valeurs absolues, il existe alors $x \in E$ tel que Kx soit orthogonal à F .

5 . - Objets libres

Soit I un ensemble quelconque ; on désigne par $K(I)$ l'espace normé somme directe de la famille $(K_i)_{i \in I}$ telle que $K_i = K$ pour tout i , autrement dit $K^{(I)}$ muni de la norme $\sum_{i \in I} \xi_i \rightsquigarrow \sup_{i \in I} |\xi_i|$; un tel espace sera appelé espace normé libre.

On a pour tout espace semi-normé E de boule unité E_o une bijection canonique :

$$\mathrm{Hom}(K(I),E) \xrightarrow{\sim} \prod_{i \in I} \mathrm{Hom}(K,E) \xrightarrow{\sim} \mathrm{Hom}_{(\mathcal{E}ns)}(I,E_o) \ .$$

On désigne par $\ell^1_K(I)$ l'espace de Banach associé à $K(I)$; si K est ultramétrique, $\ell^1_K(I)$ est l'espace $c_K(I)$ des familles tendant vers zéro suivant le filtre des complémentaires des parties finies ; si K est $\mathbb{R}$ ou $\mathbb{C}$, $\ell^1_K(I)$ est l'espace des familles absolument sommables muni de la norme

$$(\xi_i)_{i \in I} \rightsquigarrow \sum_{i \in I} |\xi_i| \ .$$

Pour tout espace de Banach E de boule unité E_o , on a une bijection canonique :

$$\mathrm{Hom}(\ell^1_K(I),E) \xrightarrow{\sim} \mathrm{Hom}_{(\mathcal{E}ns)}(I,E_o) \ .$$

Dans tout ce qui va suivre à l'intérieur de ce paragraphe, K sera supposé ultramétrique ; on dira qu'une famille $(x_i)_{i \in I}$ de vecteurs d'un espace de Banach E sur K est une base orthonormale si $x_i \in E_o$ pour tout i , et si le morphisme $\ell^1_K(I) \longrightarrow E$ qui lui correspond est un isomorphisme.

THEOREME (Monna-Fleischer) . - Soit E un espace de Banach sur un corps ultramétrique K à valuation discrète, la norme de E prenant ses valeurs dans le groupe des valeurs absolues ; il existe alors une base orthonormale de E .

La démonstration repose sur un passage au corps résiduel. Soit E un espace semi-normé de boule unité E_o sur un corps ultramétrique K ; désignons par K_o l'anneau de la valuation, par $\overline{K}$ le corps résiduel $K_o/\mathfrak{M}$, $\mathfrak{M}$ étant l'idéal maximal de K_o . Posons $\overline{E} = E_o/\mathfrak{M} E_o$. $\overline{E}$ est un $\overline{K}$-espace vectoriel et $E \rightsquigarrow \overline{E}$ est un foncteur de la catégorie des espaces semi-normés sur K dans la catégorie des espaces vectoriels sur $\overline{K}$.

LEMME . - Avec les hypothèses du théorème, pour qu'une famille $(x_i)_{i \in I}$ dans E_o, soit une base orthonormale de E, il faut et il suffit que la famille $(\bar{x}_i)_{i \in I}$ des classes modulo $\mathfrak{M} E_o$ soit une base (algébrique) de $\bar{E}$.

La condition est évidemment nécessaire car si $c_K(I) \xrightarrow{f} E$ est un isomorphisme $\overline{c_K(I)} \xrightarrow{\bar{f}} \bar{E}$ en est un et $\overline{c_K(I)}$ est identique à $\bar{K}^{(I)}$. Prouvons qu'elle est suffisante et d'abord que $(x_i)_{i \in I}$ engendre E (c'est-à-dire que $c_K(I) \longrightarrow E$ est un épimorphisme) si $(\bar{x}_i)_{i \in I}$ engendre E. Désignons par π une uniformisante de K. Pour tout $y \in E$, il existe $\lambda \in K^*$ tel que $\lambda y \in E_o$; posons $z = y$. On va prouver par récurrence l'existence d'une suite (ζ_i^n) dans $K_o^{(I)}$ et d'une suite z_n dans E_o telles que :

$$z = \sum_{i \in I} \left(\sum_{1 \leq j \leq n} \pi^{j-1} \zeta_i^j \right) x_i + \pi^n z_n \quad .$$

On prend $\zeta_i^o = 0$ et $z_o = z$; supposons les suites construites jusqu'à l'ordre n ; alors il existe $(\bar{\zeta}_i)^{n+1}$ dans $\bar{K}^{(I)}$ telle que :

$$z_n = \sum \bar{\zeta}_i^{n+1} \bar{x}_i \quad .$$

On relève $(\overline{\zeta_i})^{n+1}$ en $(\zeta_i)^{n+1}$ dans $K_o^{(I)}$ et il existe $z_{n+1} \in E_o$ tel que :

$$z_n - \sum \zeta_i^{n+1} x_i = \pi z_{n+1}$$

$\sum_{1 \leq j \leq n} \pi^{j-1} \zeta_i^j$ converge dans K_o vers ζ_i, $(\zeta_i) \in c_K(I)$ et $z = \sum \zeta_i x_i$.

Il reste encore à prouver que $||f(x)|| \geq ||x||$ ce qui montrera l'injectivité et la conservation de la norme. Il faut donc voir que

$$\left|\left| \sum_{i \in I} \xi_i x_i \right|\right| \geq \sup_{i \in I} |\xi_i| \quad .$$

Soit $\lambda \in K$ tel que $|\lambda| = \sup_{i \in I} |\xi_i|$ (1), supposons par l'absurde que $\left|\left| \sum_{i \in I} \xi_i x_i \right|\right| < |\lambda|$; alors en posant $\zeta_i = \frac{\xi_i}{\lambda}$, on obtient

$\left|\left| \sum_{i \in I} \zeta_i x_i \right|\right| < 1$ d'où $\overline{\sum_{i \in I} \zeta_i x_i} = 0$, $\sum_{i \in I} \bar{\zeta}_i \bar{x}_i = 0$ et $\bar{\zeta}_i = 0$

---

(1) C'est là qu'on utilise le fait que la norme de E prend ses valeurs dans le groupe des valeurs absolues.

pour tout i , la famille $(\bar{x}_i)_{i \in I}$ étant libre, ce qui est absurde.

Plus généralement, on peut montrer que $|| \sum_{J \subset I} \xi_i x_i ||$ est alors une fonction croissante de J . On constate ici une analogie avec les espaces de Hilbert.

COROLLAIRE . - Tout sous-espace fermé de E admet un supplémentaire topologique.

6 . Le foncteur L

Soient E , F deux espaces vectoriels semi-normés ; on désignera par $L(E,F)$ l'espace vectoriel des applications linéaires de E dans F de semi-norme finie muni de la semi-norme définie au n° 1 . On a ainsi un bifoncteur de $(e\overset{o}{s}n) \times (esn)$ dans (esn) . Si $(E_i)_{i \in I}$ est un système inductif dans (esn) et $(F_j)_{j \in J}$ un système projectif, on a un isomorphisme :

$$L(\varinjlim_i E_i , \varprojlim_j F_j) \xrightarrow{\sim} \varprojlim_{i,j} L(E_i, F_j) .$$

En effet, on sait déjà que l'application est bijective ; on vérifie immédiatement l'identité des structures.

D'autre part, il résulte clairement des définitions que :

$$^bL(E,F) = Leb(^bE, ^bF) = Lec(^tE, ^tF) = Lvb(^tE, ^bF)$$

et $^tL(E,F) = Lub(^bE, ^tF)$.

Enfin, pour la suite de l'exposé, on aura besoin de quelques définitions complémentaires.

Soit E un espace vectoriel et soit A un disque de E ; on notera E_A l'espace semi-normé associé à la jauge de A , dont l'espace vectoriel sous-jacent est engendré par A . On dira que A est séparant (resp. complétant) si E_A est normé (resp. normé complet) .

Soit maintenant E un espace vectoriel bornologique. On dit qu'un disque A de E est bornivore s'il absorbe tous les bornés. On dit qu'un disque A est fermé au sens de Mackey s'il contient toutes les limites de suites de points de A , convergente au sens de Mackey .

Exercice. - Soit E un espace vectoriel bornologique séparé ; on dit qu'un disque A de E est semi-complet si toute suite de Cauchy-Mackey de points de A a une limite dans A . Tout disque borné semi-complet est complétant.

On remarquera d'abord que A est fermé au sens de Mackey ; soit alors x_n une suite de Cauchy dans E_A ; x_n est bornée dans E_A, de sorte qu'il existe $\lambda \in K^*$ tel que $\lambda x_n \in A$ pour tout n. La suite λx_n est une suite de Cauchy-Mackey donc converge au sens de Mackey vers un point x de A. Or, pour tout $\varepsilon > 0$, il existe un entier N tel que pour $n \geq N$, on ait pour tout $p \geq 0$: $x_{n+p} \in x_n + \varepsilon A$, d'où à la limite pour $p \longrightarrow +\infty$, A étant fermé au sens de Mackey $x \in x_n + \varepsilon A$, ce qui montre que x_n tend vers x dans E_A.

§ 2 . Structures de type convexe

1 . Introduction

Dans tout ce paragraphe, F désignera un espace semi-normé et on va étudier systématiquement les morphismes de F dans un espace vectoriel topologique ou bornologique et les morphismes d'un espace vectoriel topologique ou bornologique dans F .

1) Morphismes de F dans un espace vectoriel topologique E .

Une application linéaire de ${}^tF$ dans E est continue si l'image réciproque de tout voisinage de zéro dans E absorbe la boule unité de F , donc si l'image de la boule unité de F est canoniquement bornée dans E . Par suite :

(1) $$\mathrm{Lec}({}^tF,E) = \mathrm{Leb}({}^bF,{}^bE) = {}^b\mathrm{Lub}({}^bF,E)$$

ce qui ramène ce cas au suivant :

2) Morphismes de F dans un espace vectoriel bornologique E .

Une application linéaire de F dans E définit une application bornée de ${}^bF$ dans E ou une application bornante de ${}^tF$ dans E si l'image de la boule unité de F est un disque borné de E ; si $\mathcal{Q}$ désigne l'ensemble des disques bornés de E , une telle application se factorise donc à travers E_A pour un $A \in \mathcal{Q}$ et on a une bijection α qui n'est pas un isomorphisme en général :

(2) $$\mathrm{Leb}({}^bF,E) = \mathrm{Lvb}({}^tF,E) \xleftarrow{\alpha} \varinjlim_{A\in\mathcal{Q}} {}^bL(F,E_A) \xrightarrow{\sim} \mathrm{Leb}({}^bF, \varinjlim_{A\in\mathcal{Q}} {}^bE_A)$$
$$= \mathrm{Lvb}({}^tF, \varinjlim_{A\in\mathcal{Q}} {}^bE_A) \quad .$$

$\varinjlim_{A\in\mathcal{Q}} {}^bE_A$ a même espace vectoriel sous-jacent que E , mais sa bornologie est en général plus fine ; un système fondamental de parties bornées pour $\varinjlim_{A\in\mathcal{Q}} {}^bE_A$ est l'ensemble des disques bornés de E . On est conduit à la :

DEFINITION 1 . - On dit qu'un espace vectoriel bornologique est de type convexe si sa bornologie admet un système fondamental de parties bornées disquées.

On désignera par (ebc_K) ou simplement (ebc) la sous-catégorie pleine de (evb_K) ainsi définie. Le foncteur $E \rightsquigarrow \varinjlim_{A \in \mathcal{A}} {}^bE_A$ est coadjoint du foncteur d'inclusion $(ebc) \hookrightarrow (evb)$.

PROPOSITION 1 . - Pour qu'un espace vectoriel bornologique soit de type convexe, il faut et il suffit qu'il soit limite inductive d'espaces semi-normables.

3) Morphismes d'un espace vectoriel topologique E dans F.

Une application linéaire de E dans F définit une application continue de E dans ${}^tF$ ou une application bornante de E dans ${}^bF$ si l'image réciproque de la boule unité de F est un voisinage disqué de zéro dans E ; si $\mathcal{U}$ désigne l'ensemble des voisinages disqués de zéro de E, une telle application se factorise donc à travers E_U pour un $U \in \mathcal{U}$ et :

$$(3) \quad Lec(E, {}^tF) = Lvb(E, {}^bF) \xleftarrow{\sim} \varinjlim_{U \in \mathcal{U}} {}^bL(E_U, F) \xrightarrow{\sim} Lec(\varprojlim_{U \in \mathcal{U}} {}^tE_U, {}^tF) =$$

$$= Lvb(\varprojlim_{U \in \mathcal{U}} {}^tE_U, {}^bF) .$$

$\varprojlim_{U \in \mathcal{U}} {}^tE_U$ a même espace vectoriel sous-jacent que E, mais sa topologie est moins fine ; un système fondamental de voisinages de zéro pour $\varprojlim_{U \in \mathcal{U}} {}^tE_U$ est l'ensemble des voisinages disqués de zéro de E.

DEFINITION 2 . - On dit qu'un espace vectoriel topologique est localement convexe si sa topologie admet un système fondamental de voisinages disqués de zéro.

On note (elc_K) ou simplement (elc) la sous-catégorie d pleine de (evt_K) ainsi définie, $E \rightsquigarrow \varprojlim_{U \in \mathcal{U}} {}^tE_U$ est adjoint du foncteur d'inclusion $(elc) \hookrightarrow (evt)$.

PROPOSITION 2 . - Pour qu'un espace vectoriel topologique soit localement convexe, il faut et il suffit qu'il soit limite projective d'espaces semi-normables.

Remarque . - A un espace bornologique de type convexe E, on peut associer le foncteur $F \rightsquigarrow Leb({}^bF, E)$ de la catégorie des espaces semi-normés dans celle des espaces vectoriels, et on définit ainsi un foncteur de (ebc) dans la catégorie des foncteurs de la catégorie des espaces semi-normés dans celle des espaces vectoriels. Les relations (2) montrent que ce foncteur est pleinement fidèle ; de façon imagée on peut dire que la structure d'un espace bornologique de type convexe est déterminée par la connaissance des morphismes d'un espace semi-normé dans E . On peut naturellement faire la même remarque, E étant un espace vectoriel topologique localement convexe, pour le foncteur : $E \rightsquigarrow (F \rightsquigarrow \mathrm{Lec}(E, {}^tF))$.

4) Morphismes d'un espace vectoriel bornologique E dans F .

Une application linéaire de E dans ${}^bF$ est bornée si l'image de tout borné de E est absorbée par la boule unité de F , c'est-à-dire si l'image réciproque de la boule unité de F absorbe les bornés de E , autrement dit, si elle est un disque bornivore dans E . Si on désigne alors par $\mathcal{V}$ l'ensemble des disques bornivores de E , une telle application se factorise à travers E_V pour un $V \in \mathcal{V}$ et plus précisément :

$$(4)\quad \mathrm{Leb}(E, {}^bF) = {}^b\mathrm{Lub}(E, {}^tF) \xleftarrow{\sim} \varprojlim_{V \in \mathcal{V}} {}^bL(E_V, F) \xrightarrow{\sim} \mathrm{Lec}(\varprojlim_{V \in \mathcal{V}} {}^tE_V, {}^tF) =$$

$$= \mathrm{Lvb}(\varprojlim_{V \in \mathcal{V}} {}^tE_V, {}^bF) \quad .$$

$\varprojlim_{V \in \mathcal{V}} {}^tE_V$ a même espace vectoriel sous-jacent que E , mais c'est un espace vectoriel topologique dont un système fondamental de voisinages de zéro est l'ensemble des disques bornivores de E . $E \rightsquigarrow {}^tE = \varprojlim_{V \in \mathcal{V}} {}^tE_V$ définit un foncteur t de la catégorie (evb) dans la catégorie (elc) .

PROPOSITION 3 . - Le foncteur $t : (\mathrm{evb}) \longrightarrow (\mathrm{elc})$ est adjoint du foncteur $b : (\mathrm{elc}) \longrightarrow (\mathrm{evb})$. En effet, soient E un espace vectoriel bornologique et F un espace vectoriel localement convexe ; on a successivement, b commutant aux limites projectives :

$$\mathrm{Leb}(E, {}^bF) \xrightarrow{\sim} \mathrm{Leb}(E, {}^b\varprojlim_V {}^tF_V) = \mathrm{Leb}(E, \varprojlim_V {}^bF_V) \xleftarrow{\sim} \varprojlim_V \mathrm{Leb}(E, {}^bF_V) =$$

$$= \varprojlim_V \mathrm{Lec}({}^tE, {}^tF_V) \xrightarrow{\sim} \mathrm{Lec}({}^tE, \varprojlim_V {}^tF_V) \xleftarrow{\sim} \mathrm{Lec}({}^tE, F) \quad .$$

Comme b et t sont deux (ev_K)-foncteurs, ils définissent deux isomorphismes inverses entre une sous-catégorie pleine (ebcn) de (ebc) et une sous-catégorie pleine (elcn) de (elc) . Les objets de (ebcn) seront appelés espaces bornologiques normaux : ce sont les espaces bornologiques E tels que : $E \xrightarrow{\sim} {}^{bt}E$. Les objets de (elcn) seront appelés espaces localement convexes normaux : ce sont les espaces localement convexes tels que : ${}^{tb}E \xrightarrow{\sim} E$.

(Ils sont appelés " espaces bornologiques " dans la terminologie de N. Bourbaki) .

Remarque . - Dans la grande catégorie réunissant (ebc) et (elc) et dans laquelle $\mathcal{L}(E,F)$ désigne selon le cas Leb(E,F) , Lec(E,F) , Leb(E, ${}^{b}F$) ou Lvb(E,F) on peut écrire pour tout espace semi-normé F , U parcourant l'ensemble des voisinages disqués de zéro de E et A l'ensemble des disques bornés :

$$\mathcal{L}({}^{b}E,{}^{b}F) = \mathcal{L}({}^{t}E,{}^{b}F) = \mathcal{L}({}^{b}E,{}^{t}F) = \mathcal{L}({}^{t}E,{}^{t}F) \xleftarrow{\sim} \varinjlim {}^{b}L(E_U,F)$$

$$\mathcal{L}({}^{b}F,{}^{b}E) = \mathcal{L}({}^{t}F,{}^{b}E) = \mathcal{L}({}^{b}F,{}^{t}E) = \mathcal{L}({}^{t}F,{}^{t}E) \xleftarrow{\sim} \varinjlim {}^{b}L(F,E_A) \quad .$$

5) Morphismes d'un espace de Banach F dans un espace vectoriel bornologique séparé E .

Une application linéaire de ${}^{b}F$ dans E est bornée si elle se factorise à travers E_A pour un $A \in \mathfrak{A}$ et on peut toujours supposer que l'application $F \longrightarrow E_A$ est un épimorphisme strict en prenant pour A l'image de la boule unité de F . E_A est alors complet et A complétant. Si on désigne par $\mathcal{I}$ l'ensemble des disques bornés complétants de E , on a une bijection α :

$$(5) \qquad \mathrm{Leb}({}^{b}F,E) \xleftarrow{\alpha} \varinjlim_{A\in\mathcal{I}} {}^{b}L(F,E_A) \xrightarrow{\sim} \mathrm{Leb}({}^{b}F, \varinjlim_{A\in\mathcal{I}} {}^{b}E_A) \quad .$$

$\varinjlim_{A\in\mathcal{I}} {}^{b}E_A$ a même espace vectoriel sous-jacent que E , mais sa bornologie est plus fine ; un système fondamental de parties bornées pour $\varinjlim_{A\in\mathcal{I}} {}^{b}E_A$ est constitué par les disques bornés complétants de E .

DEFINITION 3 . - On dit qu'un espace vectoriel bornologique séparé est complet si sa bornologie admet un système fondamental de parties bornées disquées complétantes.

On note (ebcc) la sous-catégorie pleine de (evbs) ainsi définie. $E \rightsquigarrow \varinjlim_{A\in\mathcal{I}} {}^{b}E_A$ est un foncteur coadjoint du foncteur d'inclusion (ebcc) $\hookrightarrow$ (evbs) .

2 . Catégorie des espaces bornologiques de type convexe

Rappelons que pour un espace vectoriel bornologique E les propriétés qui suivent sont équivalentes :

a) il existe un système fondamental de parties bornées disquées.

b) L'enveloppe disquée d'un ensemble borné est bornée.

c) E est limite inductive d'espaces semi-normables

et que l'on a défini ainsi une sous-catégorie pleine (ebc) de (evb) , dont les objets sont appelés espaces bornologiques de type convexe.

Toute limite inductive d'espaces bornologiques de type convexe est de type convexe : toute limite projective d'espaces bornologiques de type convexe est de type convexe : en effet, toute limite projective de disques est un disque. (ebc) est donc une catégorie préabélienne.

PROPOSITION 4 . - Si F est un espace bornologique de type convexe et E un espace bornologique, Leb(E,F) est un espace bornologique de type convexe.

En effet, si on désigne par $\mathfrak{A}$ (resp. $\mathfrak{B}$) l'ensemble des disques bornés de E (resp. F) , on a successivement, lorsque les deux espaces sont de type convexe :

$$\mathrm{Leb}(E,F) \xrightarrow{\sim} \mathrm{Leb}(\underset{A\in\mathfrak{A}}{\underrightarrow{\lim}}\ {}^{b}E_A,F) \xrightarrow{\sim} \underset{A\in\mathfrak{A}}{\underleftarrow{\lim}}\ \mathrm{Leb}({}^{b}E_A,F) \xleftarrow{\sim} \underset{A\in\mathfrak{A}}{\underleftarrow{\lim}}\ \underset{B\in\mathfrak{B}}{\underrightarrow{\lim}}\ {}^{b}L(E_A,F_B) .$$

D'autre part, Leb(E,F) ne change pas si on remplace la bornologie de E par la bornologie de type convexe qu'elle engendre.

3 . Catégorie des espaces bornologiques de type convexe séparés

PROPOSITION 5 . - Pour qu'un espace vectoriel bornologique de type convexe E soit séparé, il faut et il suffit que l'une des conditions qui suivent soit vérifiée.

a) Tout disque borné est séparant.

b) E est limite inductive d'espaces normables avec des morphismes injectifs.

On vérifie en effet que la séparation entraîne a) , que a) entraîne b) , lequel entraîne la séparation.

On notera (ebcs) la sous-catégorie pleine de (ebc) dont les objets sont les espaces bornologiques de type convexe séparés.

PROPOSITION 6 . - Le séparé $\dot{E}$ d'un espace vectoriel bornologique de type convexe E est de type convexe.

En effet $\dot{E} = E/\overline{\{0\}}$; c'est donc une limite inductive d'espaces vectoriels bornologiques de type convexe.

$E \rightsquigarrow \dot{E}$ définit donc un foncteur adjoint du foncteur d'inclusion (ebcs) $\hookrightarrow$ (ebc) .

Enfin, une limite projective d'espaces vectoriels bornologiques de type convexe séparés est un espace vectoriel bornologique de type convexe séparé.

D'autre part, on obtient les limites inductives dans (ebcs) en séparant la limite dans (ebc) .

4 . Catégorie des espaces vectoriels bornologiques complets

PROPOSITION 7 . - Soit E un espace vectoriel bornologique ; les propriétés qui suivent sont équivalentes :

(c_1) E admet un système fondamental de parties bornées disquées et complétantes.

(c_2) E est séparé et limite inductive d'espaces normables complets.

(c_3) E est l'espace séparé associé à une limite inductive d'espaces normables complets.

(c_4) E est limite inductive d'espaces normables complets avec des morphismes injectifs.

(c_5) E est de type convexe séparé et pour tout espace semi-normé F , l'application $\mathrm{Leb}({}^b\hat{F},E) \longrightarrow \mathrm{Leb}({}^bF,E)$ est bijective (c'est alors un isomorphisme) .

On prouve en effet sans difficulté les implications

$$\begin{array}{ccccccccc} (c_1) & \Longrightarrow & (c_4) & \Longrightarrow & (c_2) & \Longrightarrow & (c_3) & \Longrightarrow & (c_1) \\ & \nwarrow & & \nearrow & & & & & \\ & & (c_5) & & & & & & \end{array}$$

$(c_4) \Longrightarrow (c_2)$ cf. Chapitre I , § 3, N° 3, proposition 6 .

$(c_1) \Longrightarrow (c_5)$ résulte de ce que E est alors de type convexe séparé et que

$$\mathrm{Leb}({}^bF,E) \overset{\sim}{\longleftarrow} \varprojlim_{A\in\mathfrak{I}} {}^bL(F,E_A) \overset{\sim}{\longleftarrow} \varinjlim_{A\in\mathfrak{I}} {}^bL(\hat{F},E_A) \overset{\sim}{\longrightarrow} \mathrm{Leb}({}^b\hat{F},E_A)$$

(notations du n° 1, 5)) .

$(c_5) \Longrightarrow (c_2)$ résulte de ce que pour tout $A \in \mathcal{A}$, ${}^bE_A \longrightarrow E$ se prolonge à ${}^{b}\widehat{E}_A$ et que $E = \varinjlim_{A \in \mathfrak{A}} {}^{b}\widehat{E}_A$. Enfin, prouvons que (c_3) entraîne (c_1) .

Soit (E_i) un système inductif filtrant d'espaces normables complets tel que $E = (\varinjlim E_i)/N$, où N est l'adhérence de zéro dans $\varinjlim E_i$. Un système fondamental de parties bornées de E est formé par les images des disques bornés fermés des espaces normables complets E_i/N_i , N_i étant l'image réciproque de N par $E_i \longrightarrow E$.

On définit donc une sous-catégorie pleine (ebcc) de (ebcs) , dont les objets sont les espaces vectoriels bornologiques complets. D'après (c_3) , les limites inductives sont les mêmes que dans (ebcs) . De plus :

<u>PROPOSITION 8</u> . - Toute limite projective d'espaces bornologiques complets est complète.

Soit en effet (E_i) un système projectif d'espaces bornologiques complets. On sait déjà que $\varprojlim E_i$ est de type convexe séparé et il suffit de vérifier (c_5) ; F étant un espace semi-normé :

$$\mathrm{Leb}({}^{b}F, \varprojlim E_i) \xrightarrow{\sim} \varprojlim \mathrm{Leb}({}^{b}F, E_i) \xleftarrow{\sim} \underline{\lim}\ \mathrm{Leb}({}^{b}\widehat{F}, E_i) \xleftarrow{\sim} \mathrm{Leb}({}^{b}\widehat{F}, \varprojlim E_i) .$$

(ebcc) est donc une catégorie préabélienne et le foncteur (ebcc) $\hookrightarrow$ (evbs) est exact.

<u>PROPOSITION 9</u> . - Si E, F sont deux espaces bornologiques de type convexe et si F est complet, $\mathrm{Leb}(E,F)$ l'est .

En effet, on sait que $\mathrm{Leb}(E,F)$ est de type convexe séparé et pour tout espace semi-normé G :

$$\mathrm{Leb}({}^{b}G, \mathrm{Leb}(E,F)) \simeq \mathrm{Leb}(E, \mathrm{Leb}({}^{b}G,F)) \xleftarrow{\sim} \mathrm{Leb}(E, \mathrm{Leb}({}^{b}\widehat{G},F) \simeq \mathrm{Leb}({}^{b}\widehat{G}, \mathrm{Leb}(E,F)).$$

Soient E, F deux espaces vectoriels bornologiques de type convexe, F étant complet ; on a :

$$(6) \quad \mathrm{Leb}(E,F) \xrightarrow{\sim} \mathrm{Leb}(\varinjlim_{A \in \mathfrak{A}} {}^{b}E_A, F) \xrightarrow{\sim} \varprojlim_{A \in \mathfrak{A}} \mathrm{Leb}({}^{b}E_A, F) \xleftarrow{\sim} \varprojlim_{A \in \mathfrak{A}} \mathrm{Leb}({}^{b}\widehat{E}_A, F) \xleftarrow{\sim}$$

$$\xleftarrow{\sim} \mathrm{Leb}((\varinjlim_{A \in \mathfrak{A}} {}^{b}\widehat{E}_A)^{\cdot}, F) .$$

$(\varinjlim_{A \in \mathfrak{A}} {}^{b}\widehat{E}_A)^{\cdot}$ est d'après (c_3) un espace bornologique complet que l'on notera

$\hat{E}$ et que l'on appellera espace vectoriel bornologique complété de E .

$E \rightsquigarrow \hat{E}$ définit d'après (6) un foncteur adjoint du foncteur d'inclusion (ebcc) $\hookrightarrow$ (ebc) .

Z Même si E est séparé, le morphisme $E \longrightarrow \hat{E}$ peut ne pas être injectif, comme on le voit sur un contre-exemple dû à Waelbroeck (C. R. T. 253, p. 2827-2828). E est le sous-espace de $\mathcal{R}[X]$ des polynômes nuls à l'origine avec comme système fondamental de parties bornées les disques

$$A_n = \{ P \in \mathcal{R}[X] \mid P(\left[-\frac{1}{n} , \frac{1}{n} \right]) \subset [-1,1] \} \quad .$$

On vérifie que $\varinjlim_n {}^b\hat{E}_{A_n}$ est l'espace des germes de fonctions continues nulles à l'origine avec la bornologie triviale, donc $\hat{E} = \{0\}$.

Il est immédiat qu'un espace bornologique complet est semi-complet d'après (c_4) . Si F est un espace bornologique complet, pour tout espace bornologique de type convexe E , $Leb(E,F)$ est donc semi-complet. Inversement :

PROPOSITION 10 (Waelbroeck) . - Pour qu'un espace vectoriel bornologique E soit complet, il suffit qu'il soit de type convexe séparé et que pour tout ensemble I , $Bor(I,E)$ soit semi-complet.

Soit en effet B un disque borné de E ; désignons par ψ l'application canonique de E_B dans $\hat{E}_B$, par $\hat{B}$ la boule unité de $\hat{E}_B$. B est dense dans $\hat{B}$; il existe donc (d'après l'axiome de choix) une suite φ_n d'applications de $\hat{B}$ dans B telle que la suite d'applications $x \rightsquigarrow x - \psi \circ \varphi_n(x)$ converge uniformément vers zéro sur $\hat{B}$. φ_n est une suite de Cauchy dans $Bor(\hat{B},B)$, donc dans $Bor(\hat{B},E)$ et a une limite φ . On va prouver que pour tout couple (λ,μ) d'éléments de K tels que $|\lambda| + |\mu| \leq 1$ et tout couple (x,y) d'éléments de $\hat{B}$, on a $\varphi(\lambda x + \mu y) = \lambda\varphi(x) + \mu\varphi(y)$. On en déduira que φ se prolonge en une application linéaire bornée de $\hat{E}_B$ dans E , d'où la proposition.

En effet $\varphi(\lambda x + \mu y) - \lambda\varphi(x) - \mu\varphi(y)$ est la limite pour $n \longrightarrow +\infty$ de $\varphi_n(\lambda x + \mu y) - \lambda\varphi_n(x) - \mu\varphi_n(y)$. Or $\psi(\varphi_n(\lambda x + \mu y) - \lambda\varphi_n(x) - \mu\varphi_n(y)) =$
$= \psi \circ \varphi_n(\lambda x + \mu y) - (\lambda x + \mu y) - \lambda(\psi \circ \varphi_n(x) - x) - \mu(\psi \circ \varphi_n(y) - y)$.

Le second membre tend vers zéro dans $\hat{B}$, et comme ψ est un monomorphisme strict, $\varphi_n(\lambda x + \mu y) - \lambda\varphi_n(x) - \mu\varphi_n(y)$ tend vers zéro dans B , donc dans E .

Exercice. - Pour qu'un espace vectoriel bornologique E séparé soit complet, il faut et il suffit que pour tout ensemble I , l'application canonique :

$$\mathrm{Leb}(\ell^1_K(I),E) \longrightarrow \mathrm{Bor}(I,E) \quad \text{soit bijective.}$$

On remarquera que pour que E soit de type convexe, il faut et il suffit que l'application $\mathrm{Leb}(K(I),E) \longrightarrow \mathrm{Bor}(I,E)$ soit bijective. La condition nécessaire résulte alors de ce que $\ell^1_K(I) = \widehat{K(I)}$. Pour prouver que la condition est suffisante, on peut prendre pour I un borné de E .

On obtient ainsi un critère plus " faible " que (c_5) .

5 . Catégorie des espaces vectoriels topologiques localement convexes

On rappelle que pour un espace vectoriel topologique E , les propriétés qui suivent sont équivalentes :

a) Il existe un système fondamental de voisinages disqués de zéro.

b) E est limite projective d'espaces semi-normables,

et qu'on a défini ainsi une sous-catégorie pleine (elc) de (evt) dont les objets sont appelés espaces vectoriels localement convexes. D'après b) , toute limite projective d'espaces vectoriels localement convexes, est localement convexe.

Il existe d'autre part dans (elc) des limites inductives quelconques : en effet, comme (elc) est une catégorie au-dessus de (ev) , il suffit de prouver l'existence de structures initiales. Soit donc la donnée d'une famille $(E_i)_{i \in I}$ d'espaces localement convexes, d'un espace vectoriel E et pour tout $i \in I$, d'une application $f_i : E_i \longrightarrow E$; l'ensemble des disques absorbants V de E tels que pour tout i , $f_i^{-1}(V)$ soit un voisinage de zéro dans E_i est un système fondamental de voisinages de zéro pour une topologie vectorielle localement convexe sur E qui est la structure initiale pour les f_i . On a en outre pour tout système inductif (E_i) et tout système projectif (F_j) , un isomorphisme :

$$\mathrm{Lec}(\varinjlim_i E_i , \varprojlim_j F_j) \xrightarrow{\sim} \varprojlim_{i,j} \mathrm{Lec}(E_i , F_j) \quad .$$

PROPOSITION 11 . - Si E est un espace vectoriel localement convexe, ${}^bE$ est un espace bornologique de type convexe.

En effet $\quad {}^bE \xrightarrow{\sim} {}^b\varprojlim_U {}^tE_U = \varprojlim_U {}^bE_U \quad .$

PROPOSITION 12. - Plaçons-nous dans la catégorie réunissant (evb) et (evt) et désignons par $\mathcal{L}(E,F)$ l'espace d'applications linéaires correspondant aux structures de E et F , c'est-à-dire suivant le cas Leb(E,F) , Lec(E,F) , Lub(E,F) ou Lvb(E,F) . Si F a une structure de type convexe, il en est de même de $\mathcal{L}(E,F)$.

La démonstration a été faite pour Leb . D'autre part :

$$\mathrm{Lec}(E,F) \xrightarrow{\sim} \mathrm{Lec}(E, \varprojlim_V {}^tF_V) \xrightarrow{\sim} \varprojlim_V \mathrm{Lec}(E, {}^tF_V) \xleftarrow{\sim} \varprojlim_V \varinjlim_U {}^tL(E_U, F_V) \xrightarrow{\sim}$$

$$\xrightarrow{\sim} \varprojlim_V \mathrm{Lec}(\varprojlim_U {}^tE_U, {}^tF_V) \xleftarrow{\sim} \mathrm{Lec}(\varprojlim_U {}^tE_U, F) .$$

(U varie dans l'ensemble des voisinages disqués de zéro de E) .

$$\mathrm{Lub}(E,F) \xrightarrow{\sim} \mathrm{Lub}(\varinjlim_A {}^bE_A, \varprojlim_V {}^tF_V) \xrightarrow{\sim} \varprojlim_{A,V} {}^tL(E_A, F_V)$$

(A varie dans l'ensemble des enveloppes disquées de bornés de E) .

$$\mathrm{Lvb}(E,F) \xleftarrow{\sim} \mathrm{Lvb}(\varprojlim_U {}^tE_U, \varinjlim_B {}^bF_B) \xleftarrow[\alpha]{\sim} \varinjlim_{U,B} {}^bL(E_U, F_B) .$$

(U vérie dans l'ensemble des voisinages disqués de zéro de E) . Le dernier isomorphisme résulte de la :

PROPOSITION 13. - Soit $(E_\lambda)_{\lambda \in L}$ un système projectif filtrant dans (evt) tel que les morphismes $\varprojlim E_\lambda \longrightarrow E_{\lambda_o}$ soient surjectifs et soit $(F_\mu)_{\mu \in M}$ un système inductif filtrant dans (evbs) tel que les morphismes $F_{\mu_o} \longrightarrow \varinjlim F_\mu$ soient injectifs. Dans ces conditions, on a un isomorphisme α :

$$\varinjlim_{\lambda,\mu} \mathrm{Lvb}(E_\lambda, F_\mu) \xrightarrow{\alpha} \mathrm{Lvb}(\varprojlim_\lambda E_\lambda, \varinjlim_\mu F_\mu) .$$

Le fait que α soit injectif résulte de ce que les morphismes

$$\varphi_\lambda : \varprojlim_\lambda E_\lambda \longrightarrow E_\lambda \text{ (resp. } \psi_\mu : F_\mu \longrightarrow \varinjlim_\mu F_\mu) \text{ sont surjectifs}$$

(resp. injectifs) .

Montrons enfin que α est un épimorphisme strict. Pour cela, soit H un ensemble borné dans $\mathrm{Lvb}(\varprojlim_\lambda E_\lambda, \varinjlim_\mu F_\mu)$. Il x existe $\lambda \in L$, $\mu \in M$, un voisinage V de zéro dans E_λ et un borné A dans F_μ tels que pour tout $f \in H$, on ait $f(\varphi_\lambda^{-1}(V)) \subset \psi_\lambda(A)$.

Comme F_μ est séparé et que $f(\varphi_\lambda^{-1}(0))$ est un espace vectoriel borné de F_μ , $f(\varphi_\lambda^{-1}(0)) = \{0\}$ et il existe une application linéaire g de E_λ dans F telle que $f = \psi_\mu \circ g \circ \varphi_\lambda$. Comme $g(V) \subset A$, H provient d'un ensemble borné de $Lvb(E_\lambda, F_\mu)$.

Remarque . - Si les morphismes de $(E_\lambda)_{\lambda \in L}$ sont bijectifs, on n'a pas besoin de supposer les F_μ séparés : on peut donc appliquer le résultat à $Lvb(E,F)$.

PROPOSITION 14 . - Pour qu'un espace vectoriel topologique soit localement convexe, il faut et il suffit que l'espace séparé associé (resp. le complété le soit) .

On notera (elcs) (resp. (elcc)) la sous-catégorie pleine de (elc) des espaces vectoriels localement convexes séparés (resp. complets).

Soit E un espace vectoriel localement convexe. Le morphisme $E \longrightarrow \varprojlim_{U \in \mathcal{U}} {}^t\dot{E}_U$ (resp. $E \longrightarrow \varprojlim_{U \in \mathcal{U}} {}^t\widehat{E}_U$) est toujours strict. Pour que E soit séparé, il faut et il suffit que ce soit un monomorphisme strict. D'autre part, on vérifie que l'image de E dans $\varprojlim_{U \in \mathcal{U}} {}^t\widehat{E}_U$ est dense ; pour que E soit complet, il faut et il suffit que le morphisme $E \longrightarrow \varprojlim_{U \in \mathcal{U}} {}^t\widehat{E}_U$ soit un isomorphisme. Par suite, les objets de (elcc) sont aussi les limites projectives d'espaces normables complets.

PROPOSITION 15 . - Pour tout espace vectoriel localement convexe complet E , ${}^bE$ est un espace bornologique complet.

En effet, on sait au E est de type convexe séparé et pour tout espace semi-normé F :

$$Leb({}^bF, {}^bE) = Lec({}^tF,E) \xleftarrow{\sim} Lec({}^t\widehat{F},E) = Leb({}^b\widehat{F},{}^bE) \quad .$$

Z ${}^bE$ peut être complet sans que E le soit (cf. contre-exemple de Waelbroeck) .

PROPOSITION 16 . - Soient E un espace vectoriel topologique, F un espace vectoriel localement convexe complet (resp. un espace vectoriel bornologique de type convexe complet) . Dans ces conditions, $Lec(E,F)$ (resp. $Lvb(E,F)$) , est un espace vectoriel bornologique complet et $Lvb(E,F) \xleftarrow{\sim} Lvb(\widehat{E},F)$.

On sait déjà que Lec(E,F) est de type convexe séparé et pour tout espace semi-normé G :

$$\mathrm{Leb}({}^{b}G,\mathrm{Lec}(E,F)) \simeq \mathrm{Lec}(E,\mathrm{Lub}({}^{b}G,F)) \xleftarrow{\sim} \mathrm{Lec}(E,\mathrm{Lub}({}^{b}\hat{G},F)) \simeq \mathrm{Leb}({}^{b}\hat{G},\mathrm{Lec}(E,F)).$$

En effet, $\mathrm{Lub}({}^{b}G,F)$ a même espace vectoriel sous-jacent que $\mathrm{Lec}({}^{t}G,F)$ et $\mathrm{Lub}({}^{b}\hat{G},F)$ que $\mathrm{Lec}({}^{t}\hat{G},F)$; or l'application $\mathrm{Lec}({}^{b}G,F) \longleftarrow \mathrm{Lec}({}^{b}\hat{G},F)$ est bijective.

D'autre part, l'identité des structures résulte de ce que la topologie de la convergence uniforme sur un ensemble de parties ne change pas si on remplace les parties par leurs adhérences.

D'autre part, $\mathrm{Lvb}(E,F) \xleftarrow{\sim} \varinjlim_{U,A} {}^{b}L(E_U, F_A)$ où U varie dans les voisinages disqués de zéro de E et A dans les disques bornés complétants de F .

Enfin, $\mathrm{Lvb}(E,F) \xleftarrow{\sim} \varinjlim_{A} \mathrm{Lvb}(E,{}^{b}F_A) \xleftarrow{\sim} \varinjlim_{A} \mathrm{Lec}(E,{}^{t}F_A) \xleftarrow{\sim} \varinjlim_{A} \mathrm{Lec}(\hat{E},{}^{t}F_A) =$

$$= \varinjlim_{A} \mathrm{Lvb}(\hat{E},{}^{b}F_A) \xrightarrow{\sim} \mathrm{Lvb}(\hat{E},F) \quad .$$

6 . Catégorie des espaces vectoriels bornologiques normaux

Rappelons que b : (elc) $\longrightarrow$ (ebc) et t : (ebc) $\longrightarrow$ (elc) sont deux ev_K-foncteurs adjoints et définissent deux isomorphismes inverses entre une sous-catégorie pleine (ebcn) de (ebc) et une sous-catégorie pleine (elcn) de (elc) . Les objets de (ebcn) sont les espaces vectoriels bornologiques de type convexe E tels que $E \xrightarrow{\sim} {}^{bt}E$; ce sont les limites projectives d'espaces semi-normables. Les objets de (elcn) sont les espaces vectoriels localement convexes E tels que ${}^{tb}E \xrightarrow{\sim} E$; ce sont les limites inductives d'espaces semi-normables.

Chacune des catégories (ebcn) et (elcn) possède des limites projectives et inductives. Le foncteur (elcn) $\hookrightarrow$ (elc) commutant aux limites inductives, le séparé d'un espace vectoriel localement convexe normal est normal.

<u>THEOREME</u> (Banach-Steinhaus-Mackey) . - Soient E_1 un espace vectoriel bornologique, E un espace bornologique complet, u un morphisme surjectif $E_1 \longrightarrow E$; alors pour tout espace vectoriel bornologique normal F , le morphisme :

(1) $$\mathrm{Leb}(E,F) \longrightarrow \mathrm{Leb}(E_1,F)$$

est un monomorphisme strict.

En effet, tenant compte de l'exactitude à gauche du foncteur Leb , on se ramène aussitôt au cas où u est bijectif. Or, $E \xleftarrow{\sim} \varinjlim_{A \in \mathcal{I}} {}^bE_A$; désignons par E_A^1 l'espace E_A muni de la structure induite par E_1 . u étant un morphisme, on a $E_1 \xleftarrow{\sim} \varinjlim_{A \in \mathcal{I}} E_A^1$. Si u_A est le morphisme $E_A^1 \longrightarrow {}^bE_A$ induit par u , u est limite inductive des u_A et le morphisme (1) s'obtient par limite projective suivant $\mathcal{I}$ à partir de $\mathrm{Leb}({}^bE_A, F) \longrightarrow \mathrm{Leb}(E_A^1, F)$.

Comme le foncteur linimte projective est exact à gauche, on peut se ramener au cas où E est normable complet et alors, F étant normal :

$$\mathrm{Leb}(E, F) = \mathrm{Lec}({}^tE, {}^tF) .$$

D'autre part, comme E est de Baire, et $u : E_1 \longrightarrow E$ bornée, la proposition résulte immédiatement du théorème de Banach-Steinhauss, les ensembles équibornés étant alors équicontinus, lorsqu'on munit E d'une bornologie compatible avec sa topologie, par exemple la bornologie la plus fine, qui est plus fine que celle de E_1 .

§ 3 . Applications et exemples

1 . Limites projectives strictes

On a vu que les foncteur t commutait aux limites inductives ; en revanche, il ne commute pas aux limites projectives quelconques. Toutefois :

PROPOSITION 1 . - Soit $(E_n)_{n \in N}$ un système projectif d'espaces vectoriels bornologiques tel que les morphismes $E_{n+1} \longrightarrow E_n$ soient des épimorphismes stricts ; posons $E = \varprojlim E_n$.

a) Les morphismes $E \longrightarrow E_n$ sont des épimorphismes stricts.

b) ${}^t(\varprojlim E_n)$ et $\varprojlim {}^tE_n$ sont canoniquement isomorphes.

a) Soit B un borné dans E_i . On définit par récurrence une suite $(B_p)_{p \in N}$ telle que B_p soit un borné de E_{i+p} , $B_o = B$ et que l'image de B_{p+1} par le morphisme $E_{i+p+1} \longrightarrow E_{i+p}$ soit B_p . Soit B'_p l'image réciproque de B_p par l'application $E \longrightarrow E_{i+p}$; $\bigcap_{p \geq 0} B'_p$ est alors un borné de E relevant B .

b) Il suffit de prouver que le morphisme ${}^tE \longrightarrow \varprojlim {}^tE_n$ est strict. Soit U un disque bornivore algébriquement fermé dans E ; il suffit de voir qu'il existe $i \in N$ tel que le noyau K_i de l'application $E \longrightarrow E_i$ soit contenu dans U . En effet, la projection V de U dans E_i est un disque ; V est bornivore car tout borné B de E_i se relève en un borné A de E et il existe $\lambda \in K^*$ tel que $U \supset \lambda A$ d'où $V \supset \lambda B$, et U est l'image réciproque de V , car $U \supset K_i$ (§ 1, n°2, prop. 4) .

Supposons donc par l'absurde qu'il n'existe aucun indice i tel que $U \supset K_i$. Pour tout n , il existe donc $x_n \notin U$ annulé par le morphisme $E \longrightarrow E_n$. Si λ_n est une suite de scalaires tendant vers l'infini, $\lambda_n x_n$ est annulé par $E \longrightarrow E_n$, donc la suite $(\lambda_n x_n)_{n \in N}$ est bornée dans E , son image dans E_r étant nulle à partir de l'ordre r . Par suite, x_n tend vers zéro au sens de Mackey, ce qui est absurde.

2 . Limites inductives strictes

THEOREME 1 . - Soit $(E_i)_{i \in I}$ un système inductif d'espaces localement convexes tel que les morphismes $E_i \longrightarrow E_j$ soient des monomorphismes stricts fermés ; posons $E = \varinjlim E_i$.

a) Si $I = N$, les morphismes $E_i \longrightarrow E$ sont des monomorphismes stricts fermés.

b) Si I est filtrant et pour tout $J \subset I$ totalement ordonné dénombrable, le morphisme $\varinjlim_{i \in J} E_i \longrightarrow \varinjlim_{i \in I} E_i$ est un monomorphisme strict, on a un isomorphisme :

$$ {}^bE \xrightarrow{\sim} \varinjlim {}^bE_i \quad . $$

Remarquons que si $I = N$, les conditions de b) sont automatiquement vérifiées.

Pour simplifier l'écriture, on supposera que les E_i sont des sous-espaces vectoriels de E .

a) cf. Grothendieck E. V. T. , chap. IV , § 1, n° 3, Proposition 3 .

La démonstration repose sur le lemme :

LEMME . - Soit F un espace localement convexe, G un sous-espace vectoriel fermé, V un disque ouvert dans G , $x \in \complement G$. Alors il existe un disque ouvert W dans F tel que $x \in \complement W$, $W \cap G = V$.

En effet, soit U un disque ouvert dans F tel que $x + U$ ne rencontre pas G et $U \cap G \subset V$; l'enveloppe disquée de $U \cup V$ convient.

Il est alors aisé de prouver que pour tout disque ouvert V dans E_i , il existe un voisinage disqué de zéro W dans E tel que $W \cap E_i = V$. Grâce au lemme, on construit par récurrence une suite V_n , où V_n est un disque ouvert de E_{i+n} , $V_o = V$ et $V_{n+1} \cap E_{i+n} = V_n$, $W = \bigcup_n V_{i+n}$ fournit le voisinage cherché. On prouve de même que E_i est fermé dans E . Soit $x \in E_j - E_i$. On construit par récurrence une suite V_n où V_n est un disque ouvert de E_{j+n} , V_o contient E_i , $V_{n+1} \cap E_{j+n} = V_n$ et $x \in \complement V_n$. La réunion V des V_n est un disque ouvert de E contenant E_i et ne rencontrant pas x . V contenant l'adhérence de E_i , $x \notin \overline{E}_i$.

b) Il suffit de prouver que tout borné canonique A de E est contenu dans l'image d'un E_i ; raisonnons par l'absurde : dans le cas contraire, on pourrait contruire par récurrence une suite strictement croissante i_n dans I, et une suite x_n dans E, telles que $x_n \in A \cap E_{i_{n+1}} \cap \complement E_{i_n}$, puis grâce au lemme une suite de disques ouverts V_n dans les E_{i_n} tels que $V_n = V_{n+1} \cap E_n$ et $x_n \notin n\, V_{n+1}$. Introduisons $F = \varinjlim_n E_{i_n}$. La réunion V des V_n est un voisinage de 0 dans F, induisant V_n sur E_{i_n}, et tel que $x_n \notin n\, V$ pour tout n. Par suite, la suite x_n n'est pas bornée dans F. Or le morphisme $F \longrightarrow E$ est par hypothèse un monomorphisme strict, et comme b commute aux limites projectives, $(x_n)_{n \in N}$ n'est pas bornée dans E, ce qui est absurde.

<u>COROLLAIRE</u> . - Soit $(E_i)_{i \in I}$ une famille d'espaces localement convexes séparés ; pour tout $J \subset I$ le morphisme $\coprod_{I \in J} E_i \longrightarrow \coprod_{i \in I} E_i$ est un monomorphisme strict fermé et on a un isomorphisme :

$$^b(\coprod_{i \in I} E_i) \xrightarrow{\sim} \coprod_{i \in I} {}^bE_i \quad .$$

La première partie résulte de l'existence d'une projection naturelle de $\coprod_{i \in I} E_i$ sur $\coprod_{i \in J} E_i$; la seconde est alors une conséquence du b) qui précède.

3 . <u>Limites inductives non strictes</u>

<u>PROPOSITION 2</u> . - Soit $(E_n)_{n \in N}$ un système inductif d'espaces semi-normés tel que les morphismes $E_n \longrightarrow E_{n+1}$ soient injectifs et que pour tout couple d'entiers p, q, $q \geq p$ et toute suite $\lambda_o, \ldots, \lambda_p$ de scalaires, si on désigne par B_n la boule unité de E_n et par φ_{pq} le morphisme $E_p \longrightarrow E_q$, $\sum_{r=o}^{p} \lambda_r\ \varphi_{rq}(B_r)$ soit fermé dans E_q. Dans ces conditions :

$$^b(\varinjlim {}^tE_n) = \varinjlim {}^bE_n \quad .$$

Pour simplifier l'écriture, on désignera par E la limite inductive algébrique et on supposer que les E_n sont des sous-espaces de E. Il s'agit de prouver que tout ensemble canoniquement borné dans $\varinjlim {}^tE_n$ est borné dans un E_n. De tout ensemble non borné dans $\varinjlim {}^bE_n$, on peut extraire une suite $(x_n)_{n \in N}$

telle que $x_n \notin k^n \sum_{p=o}^{n} B_p$, k étant un scalaire de valeur absolue > 1 donné.

Posons $y_n = k^{-n} x_n$ et définissons par récurrence une suite $(\lambda_n)_{n \in N}$ de scalaires tels que $|\lambda_n| \in]0,1[$ et que pour tout couple p , q , q > p

$y_p \notin \sum_{r=o}^{q} \lambda_r B_r$.

Prenons en effet $\lambda_o = 1$ et supposons la suite définie jusqu'à l'ordre n - 1 . Il suffit alors de choisir λ_n tel que $y_p \notin \sum_{r=o}^{n-1} \lambda_r B_r + \lambda_n B_n$ pour tout p < n , ce qui est possible car $\sum_{r=o}^{n-1} \lambda_r B_r$ est fermé dans E_n , contenu dans $\sum_{r=o}^{n-1} B_r$ donc ne contient pas y_{n-1} et ne contient pas y_p pour p < n-1 d'après l'hypothèse de récurrence.

Posons alors $U = \sum_{r \in N} \lambda_r B_r$; U est un voisinage de zéro dans $\underset{\longrightarrow}{\lim}_{(elc)}\, {}^tE_n$ et pour tout n , $y_n \in \complement U$. La suite $(x_n)_{n \in N}$ n'est donc pas canoniquement bornée car s'il existait un scalaire λ tel que $x_n \in \lambda U$, pour tous les entiers n tels que $|k^n| \geq |\lambda|$ on aurait $x_n \in k^n U$ ce qui est absurde.

Autrement dit, $\underset{\longrightarrow}{\lim}\, {}^bE_n$ est un espace vectoriel bornologique normal.

Remarque . - Les hypothèses de la proposition n'entraînent pas que la limite soit stricte, ni même que E_n soit fermé dans E_{n+1} . On peut le voir en prenant pour E_n l'espace des suites de nombres réels qui sont $O(p^n)$ ou encore l'espace $\ell^n_K(N)$.

4 . Espaces métrisables

On utilisera dans ce paragraphe deux notions nouvelles :

DEFINITION 2 . - On dit qu'un espace vectoriel topologique et bornologique E de type convexe (cf n° 8) satisfait à la condition de convergence de Mackey (resp. à la condition de convergence de Mackey stricte) si toute suite de points de E qui tend vers zéro pour la topologie, tend vers zéro au sens de Mackey (resp. si pour tout borné A , il existe un disque borné B contenant A tel que E_B induise sur A la même topologie que E) .

La condition de convergence de Mackey (resp. la condition de convergence de Mackey stricte) se conserve par limite inductive et par limite projective de suite. La seconde partie, dans le cas de la condition simple, résulte de la :

PROPOSITION 3 . - Soit $(E_n)_{n \in N}$ un système projectif d'espaces vectoriels bornologiques de type convexe, $E = \varprojlim E_n$, φ_n le morphisme : $E \longrightarrow E_n$. Pour qu'une suite x_p tende vers zéro au sens de Mackey dans E , il faut et il suffit que pour tout n , la suite $\varphi_n(x_p)$ tende vers zéro au sens de Mackey dans E_n .

En effet, seule la condition suffisante est à prouver. On peut trouver pour tout n borné B_n de E_n et une suite $(\lambda_{np})_{p \in N}$ de scalaires de façon que $\varphi_n(x_p) \in \lambda_{np} B_n$, $|\lambda_{np}| \leq 1$ et que $(\lambda_{np})_{p \in N}$ tende vers zéro. Soit alors μ_n une suite de scalaires telle que $|\mu_n|$ tende vers l'infini; posons $B = \bigcap_n \varphi_n^{-1}(\mu_n B_n)$. On vérifie immédiatement que x_p tend vers zéro relativement à B qui est borné dans E .

Etudions maintenant le cas d'un système projectif indexé par N satisfaisant à la condition stricte. Avec les notations qui précèdent, pour tout borné A de E et tout $n \in N$, on peut trouver un disque borné $B_n \supset \varphi_n(A)$ de E_n tel que E_{B_n} induise sur $\varphi_n(A)$ la même topologie que E_n , et soit $B = \bigcap_n \varphi_n^{-1}(\mu_n B_n)$ μ_n étant une suite de scalaires tendant vers l'infini. Il est immédiat que E_B induit sur A la même topologie que E .

Les espaces localement convexes métrisables sont caractérisés parmi les espaces séparés par l'existence d'un système fondamental dénombrable de voisinages disqués de zéro. Par suite :

PROPOSITION 4 . - Pour qu'un espace localement convexe soit métrisable, il faut et il suffit qu'il soit séparé et limite projective d'une suite d'espaces semi-normés.

Un espace localement convexe métrisable muni de sa bornologie canonique satisfait donc aux conditions de convergence de Mackey, et par suite les notions de complet, semi-complet dans (elc) et de complet, semi-complet dans (ebc) coïncident pour les espaces localement convexes métrisables.

Enfin, un espace localement convexe métrisable est normal (au sens du § 2, n° 1) ; on utilise une suite fondamentale (V_n) de voisinages de 0 : si U est un disque qui ne contient aucun V_n, on en déduit une suite (x_n) tendant vers 0 et telle que $x_n \notin U$; alors, il existe une suite (λ_n) de scalaires telle que $\lim |\lambda_n| = +\infty$ et une suite bornée (y_n) telle que $x_n = \lambda_n y_n$ et on voit que (y_n) n'est pas absorbée par U.

DEFINITION 3. - On appelle espace de Fréchet un espace vectoriel topologique localement convexe métrisable et complet.

Rappelons que si E, F sont deux espaces de Fréchet et u une application linéaire continue de E dans F telle que $u(E)$ soit non maigre dans F, alors u est un épimorphisme strict (théorème d'homomorphisme de Banach).

THEOREME 2. - Soient E un espace vectoriel bornologique de type convexe séparé, $(E_n)_{n \in N}$ une suite d'espaces de Fréchet avec pour tout $n \in N$ un monomorphisme $u_n : {}^bE_n \longrightarrow E$, les $u_n(E_n)$ recouvrant E ; alors, pour tout espace de Fréchet F, on a un isomorphisme :

$$\varinjlim \mathrm{Hom}(F,E_n) \xrightarrow{\sim} \mathrm{Hom}({}^bF,E) .$$

Il suffit en fait de prouver que tout morphisme $v : F \longrightarrow E$ se factorise à travers un E_n. Introduisons pour tout $n \in N$, le produit fibré $E_n \times F$ qui est fermé dans $E_n \times F$, donc encore un espace de Fréchet, et désignons par p_n, q_n les projections de $E_n \times F$ respectivement dans E_n et F. E étant réunion de la famille $u_n(E_n)$, on a $F = \bigcup_n q_n(E_n \times F)$. F n'étant pas maigre, il existe donc n tel que q_n soit surjective, de sorte que v se factorise (ensemblistement) à travers un certain E_p.

On peut se ramener au cas où u_p est bijective et il reste à prouver que l'application $w : F \longrightarrow E_p$ définie par v est continue, et pour cela que son graphe est dénombrablement fermé. En définitive, il reste à vérifier que si $(x_r)_{r \in N}$ est une suite de points de F tendant vers 0 et que $(w(x_r))_{r \in N}$ ait une limite a dans E_p, alors $a = 0$. En effet, $(v(x_r))_{r \in N}$ tend vers 0 au sens de Mackey dans F, donc aussi dans E, ce dernier étant séparé, on a nécessairement $a = 0$.

THEOREME 3 . - Soient E un espace vectoriel bornologique de type convexe séparé, $(E_n)_{n \in N}$ une suite d'espaces de Fréchet avec pour tout $n \in N$ un monomorphisme $u_n : {}^bE_n \longrightarrow E$, les $u_n(E_n)$ recouvrant E , F un espace bornologique complet ; tout épimorphisme $u : {}^tE \longrightarrow {}^tF$ est un épimorphisme strict.

On peut toujours se ramener, en passant au quotient par $u^{-1}(0)$ au cas où u est bijectif. Il suffit de prouver alors que u^{-1} est borné et pour cela de vérifier que pour tout espace de Banach G et tout monomorphisme $\psi : {}^bG \longrightarrow F$, $u^{-1} \circ \psi$ est borné. En appliquant le théorème précédent à $(E_n)_{n \in N}$ et aux applications $u \circ u_n$, on en déduit que ψ se factorise à travers un E_n , donc à travers E .

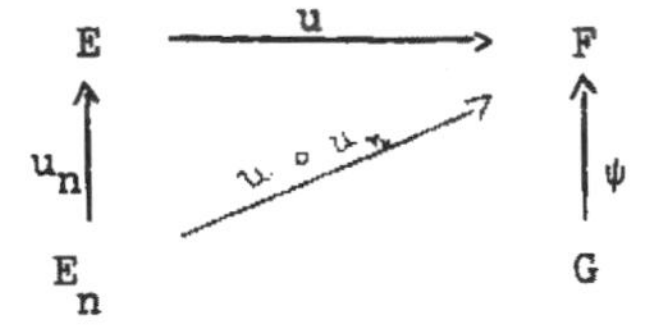

5 . Topologie des espaces vectoriels bornologiques d'applications linéaires

PROPOSITION 5 . - Soient E , F deux espaces vectoriels bornologiques de type convexe ; la structure de ${}^tLeb(E,F)$ est plus fine que la structure induite par $Lub(E,{}^tF)$.

En effet, on a la suite de morphismes :

$$ {}^tLeb(E,F) \longrightarrow {}^tLeb(E,{}^{bt}F) = {}^{tb}Lub(E,{}^tF) \longrightarrow Lub(E,{}^tF) \quad . $$

PROPOSITION 6 . - Soient E , F deux espaces vectoriels topologiques localement convexes ; la topologie de ${}^tLec(E,F)$ est plus fine que la topologie induite par $Lub({}^bE,F)$.

En effet, on a la suite de morphismes canoniques :

$$ {}^tLec(E,F) \longrightarrow {}^tLeb({}^bE,{}^bF) = {}^{tb}Lub({}^bE,F) \longrightarrow Lub({}^bE,F) \quad . $$

PROPOSITION 7 . - Soient E un espace vectoriel topologique localement convexe, F un espace vectoriel bornologique de type convexe ; la topologie de ${}^tLvb(E,F)$ est plus fine que la topologie induite par $Lub({}^bE,{}^tF)$.

En effet, on a un morphisme de $Lvb(E,F)$ dans $Leb({}^bE,F)$.

Les propositions qui précèdent permettent de décrire certains disques bornivores dans les espaces vectoriels bornologiques d'applications linéaires. D'autre part, on connait des exemples de disques fermés grâce au lemme :

LEMME 1 . - Soient E un espace vectoriel bornologique de type convexe, F un espace vectoriel topologique localement convexe, A une partie de E , B un disque fermé de F ; dans ces conditions, l'ensemble H des $f \in Lub(E,F)$ telles que $f(A) \subset B$ est un disque fermé.

On peut supposer A réduit à un point x . Soit f_o une application linéaire bornée de E dans ${}^bF$ n'appartenant pas à H et soit U un voisinage disqué de 0 dans F tel que $f_o(x) + U$ ne rencontre pas B . L'ensemble K des $f \in Lub(E,F)$ telles que $f(x) \in U$ est un voisinage disqué de zéro dans $Lub(E,F)$ et $f_o + K$ ne rencontre pas H .

6 . Espaces réguliers

DEFINITION 4 . - On dit qu'un espace vectoriel bornologique de type convexe E est régulier si sa bornologie est compatible avec la topologie de ${}^tE$, c'est-à-dire s'il existe un système fondamental de parties bornées fermées pour ${}^tE$.

Un espace bornologique normal est régulier, puisque sa bornologie est la bornologie canonique de ${}^tE$ (chap. I, § 4, n° 3, prop. 5) .

PROPOSITION 8 . - Toute limite projective d'espaces bornologiques réguliers est régulière.

La proposition se vérifie immédiatement sur les produits et les sous-espaces.

PROPOSITION 9 . - Toute somme directe d'espaces bornologiques réguliers séparés est régulière.

En effet, soit $(E_i)_{i \in I}$ une famille d'espaces bornologiques réguliers, $J \subset I$ fini , pour tout $i \in I$, B_i un disque borné fermé dans ${}^tE_i$ réduit à $\{0\}$ si $i \notin J$ et soit $x \notin \coprod_{i \in I} B_i$. Pour tout $i \in I$, on peut trouver un disque bornivore U_i dans E_i tel que $x_i \notin U_i + B_i$; on en déduit $x \notin (\coprod_{i \in I} B_i) + (\coprod_{i \in I} U_i)$ ce qui prouve que $\coprod_{i \in I} B_i$ est fermé dans ${}^t\coprod_{i \in I} E_i$.

Une limite inductive d'espaces bornologiques réguliers n'est en général pas régulière, sinon tout espace bornologique serait régulier, ce qui est faux.

PROPOSITION 10 . - Pour qu'un espace vectoriel bornologique de type convexe soit régulier, il faut et il suffit que l'espace séparé associé le soit.

En effet, si E est un espace vectoriel bornologique régulier, l'adhérence de $\{0\}$ dans ${}^{t}E$ est bornée et coïncide donc avec l'adhérence de $\{0\}$ au sens de Mackey.

PROPOSITION 11 . - a) Soient E , F deux espaces vectoriels topologiques localement convexes ; $Lec(E,F)$ est régulier.

b) Soient E , F deux espaces vectoriels bornologiques de type convexe ; si F est régulier, $Leb(E,F)$ l'est aussi.

c) Soient E un espace vectoriel topologique localement convexe, F un espace vectoriel bornologique de type convexe ; si F est régulier, $Lvb(E,F)$ l'est.

Cette proposition résulte immédiatement de ce qui a été dit sur la topologie des espaces d'applications linéaires (prop. 5, 6, 7 du n° 5 et lemme 1) ; on laisse le détail au lecteur.

7 . Espaces propres

DEFINITION 5 . - On dit qu'un espace vectoriel bornologique de type convexe E est propre s'il existe dans E un système fondamental de parties bornées fermées au sens de Mackey.

Pour qu'un disque borné A soit fermé au sens de Mackey, il faut et il suffit qu'il soit fermé dans E_B pour tout borné $B \supset A$, c'est-à-dire $A = \bigcap_{\lambda \in K^*} A + \lambda B$.

Il est clair qu'un espace régulier est propre ; en revanche, il existe des espaces propres qui ne sont pas réguliers [voir les espaces ordonnés] .

Remarquons qu'un espace bornologique complet peut ne pas être propre : soit, en effet, A_n le disque de $\mathcal{C}([0,1])$ des fonctions f continûment dérivables sur $[0,2^{-n}]$ telles que $|f(x)| \leq 1$ pour tout $x \in [0,1]$ et $|f'(x)| \leq 1$ pour tout $x \in [0,2^{-n}]$ et soit $E = \varinjlim E_{A_n}$; E est complet et non propre car l'adhérence de A_n dans A_{n+p} n'est pas bornée.

PROPOSITION 12 . - Toute limite projective d'espaces bornologiques propre est propre.

En effet, toute limite projective de disques fermés au sens de Mackey est fermée au sens de Mackey.

PROPOSITION 13 . - Soient E , F deux espaces bornologiques de type convexe ; si F est propre, $Leb(E,F)$ l'est.

Il suffit de prouver que pour tout $x \in E$ et tout disque borné B de F fermé au sens de Mackey, l'ensemble des $f \in Leb(E,F)$ telles que $f(x) \in B$ est fermé au sens de Mackey dans $Leb(E,F)$ ce qui est immédiat. De même :

PROPOSITION 14 . - Soient E un espace localement convexe, F un espace bornologique de type convexe ; si F est propre, $Lvb(E,F)$ l'est.

PROPOSITION 15 . - Soit $(E_i)_{i \in I}$ un système inductif filtrant d'espaces bornologiques de type convexe tel que les morphismes $\varphi_{ij} : E_i \longrightarrow E_j$ soient injectifs et qu'il existe un système fondamental de disques bornés de E_i dont les images dans les E_j pour $j \geq 1$ soient fermées au sens de Mackey. Dans ces conditions $\varinjlim E_i$ est propre.

Il n'existe aucune proposition analogue pour les espaces réguliers, sinon tout espace propre serait régulier. Enfin, on vérifie immédiatement :

PROPOSITION 16 . - Toute somme directe d'espaces propres séparés est propre.

PROPOSITION 17 . - Si E est un espace bornologique propre séparé, le morphisme $E \longrightarrow \hat{E}$ est injectif (cf. § 2, n° 4) .

Il suffit de voir que $\varinjlim_{A \in G} {}^b\widehat{E_A}$ est séparé et pour cela que les morphismes $\widehat{E_A} \longrightarrow \widehat{E_B}$ sont injectifs, ce qui résulte du lemme facile :

LEMME 2 . - Soient X , Y deux espaces vectoriels topologiques, u une application linéaire continue injective telle qu'il existe un système fondamental de voisinages de zéro dans X dont les images par u sont fermées dans Y ; alors l'application $\hat{u} : \hat{X} \longrightarrow \hat{Y}$ est injective.

COROLLAIRE . - Si E est un espace bornologique propre, le morphisme $E \longrightarrow \hat{E}$ a pour noyau l'adhérence de zéro.

8 . Espaces ordonnés

Soient E un espace vectoriel et p une semi-norme à valeurs dans un $\mathbb{R}_+$-cône régulier C dont tous les éléments sont ≥ 0 . On appelle bornologie associée à p la bornologie engendrée par les disques $p^{-1}([0,x])$ où x parcourt C . Pour que cette bornologie soit séparée, il faut et il suffit que $p^{-1}(0) = \{0\}$ et que C soit archimédien, c'est-à-dire que tout $x \in C$ tel que l'ensemble des λx (où $\lambda \in \mathbb{R}_+$) soit majoré, soit nul. Si C est archimédien, les $p^{-1}([0,x])$ sont fermés au sens de Mackey et la bornologie est propre.

Un cas particulier important de cette situation est celui où E est un espace de Riesz et où p est l'application $x \rightsquigarrow |x|$ de E dans le cône de ses éléments positifs. Dans ce cas, si U est un disque bornivore, pour tout $x \in E_+$ il existe $\lambda_x \in \mathbb{R}_+^*$ tel que l'ensemble A_x des y vérifiant $|y| \leq \lambda_x x$ soit contenu dans U . L'enveloppe disquée V de la famille $(A_x)_{x \in E_+}$ est donc contenue dans U et c'est un disque bornivore. D'après le lemme de décomposition, V possède en outre la propriété suivante ; si $x \in V$ et $|y| \leq |x|$, $y \in V$. Par suite, la topologie bornologique possède un système fondamental de voisinages disqués de zéro ayant cette propriété.

On connait des espaces de Riesz archimédiens dont la topologie bornologique est grossière ; il en est ainsi pour l'espace des classes de fonctions mesurables sur l'intervalle $[0,1]$. Un tel espace est propre mais non régulier.

9 . Espaces vectoriels topologiques et bornologiques de type convexe

DEFINITION 6 . - On dit qu'un espace vectoriel topologique et bornologique E est de type convexe si sa topologie est localement convexe et sa bornologie de type convexe.

On définit ainsi une sous-catégorie pleine (evtbc) de (evtb) .

Toute limite projective d'espaces vectoriels topologiques et bornologiques de type convexe est de type convexe.

(evtbc) possède aussi des limites inductives : sur l'espace vectoriel limite inductive, on met la topologie localement convexe limite inductive et la bornologie engendrée par les adhérences pour cette topologie des bornés de la bornologie limite inductive. Le foncteur (evtbc) $\hookrightarrow$ (evtb) commute alors aux limites inductives finies et le foncteur (evtbc) $\longrightarrow$ (elc) aux limites inductives quelconques.

PROPOSITION 18 . - Si E , F sont deux espaces vectoriels topologiques et bornologiques de type convexe, $\dot{E}$, $\widehat{E}$, Lbc(E,F) et Lwb(E,F) sont des espaces vectoriels topologiques et bornologiques de type convexe.

En effet, la topologie de $\widehat{E}$ est induite par celle de $\hat{E}$ et un système fondamental de bornés de $\widehat{E}$ est obtenu en prenant l'adhérence des bornés de E dans $\widehat{E}$.

Quant à Lbc(E,F) , sa bornologie est induite par Leb(E,F) $\cap$ Lec(E,F) et sa topologie par Lub(E,F) .

Enfin, Lwb(E,F) a aussi la topologie induite par Lub(E,F) .

Si on désigne par $\tilde{E}$ l'espace topologique et bornologique de type convexe dont la bornologie est celle de E et dont la topologie est la topologie localement convexe la plus fine qui induise une topologie moins fine que la topologie donnée sur les disques bornés, l'application $E \longrightarrow \tilde{E}$ est un morphisme et pour tout objet F de (evtbc) , l'application $Lbc(\tilde{E},F) \longrightarrow \widetilde{Lbc}(E,F)$ un isomorphisme. En particulier $\widetilde{Lbc}(E,F)$ est un objet de (evtbc) .

10 . Quelques foncteurs

Donnons maintenant quelques exemples d'espaces vectoriels topologiques et bornologiques de type convexe. Partons d'un espace localement convexe E ; on peut munir E de :

1) sa bornologie canonique ; on obtient ainsi un foncteur β de (elc) dans (evtbc) . β est coadjoint du foncteur topologie sous-jacente de (evtbc) dans (elc) (chap. I, § 5, n° 3, th. 1, (i)) ; il commute aux limites projectives. On utilise la notation : $E^b = \beta(E)$ pour tout elc E .

2) la bornologie la plus fine, s'il est séparé ; on définit donc un foncteur σ de (elcs) dans (evtbcs) qui est adjoint du foncteur (evtbcs) dans (elcs); il commute aux limites projectives finies. σ est donc exact. Notation : $E^s = \sigma(E)$.

3) la bornologie des disques compacts, s'il est séparé et si K est localement compact, d'où un autre foncteur γ de (elcs) dans (evtbcs) . γ commute aux limites projectives quelconques mais en général ne commute pas aux limites inductives même finies. Notation : $E^c = \gamma(E)$.

On peut introduire d'autres bornologies moins importantes :

4) la bornologie précompacte, si K est localement compact (cf. Bourbaki, chap. II , § 4, n° 1, proposition 2) . On note E^p l'espace localement convexe E muni de cette bornologie.

5) la bornologie des disques bornés et complets.

5') la bornologie des disques bornés et semi-complets.

Ces deux dernières bornologies ne sont en général pas fonctorielles.

On a des morphismes :

$$E^s \longrightarrow E^c \longrightarrow E^p \longrightarrow E^b$$

$$\begin{array}{ccccccc} 2) & \longrightarrow & 3) & \longrightarrow & 4) & \longrightarrow & 1) \\ & & & \searrow & & & \nearrow \\ & & & & 5) & \longrightarrow & 5') \end{array}$$

2) , 3) , 5) sont quasi-complets ; on a vu en outre que tout disque semi-complet était complétant, ce qui montre que la bornologie de 2), 4), 5) et 5') est complète.

la bornologie compacte (chap. I, § 3, ex. 3)) n'est en général pas de type convexe ; dire qu'elle l'est, c'est dire que E vérifie l'axiome (EC) de Bourbaki, vrai en particulier si E^b est quasi-complet (car l'enveloppe disquée fermée d'un compact est précompacte, donc compacte si elle est complète).

11 . Ensembles précompacts dans les espaces vectoriels bornologiques

DEFINITION 7 . - On dit qu'une partie A d'un espace vectoriel bornologique de type convexe E est précompacte, s'il existe un disque borné B dans E tel que A soit une partie précompacte de ${}^t E_B$.

PROPOSITION 19 . - Soit E un espace vectoriel topologique localement convexe métrisable réel ou complexe. Les ensembles précompacts de E sont exactement ceux qui sont contenus dans l'enveloppe disquée fermée d'une suite tendant vers zéro.

Une suite tendant vers zéro est précompacte, donc aussi son enveloppe disquée fermée. Inversement, soit A une partie précompacte. Choisissons une distance d invariante par translation et désignons par $\mathcal{B}(r)$ l'ensemble des points $x \in E$ tels que $d(0,x) \leq r$. On va construire par récurrence une suite $(A_n)_{n \in N}$ de parties finies de E de la façon suivante :

A_o est un ensemble fini tel que $A_o + \mathcal{B}(1)$ recouvre A .

A_n (pour $n \geq 1$) est un ensemble fini contenu dans $\mathcal{B}(4^{1-n})$ tel que $\sum_{p=o}^{n} A_p + \mathcal{B}(4^{-n})$ recouvre A .

Il est clair que l'on peut ordonner la réunion des $2^n A_n$ en une suite tendant vers 0 . Or, A est contenu dans l'adhérence de $\sum_{p \in N} A_p$ ensemble qui est lui-même contenu dans l'enveloppe disquée de la réunion des $2^n A_n$.

Remarque. - La démonstration s'étend au cas ultramétrique ; il faut pour cela imposer à la distance d de vérifier l'inégalité :

$$d(0,\lambda x) \leq 2 |\lambda| d(0,x) \qquad \text{pour} \qquad |\lambda| \geq 2$$

ce qui est toujours possible.

Exercice. - Considérons la catégorie $\mathcal{C}$ des elc métrisables et la catégorie $\mathcal{D}$ des evtbc métrisables. Le foncteur $\mathcal{C} \longrightarrow \mathcal{D}$ qui à un espace métrisable E associe l'evtbc E^p est adjoint au foncteur $\mathcal{D} \longrightarrow \mathcal{C}$ qui à un evtbc métrisable F associe l'espace métrisable ${}^tF$ (topologie sous-jacente). En déduire les propriétés d'exactitude de ces foncteurs opérant sur des espaces métrisables.

CHAPITRE 3

(L. GRUSON)

LA DUALITE DANS LES ESPACES DE TYPE CONVEXE

Introduction ; Espaces saturés

Soit K un corps valué, complet, non discret. On désigne par (elbc) la catégorie des espaces vectoriels topologiques et bornologiques de type convexe sur K (chap. II) .

Cette introduction propose quelques compléments aux chapitres I et II qui seront utilisés pour étudier la dualité sur (elbc) .

1) DEFINITION DES ESPACES SATURES

On a défini que chapitre I (§ 4, n° 4) une sous-catégorie pleine $\widetilde{(\mathrm{elbc})}$ de (elbc) , et un foncteur (noté $E \rightsquigarrow \check{E}$) coadjoint au foncteur d'inclusion. On dira dans la suite que les objets de $\widetilde{(\mathrm{elbc})}$ sont les espaces saturés pour leur topologie.

On s'intéresse ici à une situation duale. Posons la définition suivante :

DEFINITION 1 . - Soit E un elbc .

1) On dira qu'un filtre $\mathcal{F}$ sur E est quasi-borné, si pour tout voisinage V de 0 , il existe un borné B de E tel que $B + V \in \mathcal{F}$.

2) On dira que E est saturé complet, si son elc sous-jacent est complet, et si tout filtre quasi-borné de E est d'adhérence bornée.

(Remarque : supposons K ultramétrique, et soit R son anneau de valuation. Soit $\mathcal{V}$ un système fondamental de voisinages disqués de 0 dans E . Pour que E soit saturé complet, il faut et il suffit que l'application canonique :

$$E \longrightarrow \varprojlim_{V \in \mathcal{V}} (E/V)$$

soit un isomorphisme de modules topologiques et bornologiques.
(sur un anneau d'intégrité R , on définit les modules topologiques et bornologiques linéaires par un procédé analogue à celui du chapitre II , en convenant de dire qu'un sous-module M d'un module N est absorbant, si l'annulateur de N/M dans R est non nul .

Il n'y a pas d'interprétation analogue sur $\mathbb{R}$ ou $\mathbb{C}$) .

DEFINITION 2 . - Soit $u : E_1 \longrightarrow E_2$, un morphisme d'elbc. On dit que u est dense, si le morphisme d'elc sous-jacent est strict de noyau l'adhérence de 0 , et si tout filtre quasi-borné sur E_2 admettant une base d'ouverts a pour image réciproque par u un filtre quasi-borné.

Il est clair que si E_1 est saturé complet, u est un isomorphisme. De plus, on a le résultat suivant :

LEMME 1 . - Soit F un elbc saturé complet. Pour tout morphisme dense d'elbc : $u : E_1 \longrightarrow E_2$, Lbc(u,F) est bijectif, et identifie bornés et topologies sur ces bornés. Enfin, tout elbc se plonge par un morphisme dense dans un elbc saturé complet.

Démonstration standard (cf. Bourbaki, Top. Gén. , Chap. X, § 2, th. 1)

Ce lemme entraîne en particulier l'assertion suivante : si $\widehat{(elbc)}$ désigne la sous-catégorie pleine de (elbc) formée des espaces saturés complets, le foncteur d'inclusion de $\widehat{(elbc)}$ dans (elbc) possède un adjoint ; ce dernier sera noté $E \rightsquigarrow \hat{E}$ (saturé complété) .

On dit qu'un elbc est saturé, si le morphisme canonique dans son saturé complété est un monomorphisme strict . Si E est un elbc quelconque, on notera $\tilde{E}$ l'image du morphisme de (elbc) : $E \longrightarrow \hat{E}$. C'est un elbc saturé, dont le saturé complété est $\hat{E}$.

PROPOSITION 1 . - Soit (E_i, u_{ij}) un système projectif d'elbc , de limite projective (E, u_i) . Supposons que les morphismes d'ebc sous-jacents aux u_i soient des épimorphismes stricts. Alors le morphisme canonique :

$$\hat{E} \longrightarrow \varprojlim (\hat{E}_i)$$

est un isomorphisme.

Démonstration. Vérifions que le morphisme canonique d'elbc :

$$\hat{E} \longrightarrow \underleftarrow{\lim} (\hat{E}_i)$$

est dense. Son noyau est l'adhérence de 0 dans E (exactitude à gauche des limites projectives) . Le morphisme d'elc sous-jacent est strict (même raison). Soit enfin B un borné de $\hat{E}$, V un voisinage arbitraire de 0 dans $\hat{E}$. Il existe un indice i , et un voisinage V_i de 0 dans E_i , tel que $V \subset u_i^{-1}(V_i)$; et un borné C_i de E_i , tel que $u_i(B) \subset C_i + V_i$. Soit C un borné de E relevant C_i . On a alors $B \subset C + V$, ce qui suffit à prouver l'assertion.

PROPOSITION 2 (Théorème d'Ascoli) . - Soient E et F deux elbc. Si E est saturé pour sa topologie, et F est saturé complet, Lbc(E,F) est saturé complet.

Démonstration standard (cf. Bourbaki, Top. Gén., chap. X, § 2, th. 2) .

2) LES BORNOLOGIES PRECOMPACTE ET COMPACTE

Soit E un elc . Les bornologies saturées sur E sont comprises entre deux bornologies :

- la bornologie canonique (bornologie saturée la moins fine)
- la bornologie saturée associée à la bornologie la plus fine.

Cette dernière bornologie sera appelée bornologie précompacte , par analogie avec le cas localement compact.

Tout morphisme d'elc est borné pour les bornologies précompactes associées. On a ainsi défini un foncteur, noté π : (elc) $\rightsquigarrow$ (elbc) . Conformément aux notations générales du séminaire, pour tout elc E , on notera E^{π} l'elbc image de E par π , et par $\mathfrak{p}E$ l'ebc sous-jacent de E^{π} .

On remarquera que si D est un disque de E , le fait pour D d'être borné dans E^{π} ne dépend que de la structure uniforme induite par E sur D (et non de la topologie de E tout entier) . C'est évident sur $\mathbb{R}$ ou $\mathbb{C}$; sur un corps ultramétrique, cela résulte de l'assertion suivante :

Pour que D soit borné dans E , il faut et il suffit que pour tout voisinage V de 0 disqué (dans D muni de la topologie induite) le R-module D/V soit sous-module d'un module de type fini.

Des résultats du § 1 , on déduit les propriétés suivantes du foncteur π :

- il commute aux limites projectives (car aux produits d'après la proposition 1 , et aux sous-objets d'après la remarque précédente) .

- soient E et F deux elc. $\widetilde{\mathrm{Lbc}}(E^{\pi},F^{\pi})$ a la bornologie précompacte (conséquence de la proposition 2) .

- soit $u : E_1 \longrightarrow E_2$ un monomorphisme strict d'elc séparés.

Supposons que E_1 admette un système fondamental de voisinages de 0 disqués et fermés pour la topologie induite par E_2 . E_1^{π} a alors un système fondamental de bornés disqués fermés pour la topologie induite par E_2 , sur lesquels E_1 et F_2 induisent la même structure uniforme. (Cette propriété est bien connue sur les corps localement compacts. Sur les corps ultramétriques, on peut la déduire de l'assertion suivante :

Soient R un anneau de valuation de rang 1 , D un module sans torsion sur R tel que $Q \otimes D$, muni de la jauge de D , soit un espace de Banach de dimension finie. Soit $\mathcal{F}$ un filtre de $Q \otimes D$, ayant une base formée de disques, et d'intersection D . Pour tout scalaire α appartenant à l'idéal maximal de R , $(\alpha^{-1} D)$ appartient au filtre $\mathcal{F}$.

Cette assertion est elle-même duale de l'assertion démontrée au chapitre II (§ 1, prop. 12) (qui entraîne que la dualité soit un anti-automorphisme involutif de la catégorie des espaces de Banach de dimension finie)) .

Pour pousser l'analogie plus loin, on pose la définition suivante :

<u>DEFINITION 3</u> . - Soit K un corps ultramétrique. On dit que K est maximalement complet, si toute suite décroissante de boules de K est d'intersection non vide.

(il revient au même de dire que K est linéairement compact (Bourbaki, Alg. comm., chap. III, § 2, ex. 15) en tant que module sur son anneau de valuation) .

Pour une étude détaillée de ces corps, on renvoie à Lazard (Les zéros d'une fonction analytique sur un corps valué complet ; Publ. math. I.H.E.S., n° 14) . Rappelons quelques résultats :

- tout corps muni d'une valuation discrète est maximalement complet.
- tout corps valué complet possède une extension " <u>immédiate</u> " (i.e. préservant le corps résiduel et le groupe de valuation) maximalement complète. (Néanmoins, si G est un sous-groupe dense de $\mathbb{R}$, on peut toujours trouver un corps non maximalement complet admettant un corps résiduel donné et admettant G pour groupe de valuation) .

Supposons que le corps de base soit maximalement complet.

Sur un <u>elc séparé</u> E , considérons l'ensemble des parties bornées pour E^{π} , et dont l'enveloppe disquée fermée est complète pour la topologie induite. On vérifie immédiatement qu'un disque fermé appartenant à cet ensemble est linéairement compact pour la topologie induite : il s'ensuit que cet ensemble est une bornologie de type convexe, fonctorielle en E. Cette bornologie sera appelée bornologie compacte, et on note γ le foncteur de (elc) dans (elbc) qu'elle définit.

Ce foncteur possède les propriétés suivantes :

- il commute aux limites projectives,
- tout monomorphisme d'elc séparés : $u : E_1 \longrightarrow E_2$ définit un isomorphisme topologique de chaque borné de E_1 sur son image.

On notera aussi que, dans un elc séparé E, la somme d'un disque fermé et d'un disque fermé borné pour E^{γ} est fermée. L'analogie avec la bornologie compacte sur $\mathbb{R}$ ou $\mathbb{C}$ est donc assez frappante.

3) PROPRIETES DE DENOMBRABILITE

On s'intéresse ici à deux types plus particuliers d'elbc :

- les elbc ayant une bornologie de type dénombrable et une topologie saturée.
- les espaces de Fréchet saturés.

Les propriétés qui suivent sont dûes à Grothendieck (Sur les espaces (F) et (DF) ; Summa Brasiliensis Mathematicae, n° 3 (1954) pp. 57-123).

PROPOSITION 3. -

1) Soit E un elbc métrisable saturé. Toute partie bornivore de E est un voisinage de 0. De plus, E est strictement dense dans son complété saturé.

2) Soit E un elbc admettant une suite fondamentale de bornés et une topologie saturée. E a alors la bornologie canonique, et il est strictement dense dans son complété saturé.

Démonstration

1) E étant saturé, il est clair que toute suite de Cauchy de E est bornée; donc toute partie bornivore de E est un voisinage de 0 ; d'autre part, le quasi-complété $\hat{E}$ de E est complet (par la même remarque) et tout revient à voir qu'il est saturé.

Soient $(V_n)_{n \in \mathbb{N}}$ une suite fondamentale décroissante de voisinages disqués de 0, B un disque borné de $\hat{\hat{E}}$. Il existe alors une suite croissante $(B_n)_{n \in \mathbb{N}}$ de bornés disqués de E, telle que $B \subset B_n + V_n$ pour tout n. Si x est un point de B, on a, pour tout indice n :

$$x + V_n \subset \bigcap_{0 \leq p \leq n} (B_p + V_p + V_p) \qquad \text{(puisque } B \subset \bigcap_{n \geq 0} (B_n + V_n))$$

$$(X + V_n) \cap (\bigcap_{p \geq n} (B_p + V_p + V_p)) \cap E \neq \emptyset \quad \text{(puisque } x + V_n \text{ rencontre } B_n)$$

donc : $(x + V_n) \cap (\bigcap_{p \geq 0} (B_p + V_p + V_p)) \cap E \neq \emptyset$, c.q.f.d. puisque E est saturé .

2) Soient $(B_n)_{n \in \mathbb{N}}$ une suite fondamentale de bornés de E , A une partie de E . Supposons A non bornée : soit $(\lambda_n)_{n \in \mathbb{N}}$ une suite de scalaires de K tendant vers l'infini. Pour tout entier n , il existe une suite (V_n) de voisinages disqués de 0 telle que $A \not\subset \lambda_n(B_n + V_n)$. Posant $V = \bigcap_{n \geq 0} (B_n + V_n)$, V est un voisinage de 0 qui n'absorbe pas A .

Pour montrer la deuxième assertion, tout revient à vérifier que E est complet. Soit $\mathcal{F}$ un filtre de Cauchy sur E , et montrons l'existence d'un borné rencontrant les $(M + V)_{M \in \mathcal{F}}$. Dans le cas contraire, on choisit pour tout entier n un voisinage disqué V_n de 0 , tel que $(B_n + B_n + V_n) \in \mathcal{F}$; $V = \bigcap_{n \geq 0} (B_n + V_n)$ est un voisinage de 0 , et si $A \in \mathcal{F}$ est petit d'ordre V , il rencontre un B_n , donc est contenu dans $B_n + B_n + V_n$, ce qui est absurde. C.Q.F.D.

PROPOSITION 4 . -

1) Soit E un espace métrisable saturé. Pour toute suite (B_n) de bornés de E , il existe un borné B qui les absorbe tous. Pour tout borné B de E , il en existe un autre C tel que E_C induise sur B la topologie de E .

2) Soit E un elbc admettant une suite fondamentale de bornés et une topologie saturée. Pour toute suite (V_n) de voisinages de 0 dans E , il existe un voisinage V de 0 , absorbé par tous les V_n . Pour tout voisinage disqué U de 0 , il en existe un autre V contenu dans U , dont tous les homothétiques sont contenus dans des $B + U$ pour des bornés convenables B de E .

Démonstration. Les deux assertions sont duales et se démontrent de la même façon. Montrons par exemple 1) :

La première propriété est immédiate en posant $B = \bigcap_{n \geq 0} (B_n + V_n)$ où

$(V_n)_{n \in \mathbb{N}}$ est une suite fondamentale de voisinages de 0 (à condition de remplacer la suite $(B_n)_{n \in \mathbb{N}}$ par une suite croissante).

Pour la deuxième propriété, on choisit une suite croissante (λ_n) de scalaires, tendant vers $+\infty$; il suffit de prendre $C = \bigcap_{n \geq 0} ((\lambda_n B) + V_n)$.

Application : si E est un espace métrisable saturé, et si l'ebc sous-jacent est complet, E est un espace de Fréchet.

(par contre, il existe des elbc de type dénombrable admettant une topologie saturée, qui ne sont pas quasi-complets bien que l'ebc sous-jacent soit complet (contre-exemple de Köthe)).

THEOREME 1. -

1) Soient E un elc métrisable, F un ebc de type dénombrable : on a $Leb({}^{p}E,F) = Lvb(E,F)$.

2) Soient E et F deux elbc admettant une bornologie de type dénombrable et une topologie saturée, G un elbc métrisable saturé. On a $Lbc(E,G) = Lwb(E,G)$ et $Bbc(E \times F,G) = Bwb(E \times F,G)$.

3) Soient E et F deux espaces métrisables saturés, ou admettant une bornologie de type dénombrable et une topologie saturée ; G un elc. Tout ensemble équihypocontinu d'applications bilinéaires de $E \times F$ dans G est équicontinu.

Démonstration

1) On doit voir que tout ensemble équiborné H de $Leb({}^{p}E,F)$ est équibornant. Soit $(B_n)_{n \in \mathbb{N}}$ une suite fondamentale de bornés de F , supposons les $H^{-1}(B_n)$ non bornivores. Pour tout n , il existe un borné A_n de E non absorbé par $H^{-1}(B_n)$; si A est un borné de E absorbant tous les A_n , $H(A)$ n'est pas borné, ce qui est contraire à l'hypothèse.

2) L'inclusion de $Lwb(E,G)$ dans $Lbc(E,G)$ est un monomorphisme strict des elc sous-jacents. Soient H un disque borné de $Lbc(E,G)$ et $(B_n)_{n \in \mathbb{N}}$ une suite fondamentale de bornés de E . Il existe un disque borné C de G , tel que G_C et G induisent sur chaque $H(B_n)$ la même topologie. $H^{-1}(C)$ induit donc sur chaque B_n un voisinage de 0 , i.e. H est équibornant : d'où la première assertion. La seconde s'en déduit par l'isomorphisme canonique :
$Bwb(E \times F,G) \simeq Lwb(E,Lwb(F,G))$, en remarquant que $Lwb(F,G)$ est métrisable saturé.

3) se déduit de 1) et 2) par passage à la limite projective, en utilisant une représentation de G sous forme de limite projective d'espaces semi-normés.

Signalons enfin le résultat (cf. chap. II, § 3, prop. 19) :

PROPOSITION 5. - Soit E un elc métrisable ; tout borné de E^{π} est contenu dans l'enveloppe disquée fermée d'une suite tendant vers 0 .

Démonstration. Soit E un elc muni de sa bornologie précompacte. On montre d'abord que tout disque P , borné pour E^{π} , possède la propriété suivante : quels que soient le voisinage V de 0 et le scalaire α de valeur absolue > 1, il existe un disque $D \subset \alpha P$, de type fini, et un borné P_1 contenu dans V , tel que $P \subset D + P_1$. En effet, on choisit D tel que $P \subset D + V$, et on a alors $P \subset D + (P + P) \cap V)$.

Soit maintenant $(V_n)_{n \in \mathbb{N}}$ une suite décroissante de voisinages de 0 dans E , telle que :

$(2^n V_n)$ soit fondamentale (si $K = \mathbb{R}$ ou $\mathbb{C}$)

(V_n) soit fondamentale (si K est ultramétrique) .

On construit par récurrence une suite $(P_n)_{n \in \mathbb{N}}$ de parties bornées disquées de E^{π} , et une suite $(D_n)_{n \in \mathbb{N}}$ d'enveloppes disquées de parties finies, telles que : $P_o = P$; $D_n \subset \alpha P_{n+1}$; $P_n \subset V_n$ $(n \geq 1)$ $P_n \subset \sum_{p \leq n} (D_p) + P_{n+1}$. C'est possible à cause de la remarque ci-dessus. Enfin $P \subset (\overline{\sum_{n \geq 0} D_n})$, lui-même contenu dans l'enveloppe disquée fermée d'une suite tendant vers 0 (à cause du choix des $(V_n)_{n \in \mathbb{N}})$.

Application : caractérisation de Köthe des elc normaux.

Soit E un ebc ; on dira que E est de type précompact, s'il possède la propriété suivante :

Pour tout borné B de E , il existe un disque borné C de E tel que B soit borné dans $(E_C)^{\pi}$.

Le foncteur d'inclusion de la sous-catégorie pleine de (ebc) formée des objets de type précompact, dans (ebc) , admet un coadjoint : ce dernier fait correspondre à un ebc E , l'espace vectoriel sous-jacent à E muni de la famille des parties bornée dans au moins un $(E_B)^{\pi}$, où B est un borné initial de E . Cette bornologie est propre (resp. régulière) si la bornologie initiale l'est. De plus, les disques bornivores sont les mêmes pour la bornologie initiale et pour la bornologie de type précompact associée.

PROPOSITION 6 . - (Köthe) . Soient E un ebc de type précompact, $\mathcal{T}$ une topologie localement convexe compatible avec la bornologie de E . La topologie bornivore sur E est la topologie saturée associée à $\mathcal{T}$.

Démonstration. Il suffit de remarquer que sur tout borné B de E , si C est un disque borné de E fermé pour $\mathcal{T}$ et tel que B soit borné dans $(E_C)^{\pi}$, E_C et $\mathcal{T}$ induisent la même topologie. A fortiori, la topologie bornivore induit cette topologie, c.q.f.d. puisqu'elle est saturée.

I . PROPRIETES D'EXACTITUDE DU FONCTEUR Hom SUR LES ESPACES DE TYPE CONVEXE

1) Généralités

On a étudié (chap. I et II) diverses structures possibles sur les espaces Hom(E,F) lorsque E et F sont deux espaces de type convexe. Faisons d'abord un tableau récapitulatif de ces foncteurs :

Foncteur	Source	But	(F séparé)	(F(saturé)complet)	(F quasi-complet)
L(E,F)	(esn)° × (esn)	(esn)	(en)	(enc)	
Leb(E,F)	(ebc)° × (ebc)	(ebc)	(ebcs)	(ebcc)	
Lec(E,F)	(elc)° × (elc)	(ebc)	(ebcs)	(ebcc)	
Lub(E,F)	(ebc)° × (elc)	(elc)	(elcs)	(elcc)	
Lvb(E,F)	(elc)° × (ebc)	(ebc)	(ebcs)	(ebcc)	
Lbc(E,F)	(elbc)° × (elbc)	(elbc)	(elbcs)	(elbcqc)	(elbcqc)
$\widetilde{\text{Lbc}}$(E,F)	(elbc)° × (elbc)	(elbc)	(elbcs)	(elbcc)	(elbcqc)
$\widetilde{\widetilde{\text{Lbc}}}$(E,F)	(elbc)° × (elbc)	(elbc)	(elbcs)	(elbcqc)	
Lwb(E,F)	(elbc)° × (elbc)	(elbc)	(elbcs)	(elbcq)	(elbcqc)

Chacun de ces foncteurs commute aux limites projectives ; rappelons d'autre part la proposition 13 du chap. II, § 2 : si (E_i) est un système projectif filtrant d'elc tel que les morphismes canoniques : $\varprojlim E_i \longrightarrow E_i$, soient surjectifs, (F_k) un système inductif filtrant d'ebc tels que les morphismes canoniques : $E_k \longrightarrow \varinjlim E_k$ soient injectifs, alors le morphisme canonique :
$\varinjlim \text{Lvb}(E_i,F_k) \longrightarrow \text{Lvb}(\varprojlim E_i, \varinjlim F_k)$ est un isomorphisme.

Le but de ce paragraphe est de rassembler quelques propriétés d'exactitude des foncteurs $E \longrightarrow Hom(E,F)$ lorsque F est un espace semi-normé. Remarquons déjà que les morphismes canoniques : $Leb(E,F) \longrightarrow {}^{b}(Lub(E,F))$, $Lvb(E,F) \longrightarrow Lec(E,F)$, $Lwb(E,F) \longrightarrow Lbc(E,F) \longrightarrow \widetilde{Lbc}(E,F)$, sont dans ce cas des isomorphismes, ce qui ramène à l'étude des foncteurs L, Lec, Lub, Lbc et $\widetilde{Lbc}$.

Les foncteurs L, Lbc, $\widetilde{Lbc}$ (et Leb) sont auto-adjoints, comme on le voit par les isomorphismes canoniques démontrés au chap. I :
$L(E,L(F,G)) \simeq L(F,L(E,G)) \simeq B(E \times F,G)$; $Leb(E,Leb(F,G)) \simeq Leb(F,Leb(E,G)) \simeq Beb(E \times F,G)$; $Lbc(E,Lbc(F,G)) \simeq Lbc(F,Lbc(E,G)) \simeq Bbc(E \times F,G)$; $\widetilde{Lbc}(E,\widetilde{Lbc}(F,G)) \simeq \widetilde{Lbc}(F,\widetilde{Lbc}(E,G)) \simeq \widetilde{Bbc}(E \times F,G)$; les foncteurs Lec et Lub sont adjoints, d'après l'isomorphisme canonique :
$Lub(E,Leb(F,G)) \simeq Lec(F,Lub(E,G)) \simeq Byc(E \times F,G)$. En particulier, on a des morphismes canoniques : $E \longrightarrow L(L(E,F),F)$; $E \longrightarrow Leb(Leb(E,F),F)$; $E \longrightarrow Lec(Lub(E,F),F)$, $E \longrightarrow Lub(Lec(E,F),F)$; $E \longrightarrow Lbc(Lbc(E,F),F)$; $E \longrightarrow \widetilde{Lbc}(\widetilde{Lbc}(E,F),F)$. On étudiera plus loin ces morphismes.

La proposition 13 du chapitre II, § 2, montre que $E \longrightarrow Lec(E,F)$ commute aux limites inductives filtrantes, pourvu que les morphismes canoniques soient surjectifs ; en particulier, il commute aux sommes directes. De même, le foncteur $E \longrightarrow Lwb(E,F) = Lbc(E,F)$ commute aux sommes directes : en effet, si (E_i) est une famille d'elbc, montrons que le morphisme canonique :
$\coprod Lbc(E_i,F) \longrightarrow Lbc(\prod E_i,F)$ est strict. En effet, soit V un voisinage de 0 dans $\coprod Lbc(E_i,F)$, désignons par B la boule unité de F ; pour tout indice $i \in I$, il existe un borné A_i de E tel que $V(A) \subset B$; alors $T(\prod A_i,B)$ est un voisinage de 0 dans $Lbc(E,F)$ dont la trace sur $\coprod Lbc(E_i,F)$ est contenue dans V.

2) Le théorème de Hahn-Banach

Soit I un espace normé sur un corps valué non discret k : on dira qu'il est injectif sur la catégorie (esn) si le foncteur $E \longrightarrow L(E,I)$ est anté-exact sur cette catégorie, autrement dit, si quels que soient l'espace semi-normé E, le sous-espace E_1 de E, et l'application linéaire u de norme < 1 de E dans I, il existe une application linéaire u de norme < 1 de E dans I, prolongeant u.

Un espace normé injectif est complet, puisqu'il est facteur direct topologique dans son complété. Avant de donner des conditions suffisantes, signalons la propriété suivante :

" <u>Théorème des bipolaires</u> " - Soit I un espace de Banach injectif sur k, E un elc sur k, D un disque fermé de E. Alors $D = \bigcap_{u \in T(D,B)} (u^{-1}(B))$.

(En effet, si D admet un point intérieur, toute application linéaire u telle que $u(D) \subset B$ est continue, donc on peut se placer dans E_D : cela signifie alors que, pour tout $x \in E$, $|x| = \sup_{f \in L(E,I), |f| \leq 1} |f(x)|$; en effet, soit y un point de I tel que $(1-\varepsilon)|x| < |y| < |x|$: l'application linéaire de kx dans I, qui à x fait correspondre y, est de norme < 1, donc se prolonge en une application f linéaire : $E \longrightarrow I$, de norme < 1, et telle que $|f(x)| > |(1-\varepsilon)|\,|x|$. Dans le cas général, D est l'intersection des disques ayant un point intérieur qui le contiennent, ce qui est suffisant).

En particulier, le morphisme : $E \longrightarrow L(L(E,I),I)$ est un morphisme métrique strict pour tout espace semi-normé E.

L'existence d'espaces de Banach injectifs résulte du théorème suivant :

<u>THEOREME 1</u>. - Soit I un espace de Banach sur un corps valué k. Pour qu'il soit injectif, il faut (et il suffit) qu'il satisfasse à la condition :

(HB) l'image, par le foncteur $E \longrightarrow L(E,I)$, d'un monomorphisme strict : $E_1 \longrightarrow E$ d'espaces semi-normés, applique la boule unité de $L(E,I)$ sur celle de $L(E_1,I)$.

1) Si $k = R$ ou est ultramétrique, pour un espace de Banach I, (HB) est équivalente à la condition suivante (" condition de Nachbin ") :

(N) toute famille de boules fermées de I, se rencontrant deux à deux, est d'intersection non vide.

2) Si $k = C$, pour qu'un espace de Banach soit injectif, il faut et il suffit qu'il soit isomorphe avec sa norme à un espace de la forme $L(C,I)$ où I est un espace de Banach sur R (remarquons que $L(C,I)$ n'est autre que $C \otimes I$ muni de la norme ε, cf. chap. IV).

On ne donnera pas ici la démonstration complète du théorème, qui ne sera utile dans la suite que par les conditions suffisantes qu'il exprime, on se bornera à donner des références pour les conditions nécessaires.

<u>Démonstration</u>. Montrons d'abord que la condition (N) entraîne (HB). Par le théorème de Zorn, on voit que la condition (HB) est vérifiée pour tous les couples (E,E_1) si elle est vérifiée chaque fois que E_1 est un hyperplan de E. D'autre part, soit u une application linéaire de norme ≤ 1 de E_1 dans I,

x_o un point de $E \cap (\complement E)$; dans la famille des boules de I, $(u(x), |x - x_o|)$, deux boules sont toujours d'intersection non vide, puisque u est de norme ≤ 1 ; donc, si I satisfait à (N), l'intersection de ces boules est non vide. Pour tout point y_o de cette intersection, l'application linéaire de E dans I, prolongeant u et égale à y_o au point x_o, est de norme ≤ 1.

Montrons maintenant que, si I est un espace de Banach vérifiant (HB) sur R, $L(C,I)$ vérifie (HB) sur C. Soit u une application linéaire de norme ≤ 1 de E dans $L(C,I)$; en composant avec le projecteur p (de norme 1) de $L(C,I)$ dans I, qui à un élément de $L(C,I)$ fait correspondre sa valeur au point 1, on obtient une application R-linéaire de norme ≤ 1 : $E_1 \longrightarrow I$, qui admet un prolongement en une application R-linéaire de norme ≤ 1, $v_1 : E \longrightarrow I$. On posa alors $v(x) = v_1(x) - iv_1(ix)$ (en identifiant I à un R- sous-espace vectoriel de $L(C,I)$) qui est une application C-linéaire de norme ≤ 1 de E dans $L(C,I)$, prolongeant u.

Montrons enfin que tout espace de Banach se plonge dans un espace de Banach vérifiant (HB). R vérifie la condition (N), donc, d'après ce qu'on vient de voir, R et C vérifient la condition (HB). Celle-ci est stable par produits directs, et comme sur R ou C tout espace semi-normé se plonge par un morphisme métrique strict dans un $l^{\infty}_{k}(I)$ (en prenant par exemple pour I la boule unité de $L(E,R)$ ou $L(E,C)$, d'après le théorème des bipolaires), le résultat est démontré dans ce cas. Si maintenant le corps de base est ultramétrique, on démontrera facilement que pour tout espace de Banach E, $l^{\infty}_{E}(N)/l^{1}_{E}(N)$ vérifie la condition de Nachbin.

Ce dernier résultat permet, sur R et les corps ultramétriques, de démontrer l'équivalence de (HB) et de (N), puisque la propriété (N) se transmet aux facteurs directs et qu'un espace de Banach I vérifiant (HB) se plonge dans un espace de Banach vérifiant (N), et qu'il existe un projecteur de norme 1 de ce dernier espace sur I, ce qui suffit.

Ce qui reste à démontrer est donc : le fait que tout espace de Banach injectif sur R ou un corps ultramétrique vérifie (HB) (ce qui est démontré dans le cas de R, dans : Aronszajn et Panichpakdi, Extension of uniformly continuous transformations and hyperconvex metric spaces, Pacific J. of Math ; n° 6 (1957), pp. 405-439 ; sur un corps ultramétrique, c'est une conséquence facile du fait que si I vérifie (HB), il en est de même de $L(E,I)$ pour tout espace de Banach E, qu'on ne démontrera pas ici, mais qui est connu) ; et que tout espace de Banach injectif sur C est de la forme $L(C,I)$, I étant un espace de Banach injectif sur R (démonstration de : Hasumi, The extension property of complex Banach spaces,

Tohoku Math. J. n° 10 (1958), pp. 135-142) .

Dans le cas du corps de base, on est en mesure de compléter la démonstration. Tout d'abord, on vient de voir que R et C vérifiant (HB) et que pour qu'un corps ultramétrique vérifie (HB) , il faut et il suffit qu'il soit maximalement complet. Mais on peut remarquer que pour qu'un corps ultramétrique vérifie (HB) , il suffit déjà que sur tout espace normé non nul, il existe une forme linéaire continue non nulle: en effet, il existe des espaces de Banach non nuls vérifiant (N) , soit I un tel espace, H un hyperplan fermé de I ; I/H vérifie (N) (car sur les corps ultramétriques la propriété (N) est stable par quotients) et est de dimension 1 , donc k vérifie aussi (N) . Par suite :

THEOREME 2 (Hahn Banach) . - Soit k un corps valué complet non discret.

Les conditions suivantes sont équivalentes :

- Pour tout espace vectoriel E sur k , toute semi-norme p sur E , et toute forme linéaire f_1 sur un sous-espace de E_1 , vérifiant $|f_1(x)| \leq |p(x)|$, il existe une forme linéaire f sur E , prolongeant f_1 et telle que $|f(x)| \leq |p(x)|$.

- Le foncteur $E \longrightarrow L(E,k)$ est anté-exact sur (esn) .

- Pour tout espace semi-normé E , le morphisme canonique $E \longrightarrow L(L(E,k),k)$ est un morphisme métrique strict.

- Sur tout espace normé non nul, il existe une forme linéaire continue non nulle.

Remarque 1 . - Sur les corps à valuation discrète, tous les espaces de Banach vérifiant la condition (N) de façon évidente, donc vérifient (HB) ; ceci fournit une nouvelle méthode de démonstration du théorème de Monna-Fleischer (chap. II, § 1) . Sur les corps à valuation dense, même maximalement complets, il existe des espaces de Banach non injectifs. Par exemple, soient T un espace topologique totalement dis continu, I un espace de Banach injectif sur k ; pour que $\mathcal{C}(T,I)$ (espace de Banach des fonctions continues et bornées : $T \longrightarrow I$) soit injectif, il faut et il suffit que dans T , toute intersection dénombrable d'ouverts fermés soit ouverte, ce qui n'est jamais vrai si T est compact infini : en particulier, un espace de Banach libre n'est jamais injectif. On peut démontrer l'existence d'enveloppes injectives sur les espaces de Banach ultramétriques (c'est en effet une catégorie à générateurs et limites inductives filtrantes postexactes).

<u>Remarque 2</u>. - Le théorème de Hahn-Banach sur R est donné, (dans Bourbaki, EVT, chap. II, § 3, th. 1) et Grothendieck, EVT, chap. II, n° 6, " théorème de Hahn-Banach I ") sous une forme dite " géométrique " plus forte que celle donnée ici ; cette forme est elle-même un cas particulier d'un théorème d'extension sur les espaces vectoriels ordonnés qu'on démontrera plus tard.

3) <u>Cas des espaces de type convexe généraux</u>

Le théorème 1 reste vrai sur les espaces localement convexes :

<u>PROPOSITION 1</u>. - Soit I un espace de Banach : les propositions suivantes sont équivalentes :

1) I est injectif sur (elc) (autrement dit, le foncteur $E \longrightarrow \mathrm{Lec}(E,I)$ est antéexact : (elc) $\longrightarrow$ (ebc)).

2) Pour tout morphisme strict : $E_1 \longrightarrow E$ d'espaces semi-normés, toute application linéaire continue de E_1 dans I se prolonge en une application linéaire continue de E dans I.

3) I est facteur direct topologique dans un espace de Banach vérifiant la condition (HB).

<u>Démonstration</u>. Il suffit manifestement de prouver 3) $\Longrightarrow$ 1), et pour cela, de voir que tout espace de Banach injectif est injectif sur (elc). Soit donc $E_1 \longrightarrow E$ un monomorphisme strict d'elc, choisissons une base (U) de voisinages disqués de 0 dans E. Pour chaque U, on a un diagramme commutatif

$$\begin{array}{ccc} \mathrm{Lec}(E,I) & \longleftarrow & L(E_U,I) \\ \downarrow & & \downarrow \\ \mathrm{Lec}(E_1,I) & \longleftarrow & L((E_1)_{U \cap E_1},I) \end{array}$$

déduit le diagramme commutatif :

$$\begin{array}{ccc} E_1 & \longrightarrow & (E_1)_{U \cap E_1} \\ \downarrow & & \downarrow \\ E & \longrightarrow & E_U \end{array}$$

comme $\mathrm{Lec}(E,I) = \varinjlim L(E_U,I)$ et $\mathrm{Lec}(E_1,I) = \varinjlim L((E_1)_{U \cap E_1},I)$, c'est une conséquence immédiate de l'hypothèse sur I et de l'exactitude à droite des limites inductives.

Le théorème des bipolaires montre que si E est un elc (resp. elbc, ebc régulier), le morphisme canonique : $E \longrightarrow \mathrm{Lub}(\mathrm{Lec}(E,I),I)$ (resp. $E \rightarrow \mathrm{Lbc}(\mathrm{Lbc}(E,I),I)$, $E \longrightarrow \mathrm{Leb}(\mathrm{Leb}(E,I),I) = \mathrm{Lec}(\mathrm{Lub}(E,I),I)$) est strict de noyau l'adhérence de 0. On remarquera que la proposition 1 n'a pas d'analogue, ni sur la catégorie (ebc), ni sur la catégorie (elbc) : en particulier on connait des exemples d'espaces de Fréchet dont le dual fort n'a pas la topologie bornivore : si on plonge un espace dans un produit dénombrable d'espaces de Banach, dont le dual fort a nécessairement la topologie bornivore (en tant que somme directe d'une famille d'espaces de Banach), on a un exemple de monomorphisme strict d'espaces de Fréchet dont le transposé n'est pas strict pour les topologies.

4) Cas des espaces vectoriels ordonnés sur R

Rappelons (chap. II, § 3, n° 8) qu'on a défini, sur la catégorie (evo) (espaces vectoriels ordonnés dont le cône des éléments positifs est total, applications linéaires positives) un foncteur semi-additif dans (ebc), à valeurs dans les ebc séparés et propres si on se restreint aux espaces archimédiens.

Sur les espaces vectoriels ordonnés, il n'existe pas d'objet injectif (cf. contre-exemple plus loin) ; on a néanmoins le théorème d'extension suivant (généralisant le théorème de Hahn-Banach réel) :

THEOREME 3 . - Soit I un espace vectoriel ordonné complètement réticulé. Pour tout espace vectoriel ordonné E et tout sous-espace E_1 de E, cofinal à E, toute application linéaire positive : $f_1 : E_1 \longrightarrow I$, se prolonge en une application linéaire positive $f : E \longrightarrow I$.

Démonstration. Par application du théorème de Zorn, on est ramené au cas où E_1 est un hyperplan de E. Soit $x_o \in E \cap (\complement E_1)$; par hypothèse, x admet des majorants et des minorants dans E ; I étant complètement réticulé, choisissons un point y_o dans l'intervalle (non vide) $(\sup\limits_{z \leq x_o} f(z), \inf\limits_{z \geq x_o} f(z))$. L'application linéaire $f : E \longrightarrow I$, prolongeant f_1 et égale à y_o au point x_o, est évidemment positive.

Disons que, dans un espace vectoriel ordonné, un point x est interne au cône des éléments positifs, si tout plan contenant Rx rencontre le cône suivant un cône dont x est point intérieur. Si x est interne au cône, Rx est cofinal à E, comme on s'en assure immédiatement en considérant le plan engendré par un quelconque y de E, et x. On a alors le :

Corollaire 1 . - Soient E un espace vectoriel ordonné dont le cône des éléments positifs admet des points internes, E_1 un sous-espace de E, contenant des points internes du cône de E, I un espace vectoriel ordonné complètement réticulé. Toute application linéaire positive de E_1 dans I admet un prolongement en une application linéaire positive de E dans I.

En remarquant que toute forme linéaire positive sur E est strictement positive sur un point interne du cône de E, on obtient le :

Corollaire 2 (forme géométrique du théorème de Hahn-Banach). - Soient E un evt sur R , U un ouvert convexe de E , V une variété linéaire de E ne rencontrant pas U ; il existe un hyperplan fermé H , contenant V et ne rencontrant pas U . (On se ramène au cas où U est un cône saillant épointé et V passe par l'origine ; soit $x_o \in U$, on prolonge la forme linéaire définie sur le sous-espace engendré par V et x_o , égale à 0 sur V et à 1 au point x_o , (qui est positive pour la relation d'ordre définie par U) , à E tout entier) .

Corollaire 3 . - Soient E un espace vectoriel sur R , E_1 un sous-espace de E , I un espace de Riez complètement réticulé ; p une semi-norme définie sur E , à valeurs dans I . Pour toute application linéaire f_1 de E_1 dans I , telle que $|f_1(x)| \leq p(x)$, il existe une application linéaire de E dans I , prolongeant f et telle que $|f(x)| \leq p(x)$. (Démonstration : dans $E \times I$, on définit une relation d'ordre en prenant comme éléments positifs les couples $(x,y) \in E \times I$ tels que $p(x) \leq y$; $(0) \times I$ est cofinal à $E \times I$ pour cette relation d'ordre ; $y - f(x)$ est une application linéaire positive de $E \times I$ dans I , qui admet donc un prolongement à $E \times I$ tout entier suivant une forme linéaire positive, dont la restriction à $E \times (0)$, changée de signe, vérifie la condition).

Signalons que le théorème 3 est caractéristique des espaces complètement réticulés. En effet, on démontre (cf. Bourbaki, Algèbre, chap. VI, § 1, ex. 31) que tout espace vectoriel ordonné archimédien E se plonge dans un espace vectoriel complètement réticulé I ; on peut même supposer (si E vérifie la propriété du th. 3) qu'il lui est cofinal, donc qu'il existe un projecteur positif de I sur E , et cela entraîne évidemment que E est complètement réticulé.

Remarque 1 . On peut prouver que la propriété citée dans le corollaire 3 est caractéristique des espaces complètement réticulés, lorsqu'on se borne aux espaces archimédiens dont le cône des éléments positifs engendre tout l'espace. On a d'ailleurs montré (Kelley, Banach spaces with the extension property, Trans. Amer. Math. Soc. n° 72 (1952), pp. 323-326) que tout espace de Banach injectif sur R était isomorphe (bien entendu d'une infinité de façons) à un espace complètement réticulé dont le cône des éléments positifs admet au moins un point interne, et dont la norme est définie par $x = \inf(|\lambda|; |\lambda x| \leq |x_o|)$, x_o désignant un point interne du cône de (E qui peut aussi s'interpréter comme l'espace des fonctions numériques continues sur un espace compact extrêmement discontinu ; cf. Bourbaki, Intégration, chap. II, § 1, ex. 13) .

Remarque 2 . - L'extension complètement réticulée d'un espace vectoriel ordonné archimédien, construite dans (Bourbaki, loc. cit.) , n'est pas unique à un isomorphisme près, comme le montre l'exemple de l'espace de Riesz des fonctions numériques continues sur $(0,1)$.

<u>Remarque 3</u> . - L'hypothèse faite, dans le théorème 3 , selon laquelle E_1 est cofinal à E , est essentielle ; soient par exemple I un espace complètement réticulé , J l'espace des classes d'applications mesurables finies de $(0,1)$ dans I (i.e. telles que, pour tout $\varepsilon > 0$, il existe un compact $K \subset (0,1)$ tel que la mesure de $\complement K$ soit $\leq \varepsilon$ et un élément positif x de I , tels que f soit une application continue de K dans $I_{[-x,x]}$) ; on peut démontrer qu'il n'existe aucune application linéaire positive de J dans I , prolongeant l'identité.

<u>Exercice</u> - Montrer qu'un espace vectoriel ordonné E dont le cône des éléments positifs engendre E , et dont les formes linéaires positives séparent les points, est régulier. (Se ramener au cas où E est un espace de Riesz complètement réticulé; considérer les semi-normes continues pour ${}^tE$ $x \longrightarrow |u(x)|$ lorsque u parcourt l'ensemble des formes linéaires positives, et montrer que la topologie définie par ces semi-normes est localement convexe, séparée, et rendant continue la fonction $x \longrightarrow |x|$; conclure en démontrant que le cône des éléments positifs est fermé pour cette topologie).

II . SYSTEMES DUALS - TOPOLOGIES COMPATIBLES AVEC UNE DUALITE

1) Systèmes duals : définition

Soient k un corps, (ev) la catégorie des espaces vectoriels sur k . On définit une nouvelle catégorie, notée (dual), par les données suivantes :

- objets : triplets (E,F,φ) , E et F espaces vectoriels sur k , φ forme bilinéaire définie sur $E \times F$. (" systèmes duals sur k ")

- morphismes : $\mathrm{Hom}_{\mathrm{dual}}((E,F,\varphi),(E_1,F_1,\varphi_1))$ est le produit fibré du diagramme suivant :

$$\begin{array}{ccccc} & & \mathrm{Hom}_{\mathrm{ev}}(E,E_1) & \xrightarrow{u \,\longrightarrow\, \varphi_1(u(x)\ y)} & \\ \mathrm{Hom}_{\mathrm{dual}}((E,F,\varphi),(E_1,F_1,\varphi_1)) & \nearrow & & & \mathrm{Bil}_k(E \times F_1,k) \\ & \searrow & \mathrm{Hom}_{\mathrm{ev}}(F_1,F) & \xrightarrow[v \,\longrightarrow\, \varphi_1(x,v(y))]{} & \end{array}$$

la composition des morphismes se déduisant de la composition des applications linéaires par passage au produit fibré. En particulier, la catégorie (dual) est additive ; elle admet un antiautomorphisme involutif : $(E,F,\varphi) \longrightarrow (F,E,\varphi)$

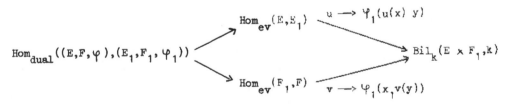

$(u,v) \longrightarrow (v,u)$.

Construction des limites inductives et projectives : considérons par exemple un système inductif $((E_i,F_i,\varphi_i),(u_{ij},v_{ij}))$ dans (dual) ; si on désigne par E la limite inductive du système (E_i,u_{ij}) , F la limite projective du système (F_i,v_{ij}) , il existe une forme bilinéaire unique φ sur $E \times F$, telle que $\varphi(u_i(x_i),y) = \varphi_i(x_i,v_i(y))$ pour tout $i \in I$, $x \in E$, $y \in F$. (E,F,φ) est alors la limite inductive du système (immédiat).

En particulier (dual) est une catégorie abélienne.

Le foncteur $(E,F,\varphi) \rightsquigarrow E, (u,v) \rightsquigarrow u$: (dual) $\rightsquigarrow$ (ev) admet un coadjoint : $E \longrightarrow (E,E^*, < x,x' >)$ - E^* désignant le dual algébrique de E , $< x,x' >$ la forme bilinéaire canonique sur $E \times E^*$; ce foncteur est exact et pleinement fidèle (Bourbaki, Algèbre, chap. II, § 7, th. 5) . En particulier, pour tout système dual (E,F,φ) on a des morphismes canoniques : $E \longrightarrow F^*$ et $F \longrightarrow E^*$ ($E \longrightarrow F^*$, par exemple, étant défini par $x \longrightarrow (y \longrightarrow \varphi(x,y)))$.

Le mode de définition de la catégorie (dual) peut également être utilisé pour définir les catégories suivantes (sur un corps valué complet k) :

- (dual sn) : objets, triplets (E,F,φ) , E et F espaces semi-normés sur k , φ forme bilinéaire de norme ≤ 1 : $E \times F \longrightarrow k$; morphismes de (E,F,φ) dans $(E_1;F_1,\varphi_1)$ produit fibré du diagramme :

$$\begin{array}{lcl} L(E,E_1) & \xrightarrow{\;u \longrightarrow \varphi_1(u(x),y_1)\;} & \\ & & B(E \times F,k) \\ L(F_1,F) & \xrightarrow{\;v \longrightarrow \varphi(x,v(y_1))\;} & \end{array}$$

- (dual bor) : objets : triplets (E,F,φ) , E et F ebc , φ forme bilinéaire bibornée sur $E \times F$; morphismes : $\mathrm{Hom}(E,F,\varphi),(E_1,F_1,\varphi_1))$ produit fibré du diagramme :

$$\begin{array}{lcl} \mathrm{Leb}(E,E_1) & \xrightarrow{\;u \longrightarrow \varphi_1(u(x),y_1)\;} & \\ & & \mathrm{Beb}(E \times F,k) \\ \mathrm{Leb}(F_1,F) & \xrightarrow{\;v \longrightarrow \varphi(x,v(y_1))\;} & \end{array}$$

- (dual top) : objets triplets (E,F,φ) , E elc, F ebc, φ forme bilinéaire hypocontinue sur $E \times F$; morphismes : $\mathrm{Hom}((E,F,\varphi)\,,\,(E_1,F_1,\varphi_1))$ est le produit fibré du diagramme :

$$\begin{array}{ccc} \mathrm{Lec}(E,E_1) & \xrightarrow{u \,\longrightarrow\, \varphi_1(u(x),y_1)} & \\ & & \mathrm{Byc}(E \times F_1,k) \\ \mathrm{Leb}(F_1,F) & \xrightarrow[v \,\longrightarrow\, \varphi(x,v(y_1))]{} & \end{array}$$

- (dual tb) : objets : triplets (E,F,φ) , E et F elbc, forme bilinéaire hypocontinue sur $E \times F$, morphismes : $\mathrm{Hom}\,((E,F,\varphi),(E_1,F_1,\varphi_1))$ est le produit fibré du diagramme :

$$\begin{array}{ccc} \mathrm{Lbc}(E,E_1) & \xrightarrow{u \,\longrightarrow\, \varphi_1(u(x),y_1)} & \\ & & \mathrm{Bbc}(E \times F_1,k) \\ \mathrm{Lbc}(F_1,F) & \xrightarrow[v \,\longrightarrow\, \varphi(x,v(y_1))]{} & \end{array}$$

- $(\widetilde{\text{dual tb}})$: objets : triplets (E,F,φ) , E et F elbc, φ forme bilinéaire continue sur les bornés de $E \times F$; morphismes : $\mathrm{Hom}((E,F,\varphi),(E_1,F_1,\varphi_1))$ est le produit fibré du diagramme :

$$\begin{array}{ccc} \widetilde{\mathrm{Lbc}}(E,E_1) & \xrightarrow{u \,\longrightarrow\, \varphi_1(u(x),y_1)} & \\ & & \widetilde{\mathrm{Bbc}}(E \times F_1,k) \\ \widetilde{\mathrm{Lbc}}(F_1,F) & \xrightarrow[v \,\longrightarrow\, \varphi(x,v(y_1))]{} & \end{array}$$

On ne détaillera pas les propriétés de ces diverses catégories, qui peuvent s'obtenir par les méthodes précédentes. Signalons que dans chacune de ces catégories, le foncteur $(E,F,\varphi) \longrightarrow E$ admet un coadjoint : $E \longrightarrow (E,L(E,k),\, < x,x' >)$; $E \longrightarrow (E,\mathrm{Leb}(E,k),\, < x,x' >)$; $E \longrightarrow (E,\mathrm{Lec}(E,k),\, < x,x' >)$; $E \longrightarrow (\mathrm{Lub}(E,k),E,\, < x,x' >)$ $E \longrightarrow (E,\mathrm{Lbc}(E,k),\, < x,x' >)$; $E \longrightarrow (E,\widetilde{\mathrm{Lbc}}(E,k),\, < x,x' >)$ d'où des morphismes canoniques comme précédemment.

Dans la suite, on notera E' , et on appellera dual de E , chacun des espaces : $L(E,k)$ (sur (esn)) ; $\mathrm{Lub}(E,k)$ (sur (ebc)) ; $\mathrm{Lec}(E,k)$ (sur (elc)) ; $\mathrm{Lbc}(E,k)$ (sur (elbc)) . $\widetilde{\mathrm{Lbc}}(E,k)$ sera noté $E^{\vee}$, et appelé quasi-dual de E .

Dans chacune de ces catégories, on envisagera la sous-catégorie pleine des systèmes stricts, i.e. tels que les morphismes canoniques : $E \longrightarrow F'$,

$F \longrightarrow E'$ soient stricts de noyau l'adhérence de 0 .

2) Polarité

DEFINITION . - Soient k un corps valué, (E,F,φ) un système dual sur k ; le polaire d'une partie X de E est l'ensemble X° des $y \in F$ tels que l'on ait $|\varphi(x,y)| \leq 1$ pour tout $x \in X$.

Lorsque la valeur absolue de k est discrète, on conviendra que le polaire d'une partie X de E est son orthogonal (sur un système dual (E,F,φ) l'orthogonal $X^\perp$ d'une partie X de E est l'ensemble des $y \in F$ tels que $\varphi(x,y) = 0$ pour tout $x \in X$) .

Propriétés (démonstrations immédiates) :

- l'application : $X \longrightarrow X^\circ$ est décroissante des parties de E dans les disques algébriquement fermés de F

- on a les relations : $(\alpha X)^\circ = \alpha^{-1}(X^\circ)$; $(\bigcup X_i)^\circ = \bigcap (X_i^\circ)$; $(\bigcap X_i)^\circ \supset \bigcup (X_i^\circ)$

- pour tout $X \subset E$, $X \subset X^{\circ\circ}$; en particulier $X^\circ = X^{\circ\circ\circ}$

- les relations " X° absorbe Y " et " Y° absorbe X " sont équivalentes

- " caractère fonctoriel de la polarité " : soient (u,v) un morphisme $(E,F,\varphi) \longrightarrow (E_1,F_1,\varphi_1)$, X une partie de E ; on a $(u(X))^\circ = v^{-1}(X^\circ)$.

3) Introduction de topologies sur un système dual

Soit k un corps valué complet non discret ; sur les catégories de systèmes duals définies précédemment, on définit un foncteur " système dual sous-jacent " à valeurs dans (dual) , en faisant correspondre à (E,F,φ) le triplet des espaces vectoriels sous-jacents à E,F , et de φ ; et en conservant les morphismes.

Plaçons-nous plus particulièrement dans la catégorie (dual top) ; on va construire des foncteurs adjoint et coadjoint au foncteur " système dual sous-jacent On sait en effet que dans la catégorie (ebc) (resp. (elc)) , le foncteur " espace vectoriel sous-jacent " admet un coadjoint, noté $E \longrightarrow {}^f E$, qui à un espace vectoriel E fait correspondre E muni de la bornologie des disques engendrés par une partie finie de E (resp. noté $E \longrightarrow {}^\varphi E$, qui à E fait correspondre E muni de la topologie des disques absorbants). Par suite, le caractère fonctoriel de la polarité permet d'associer à chacun de ces foncteurs, des foncteurs :

(dual) $\rightsquigarrow$ (dual top) :

- le foncteur adjoint au foncteur " système dual sous-jacent " , obtenu en faisant correspondre au système dual (E,F,φ) le système dual topologique $({}^{\sigma}E, {}^{f}F, \varphi)$ - ${}^{\sigma}E$ désignant E muni de la topologie des polaires des enveloppes disquées des parties finies de F , qu'on appellera <u>topologie faible</u> .

- le foncteur coadjoint au foncteur " système dual sous-jacent ", obtenu en faisant correspondre au système dual (E,F,φ) le système dual topologique $({}^{\varphi}E, {}^{s}F, \varphi)$ - ${}^{s}F$ désignant F muni de la bornologie des polaires des disques absorbants de E , qu'on appellera <u>bornologie faible</u>.

La topologie faible possède d'importantes propriétés, qu'on va maintenant énumérer :

(i) Un système fondamental de voisinages de 0 pour ${}^{\sigma}E$ est constitué des polaires des parties finies de F ; par suite, la topologie faible sur E est la topologie la moins fine rendant continues les applications linéaires $(x \longrightarrow \varphi(x,y))_{y \in F}$ de E dans k . En particulier, l'adhérence de 0 dans ${}^{\sigma}E$ est le polaire de F , ce qui justifie la définition suivante :

<u>DEFINITION</u> . - On dit qu'un système dual (E,F,φ) sur un corps k est séparé (resp. coséparé) si $F^{\perp} = 0$ (resp. $E^{\perp} = 0$) .

(ii) Le dual de ${}^{\sigma}E$ est ${}^{f}(F/E^{\perp})$: montrons en effet que, par le morphisme canonique : $F \longrightarrow ({}^{\sigma}E)'$ (dont le noyau est E°) une partie équicontinue H de $({}^{\sigma}E)'$ est contenue dans l'image d'un sous-espace de F de dimension finie (ce qui entraînera le résultat puisque la bornologie de $({}^{\sigma}E)'$ est séparée). En effet, soit $V = \overset{-1}{H}(k_o)$; par hypothèse, il existe une partie finie J de F telle que $J^{\circ} \subset V$, et, d'après (Bourbaki, Algèbre, chap. II, § 7, corollaire 1 du th. 7) , le sous-espace de F engendré par J possède la propriété.

(iii) Le bipolaire d'une partie de E est son enveloppe disquée algébriquement fermée et faiblement fermée : montrons en effet que pour tout disque D faiblement fermé de E , et tout $x \notin D$, il existe un élément de F séparant x et D . D étant algébriquement fermé, il existe un scalaire λ , $|\lambda| < 1$, et une partie finie J de F , tels que $(\lambda x + J^{\circ}) \cap D = \emptyset$. Soit V le sous-espace de F engendré par J ; le système dual $(E/V^{\circ},V,\varphi)$, quotient du système dual donné, est séparé. Soit u l'application linéaire canonique: $E \longrightarrow E/V^{\circ}$; par hypothèse, on a $\lambda u(x) \notin u(D)$, donc (d'après le théorème des bipolaires, valable sur les espaces de dimension finie, et le fait que le système dual $(E/V^{\circ},V,\varphi)$ est séparé) $u(x) \notin (u(D))^{\circ\circ}$; le caractère fonctoriel de la polarité permet d'en déduire $x \notin D^{oo}$.

(iv) La bornologie faible est la bornologie canonique associée à la topologie faible : en effet, pour que $H \subset E$ soit absorbé par chaque voisinage faible de 0 dans E , il faut et il suffit que H^o absorbe chaque partie finie de F .

On a défini au début de ce numéro les systèmes duals topologiques (resp. topologiques et bornologiques) stricts. Désignons par (dual tb strict) la sous-catégorie pleine de (dual tb) dont les objets sont les systèmes stricts. Dans ce qui suit, on considère les systèmes duals topologiques (E,F,φ) comme munis de la bornologie fine sur E , de la topologie faible sur F , ce qui permet d'interpréter chaque résultat qui va être énoncé.

- Il existe un foncteur unique : Φ : (dual tb) $\rightsquigarrow$ (dual tb strict), commutant au foncteur " système dual sous-jacent " et prolongeant l'identité. Il fait correspondre au système (E,F,φ) , le système formé de E (resp. F) muni de la topologie des polaires des bornés initiaux de F (resp. E) , de la bornologie des polaires des voisinages de 0 initiaux de F (resp. E) , et de φ .

- On construit des limites inductives et projectives, les foncteurs adjoint et coadjoint au foncteur " système dual sous-jacent ", en composant avec Φ .

- Le théorème fondamental sur les systèmes stricts est le suivant :

<u>Théorème de Mackey</u> . - Soit (E,F,φ) un système dual bornologique, on suppose qu'il existe dans E (resp. F) un système fondamental de bornés disqués faiblement fermés.

1) Munissons E (resp. F) de la topologie des polaires des bornés de F (resp. E) ; alors (E,F,φ) est un système dual topologique et bornologique strict.

2) Les conditions suivantes sont équivalentes :

(i) (resp.(i')) la bornologie de E (resp. F) est plus fine que la bornologie précompacte.

(ii) (resp.(ii')) la topologie de E (resp. F) est moins fine que celle de $\widetilde{({}^{\sigma}E)}$ (resp. $\widetilde{({}^{\sigma}F)}$) .

(iii) φ est continue sur tous les $A \times B$, A (resp. B) étant un borné de E (resp. F) muni de la topologie faible.

3) Si les conditions (i) à (iii) sont vérifiées, par le morphisme canonique : $E \longrightarrow F'$, F' s'identifie au quasi-complété de E .

(Les conditions (i) à (iii) sont vérifiées en particulier si l'un des deux espaces E,F est muni de la bornologie finie) .

Démonstration - 1) est évident puisque la forme φ est bibornée et que la topologie de E (resp. F) est plus fine que la topologie faible.

Prouvons 2) . (i) entraîne (ii) , parce que la topologie de E a un système fondamental de voisinages de 0 faiblement fermés, donc induit sur les bornés de E la topologie faible ; (i) entraîne également (ii') , parce que sur les parties équicontinues de E' , la topologie de la convergence simple et la topologie de la convergence précompacte sont identiques (Introduction, prop. 2) . (ii') entraîne (i) par le théorème d'Ascoli. Reste à prouver que (ii) et (ii') entraînent (iii) , ce qui est trivial en écrivant $\varphi(x_2,y_2) - \varphi(x_1,y_1)$ sous la forme $\varphi(x_2,y_2- y_1) + \varphi(x_2 - x_1,y_1)$.

Prouvons enfin 3) . Pour cela, il suffit de remarquer que, si on plonge F' dans le dual de l'ebc sous-jacent à F , qui est complet (c'est Lub(F,k)) , F' est la réunion des bipolaires des images canoniques des bornés de E , qui sont les adhérences faibles, donc en vertu de (ii) les adhérences de ces images.

4) Cas où le corps de base est injectif

L'étude précédente est surtout utile lorsque le corps de base est injectif, grâce aux résultats fondamentaux suivants :

- Par le théorème de Hahn-Banach et le théorème des bipolaires, on voit que le foncteur : E ⟶ (E,E', $\langle x,x' \rangle$) (de (elc) dans les systèmes duals topologiques coséparés) est postexact et à valeurs dans les systèmes duals topologiques stricts coséparés ; il est même exact, grâce à la commutation aux sommes directes, et par suite on identifiera souvent (elc) à une sous-catégorie des systèmes duals topologiques stricts coséparés stable par limites projectives et inductives. Le théorème de Mackey fournit la caractérisation suivante des systèmes duals topologiques stricts :

PROPOSITION 1 . - Pour que le système dual topologique (E,F,φ) soit strict, il faut et il suffit que le morphisme canonique : F ⟶ E' soit strict de noyau l'adhérence de 0 , et strictement dense lorsqu'on munit E' de la topologie faible.

Démonstration. - La condition est nécessaire d'après le théorème de Mackey ; réciproquement, soit V un voisinage disqué fermé de 0 dans E , son polaire dans E' est par hypothèse contenu dans l'adhérence faible d'un borné B de F , d'où $B^{\circ} \subset V$ d'après le théorème des bipolaires.

- On a vu (Introduction, prop. 2) que le quasi-dual d'un elbc était nécessairement saturé complet. Dans le cas présent, on a une " réciproque " de cette proposition:

Théorème de Grothendieck . - Pour tout elbc E , le morphisme canonique : $E' \longrightarrow E^{\vee}$, identifie $E^{\vee}$ au complété saturé de E' .

Démonstration. Il s'agit de voir que, pour tout borné B de $E^{\vee}$ et tout borné H de E , il existe un borné C de E' tel que $B \subset C + H^{o}$. En effet, soit V un voisinage de 0 dans E tel que $V \cap H \subset B^{o}$ (qui existe puisque B est quasi-équicontinu) ; V^{o} est un borné de E' qui est faiblement (linéairement) compact, par suite (dans le système dual $(E,E, < x,x' >)$)$B \subset (H \cap V)^{o} \subset H^{o} + V^{o}$, puisque $H^{o} + V^{o}$ est faiblement fermé : q.e.d.

Corollaire . - Pour qu'un elbc ait une topologie saturée, il faut et il suffit que son dual soit saturé complet.

On ignore s'il existe des elbc saturés complets dont le dual ait une topologie non saturée (cf. partie III) .

Remarque . On peut démontrer le théorème de Grothendieck sans faire appel à la compacité, et uniquement par le théorème de Hahn-Banach et la technique de dualité introduite précédemment ; la démonstration est donc d'une portée plus générale, mais plus compliquée (cf. exercice à la fin du présent n°) .

En se limitant aux systèmes duals topologiques stricts, ces résultats permettent d'interpréter par le foncteur $E \longrightarrow (E,E', < x,x' >)$ les opérations usuelles sur les elc :

- séparation : elle équivaut à prendre le système dual séparé associé à $(E,E', < x,x' >)$ (théorème de Hahn-Banach) .

- complétion : on a le cas particulier suivant du théorème de Grothendieck (le plus important dans la pratique) :

Soit (E,F,φ) un système dual topologique strict. Par le morphisme canonique : $E \longrightarrow (F^{s})^{\vee}$ (1), $(F^{s})^{\vee}$ s'identifie au complété de E . (Appliquer le théorème de Grothendieck à F muni de la topologie faible) .

- bornologie canonique, on a le :

THEOREME . - Soit E un elc . La bornologie canonique de E est la bornologie faible du système dual $(E,E', < x,x' >)$.

---

(1) F^{s} désigne l'elbc F muni de la topologie faible.

Démonstration. - Comme la bornologie faible et la bornologie canonique commutent toutes deux aux limites projectives, on peut se ramener au cas où E est semi-normable. Il s'agit de montrer qu'une partie de E, faiblement bornée, s'identifie (par le morphisme canonique : $E \longrightarrow E''$) à un ensemble équicontinu de formes linéaires sur E' : cela résulte du théorème de Banach-Steinhaus (chap. I, § 5, n° 3, th. 1b) appliqué à l'elc normable complet E'.

L'identification de la catégorie (elc) à une sous-catégorie des systèmes duals topologiques stricts, va nous permettre d'introduire de nouveaux foncteurs qui seront utilisés systématiquement dans la suite (cf. tableau plus loin).

Le foncteur " système dual sous-jacent " de (elc) dans les systèmes duals coséparés admet, on l'a vu, un adjoint : $(E,F,\varphi) \longrightarrow ({}^{\sigma}E, {}^{f}F, \varphi)$; puisque ${}^{f}F$ est le dual de ${}^{\sigma}E$. Il admet de même un coadjoint : $(E,F,\varphi) \longrightarrow ({}^{\tau}E, {}^{m}F, \varphi)$, ${}^{m}F$ désignant F muni de la bornologie compacte associée à la topologie faible, ${}^{\tau}E$ désignant E muni de la topologie des polaires des bornés de ${}^{m}F$: cela résulte immédiatement du théorème de Mackey, et du caractère fonctoriel de la bornologie compacte.

Le foncteur $E \longrightarrow {}^{\sigma}E$ commute aux limites projectives (adjoint) et est même antéexact d'après le théorème de Hahn-Banach. Il ne commute jamais aux sommes directes infinies. Le foncteur $E \longrightarrow {}^{\tau}E$ commute aux limites inductives (coadjoint) et aux produits directs (parce que la bornologie faiblement compacte commute aux sommes directes), mais non aux sous-objets.

Notant $(E,F,\varphi) \longrightarrow ({}^{\beta}E, {}^{s}F, \varphi)$ le foncteur coadjoint au foncteur " système dual sous-jacent " de (dual top strict) dans (dual) (${}^{\beta}E$ est donc E muni de la topologie des polaires des bornés faibles de F, autrement dit, des adhérences faibles des disques absorbants de E), on considérera le foncteur $E \longrightarrow {}^{\beta}E$, qui commute donc aux limites inductives, et également aux produits (parce que la bornologie faible commute aux sommes directes, comme on s'en assure sans difficulté (1)) , mais non aux sous-objets.

E muni de la topologie initiale et de la bornologie faiblement compacte sera noté E^{μ} ; c'est un elbc quasi-complet. Le foncteur : $E \longrightarrow E^{\mu}$ commute aux limites projectives et aux sommes directes, mais non aux quotients.

---

(1) A partir du lemme suivant : un ensemble $F \subset \varprojlim E_i$ est fermé s'il est égal à $\bigcap_i u_i^{-1}(u_i(F))$, si la limite est filtrante.

Foncteur	But	Exactitude	Notation	Elc invariants
Topologie affaiblie	(elc)	antéexact	$\sigma : E \to {}^{\sigma}E$	elc faibles
Topologie forte	(elc)	commute aux lim.	$\beta : E \to {}^{\beta}E$	elc tonnelés
Topologie de Mackey	(elc)	commute aux lim.	$\tau : E \to {}^{\tau}E$	elc de Mackey
Bornologie de Mackey	(ebc)	commute aux lim.	$\mu : E \to {}^{m}E$	

Exercice . Prouver le théorème de Grothendieck sans utiliser la compacité. (Montrer d'abord que le morphisme (transposé du morphisme canonique : $E' \to E^{\vee}$) : $(E^{\vee})' \to E''$ est bijectif. Pour cela, appliquer le théorème de Mackey à chacun des systèmes duals topologiques stricts : $({}^{t}(E'), {}^{\sigma}E, \langle x,x' \rangle)$ et $({}^{t}(E^{\vee}), {}^{b}E, \langle x,x' \rangle)$ en remarquant que, sur les bornés de E , les topologies faibles définies sont les mêmes (pour cela, démontrer par exemple que sur un disque D d'un evt E ,une forme linéaire est continue dès que son noyau est fermé), et remarquer que le diagramme

$$\begin{array}{ccc} E & \longrightarrow & (E^{\vee})' \\ & \searrow & \downarrow \\ & & E'' \end{array}$$

(les flèches désignant les morphismes canoniques) est commutatif. Puis appliquer le théorème de Hahn-Banach et le théorème d'Ascoli en remarquant que la topologie induite par E'' sur les bornés de $(E^{\vee})$ est identique à la topologie initiale) .

5) Critères généraux de compacité

Soit E un espace vectoriel sur un corps valué complet non discret k . On dira qu'une bornologie $\mathcal{B}$ sur E est de caractère dénombrable, si une partie B de E est bornée dès que toute suite extraite l'est. Les bornologies de caractère dénombrable sont stables par limites projectives quelconques, et limites inductives filtrantes dénombrables ou sommes directes.

La bornologie canonique d'un evt est de caractère dénombrable (chap. I, § 4, corollaire 2 de la prop. 6) . D'autre part, la remarque évidente selon laquelle un espace uniforme est précompact dès que toute suite extraite l'est fournit la proposition suivante (évidente sur les corps localement compacts) :

PROPOSITION 1 . - La bornologie précompacte d'un evt est de caractère dénombrable.

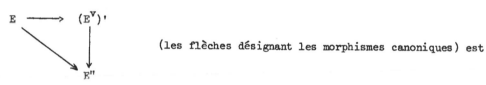

<u>Démonstration</u>. - Montrons ce qui suit : soient E un espace vectoriel, V une partie équilibrée de E , α un scalaire de valeur absolue < 1 , W une partie symétrique de E telle que $W + W \subset \alpha V$, $(x_n)_{n \geq 1}$ une suite de points de E telle que $x_{n+1} + V$ ne rencontre pas le disque D_n engendré par les $\alpha^{-1} x_i$ $(1 \leq i \leq n)$: alors $(x_n)_{n \geq 1}$ n'est pas contenue dans une partie de E de la forme $D + W$, D étant l'enveloppe disquée d'une partie finie de E . Sinon en effet, choisissons pour chaque n un point $y_n \in D$ tel que $y_n \in x_n + W$; comme D est engendré par une partie <u>finie</u>, on voit - par un argument de compacité sur un corps localement compact, d'orthogonalité sur un corps ultramétrique - qu'il existe un indice n tel que $\alpha\Gamma((y_i)_{i \geq 1}) \subset \Gamma((y_i)_{1 \leq i \leq n})$, ce qui impliquerait $x_{n+1} \in D_n + V$, contrairement à l'hypothèse [1] .

<u>Corollaire</u> . - Soit E un elc sur un corps injectif. Si E^{γ} est saturé, ou si la topologie de E est plus fine qu'une topologie d'elc métrisable, la bornologie compacte de E est de caractère dénombrable.

L'objet de ce n° est de donner une généralisation étendue de ce corollaire. On suit l'exposé de Grothendieck (EVT, chap. IV, § 3) .

Soit (E,F,φ) un système dual séparé et coséparé sur un corps injectif k . D'après les résultats du n° précédent, la dualité définit une correspondance biunivoque entre les topologies sur E , compatibles avec la dualité [2] entre E et F , et les bornologies sur F , compatibles avec la topologie faible de F et comprises entre ${}^{m}F$ et ${}^{c}({}^{\tau}F)$.

Intéressons-nous maintenant à celles de ces bornologies qui sont compactes pour cette dualité, i.e. que l'on peut définir comme la bornologie compacte d'une topologie compatible avec la dualité. Si $\mathcal{B}$ est une telle bornologie sur F , soit $\mathcal{B}'$ la bornologie compacte de la topologie sur E associée à $\mathcal{B}$; d'après les théorèmes d'Ascoli et de Mackey, $\mathcal{B}$ est la bornologie compacte de la topologie associée à $\mathcal{B}'$; cette dernière topologie est d'ailleurs la plus fine des topologies compatibles avec la dualité entre F et E , qui induise sur les éléments de $\mathcal{B}$ la topologie faible. Si maintenant $\mathcal{B}$ est une bornologie compatible avec ${}^{\sigma}F$ et comprise entre ${}^{m}F$ et ${}^{c}({}^{\tau}F)$, soit $\mathcal{B}'$ la bornologie compacte de la topologie sur E associée à $\mathcal{B}$; on lui associe par le procédé précédent une bornologie compacte sur F , $\mathcal{B}_1$, qui est donc la plus fine des bornologies

---

(1) Ceci fournit également un moyen simple de démontrer qu'un evt localement précompact est de dimension finie (Grothendieck, EVT, chap. I, th. 8) .

(2) Une topologie sur E est compatible avec la dualité, si elle est localement convexe et si un dual est F .

compactes sur F moins fines que $\mathcal{B}$; c'est également la bornologie compacte de la topologie la plus fine sur F qui induise sur les éléments de $\mathcal{B}$ la topologie faible. Cette situation est évidemment fonctorielle en (E,F,φ) ; on en déduit donc une caractérisation des bornologies compactes du système (E,F,φ) .

La proposition suivante permet de résoudre le cas ultramétrique :

<u>PROPOSITION 2</u> . - Sur les espaces de Banach de la forme $l_k^1(I)$, la bornologie de Mackey est identique à la bornologie compacte.

<u>Démonstration</u>. Par la proposition 1 , on se ramène au cas où I est dénombrable ; les parties bornées pour la bornologie de Mackey sont alors faiblement métrisables, et la proposition résulte du lemme suivant :

<u>LEMME 1</u> . - Soient k un corps valué complet non discret, I un ensemble quelconque ; toute suite faiblement convergente de $l_k^1(I)$ est fortement convergente (dans le système dual $(l_k^1(I)\ ,\ l_k^\infty(I)\ ,\ \sum_{i \in I} x_i y_i)$.

La démonstration du lemme 1 utilise la méthode dite " de la bosse glissante ". Soit $(x_n)_{n \geq 1}$ une suite de $l_k^1(I)$, convergeant faiblement vers 0 ; pour voir qu'elle converge fortement, il suffit de voir qu'elle est équiconvergente. Raisonnons par l'absurde : sinon, il existerait un nombre $\varepsilon > 0$, tel que, pour toute partie finie J de I et tout entier $N \geq 0$, il existe $n \geq N$ tel que l'on ait $\perp_{i \notin J} x_n(i) > \varepsilon$. On peut alors construire une suite strictement croissante (n_k) d'entiers et une suite strictement croissante (J_k) de parties finies de I , telles que l'on ait $\perp_{i \in J_{k-1}} |x_n(i)| < \varepsilon/4 \quad (n \geq n_k)$; $\perp_{i \notin J_k} |x_n(i)| < \varepsilon/4$ $(n \leq n_k)$; (en posant $H_k = J_k \cap \complement J_{k-1}$) $\perp_{i \in H_k} |x_{n_k}(i)| > \varepsilon$. En effet, procédons par récurrence : posons $n_o = 0$, $J_o = \emptyset$; puis supposant les suites construites à l'ordre k , m un entier $> n_k$ tel que l'on ait pour $n \geq m$: $\perp_{i \in J_k} |x_n(i)| < \varepsilon/4$; n_{k+1} un nombre $\geq m$, tel que l'on ait :

$\perp_{i \notin J_k} |x_{n_{k+1}}(i)| > \varepsilon$; J_{k+1} une partie finie de I contenant J_k , telle que l'on ait : $\perp_{i \notin J_{k+1}} |x_n(i)| < \varepsilon/4$ pour $n \leq n_k$, et $\perp_{i \in J_{k+1}} |x_{n_k}(i)| > \varepsilon$

n_{k+1} et J_{k+1} conviennent à l'ordre k + 1 . D'autre part, soit y l'élément de $l_k^\infty(I)$, prenant en un point $i \in H_k$ $(k \geq 1)$ une valeur α de valeur absolue 1 , de façon que $|\sum_{i \in H_k} \alpha_i x_{n_k}(i)| = \bot_{i \in H_k} |x_{n_k}(i)|$, et prenant la valeur 0 en dehors de $\bigcup_{k \geq 1} J_k$. Alors, sur la suite (x_{n_k}) , la forme linéaire reste supérieure en valeur absolue à $\varepsilon/2$, ce qui est contraire à l'hypothèse.

Corollaire . - Soit k un corps maximalement complet. Sur tout elc E , la bornologie compacte est identique à la bornologie de Mackey.

Démonstration. E^{γ} étant quasi-complet, on peut considérer $\hat{E}$ au lieu de E ; par passage aux limites projectives (les foncteurs γ et μ commutant aux limites projectives), on se ramène aux espaces de Banach, et par la proposition 1 , au cas où E a un système total dénombrable. Mais dans ce dernier cas, E admet même une base orthogonale (procédé d'orthogonalisation de Schmidt) donc est isomorphe topologiquement à un $l_k^1(I)$, q.e.d.

Supposons que le corps de base soit R ou C . La proposition 2 est alors tout à fait particulière aux espaces $l_k^1(I)$, puisqu'on connait de nombreux exemples d'espaces de Banach de dimension infinie, dont la boule unité est faiblement compacte.

Démontrons d'abord un lemme de transposition (Grothendieck, EVT, chap. II, théorème 13) :

LEMME 2 . - Soit $u : E \longrightarrow F$ un morphisme d'elbc ; on suppose F quasi-complet. Pour que u transforme les parties bornées de E en des parties faiblement relativement compactes de F , il faut et il suffit que sa transposée transforme les parties bornées de F' en des parties relativement compactes de E' (pour la topologie faible $\sigma(E',E'')$) .

Démonstration. La condition est nécessaire, car si u transforme les parties bornées de E en des parties faiblement compactes de F , ${}^t({}^tu)$ applique E" dans F (théorème de Mackey) , donc ${}^tu$ est continue : $\sigma(F',F) \longrightarrow \sigma(E',E'')$, et en particulier transforme les parties équicontinues de F' en parties faiblement relativement compactes de E' . La condition est suffisante, en effet, considérons ${}^t({}^tu) : E'' \longrightarrow F''$. Pour tout $x \in E''$, ${}^t({}^tu)(x) = x \circ ({}^tu)$ est une forme linéaire sur F' continue sur les équicontinus de F' munis de la topologie $\sigma(F',F)$ d'après le théorème de Grothendieck, elle appartient donc à l'adhérence de E dans E" pour la <u>topologie initiale</u> ; mais d'après le théorème de Mackey, E étant quasi-complet est fermé dans E" , q.e.d.

En particulier, pour qu'un morphisme d'espaces de Banach soit faiblement compact, il faut et il suffit que son transposé le soit.

On peut maintenant donner les résultats fondamentaux de cette étude :

<u>THEOREME 1 . - (Eberlein)</u> . Soit (E,F,φ) un système dual séparé et coséparé. Pour qu'une partie de E soit faiblement relativement compacte, il suffit que son enveloppe disquée fermée soit complète pour la topologie de Mackey, et que toute suite extraite admette une valeur d'adhérence faible.

<u>Démonstration</u>. - L'hypothèse selon laquelle $\overline{\Gamma(A)}$ est complet pour la topologie de Mackey, permet de remplacer E par $\widehat{({}^{\tau}E)}$. Plongeant E dans ${}^{\sigma}(F^{*})$, on est ramené (théorème de Grothendieck) à montrer que toute forme linéaire f sur F , adhérente à A , appartient au quasi-dual de $({}^{\sigma}F)^{\gamma}$. Raisonnons par l'absurde, supposant qu'il existe un disque faiblement compact K de F sur lequel f ne soit pas continue à l'origine ; soit ε un nombre > 0 tel que, pour tout voisinage de 0 dans K , il existe un point de ce voisinage où $|f| > \varepsilon$; on construit alors, par une récurrence immédiate une suite $(x_n,y_n) \subset A \times K$, telle que l'on ait : $f(y_n) > \varepsilon$ pour tout n ; $|\varphi(x_m,y_n)| < \varepsilon/2$ pour $m \leq n$ $|f(y_n) - \varphi(x_m,y_n)| < \varepsilon/2$ pour $m > n$. Soit x (resp. y) une valeur d'adhérence de la suite (x_n) (resp. (y_n)) . On aurait alors les inégalités contradictoires : $|f(y_n) - \varphi(x,y_n)| < \varepsilon/2$ $|\varphi(x,y)| < \varepsilon/2$, $|f(y_n)| > \varepsilon$.

<u>THEOREME 2 (Krein)</u> . - Les hypothèses étant les mêmes que dans le théorème 1 , pour qu'une partie A de E soit bornée pour la bornologie de Mackey, il faut et il suffit qu'elle soit faiblement relativement compacte, et que son enveloppe disquée fermée dans E soit complète pour la topologie de Mackey.

<u>Démonstration</u>. - Les conditions sont évidemment nécessaires ; pour voir qu'elles sont suffisantes, on se ramène au cas où ${}^{\tau}E$ est complet (comme dans le th. 1) . Soient A une partie faiblement compacte de E , B son enveloppe disquée fermée ; pour montrer que B est faiblement compact, il suffit, d'après le lemme 1 et puisque ${}^{\tau}E$ est complet, de prouver que le morphisme ${}^{m}F \longrightarrow (E_B)'$, (transposé de l'injection canonique : $E_B \longrightarrow {}^{\tau}E$) transforme les parties faiblement compactes de F en parties faiblement compactes de $(E_B)'$. Mais $(E_B)'$ se plonge par un monomorphisme métrique strict dans l'espace de Banach $C(A)$ des fonctions numériques continues sur l'espace compact A ; il suffit donc de voir que les parties faiblement compactes de F sont transformées en parties faiblement compactes de $C(A)$, ce qui résulte immédiatement du lemme suivant :

<u>LEMME 3 (Grothendieck)</u>. - Soit K un espace compact. Pour qu'une partie A de $C(K)$ soit faiblement relativement compacte, il faut et il suffit qu'elle soit bornée, et relativement compacte pour la topologie de la convergence simple.

<u>Démonstration du lemme 3</u>. - Le théorème d'Eberlein permet de se ramener au cas où K est métrisable ; les parties de $C(K)$, relativement compactes pour la convergence simple, sont alors métrisables pour cette topologie, donc il suffit de voir qu'une suite de fonctions de $C(K)$, bornée et convergeant simplement vers 0, converge faiblement ; cela résulte en effet du th. de Lebesgue.

La conjonction des théorèmes 1 et 2 fournit le résultat suivant, qui généralise directement le corollaire de la proposition 1 :

<u>Corollaire</u>. - Soient (E,F,φ) un système dual séparé et coséparé sur R ou C, $\mathcal{T}$ une topologie sur E compatible avec la dualité entre E et F, $\mathcal{B}$ la bornologie compacte associée à $\mathcal{T}$. Pour qu'une partie A de E soit bornée pour $\mathcal{B}$ il faut et il suffit que toute suite extraite de A admette une valeur d'adhérence pour $\mathcal{T}$, et que l'enveloppe fermée disquée de A soit complète pour la topologie de Mackey. En particulier, si E muni de la bornologie précompacte de $\mathcal{T}$ est quasi-complet, ou si sa topologie est plus fine qu'une topologie d'elc métrisable, $\mathcal{B}$ est de caractère dénombrable.

<u>Démonstration</u>. - Comme la bornologie précompacte de $\mathcal{T}$ est de caractère dénombrable, la première et la troisième assertion résultent des théorèmes 1 et 2. Pour montrer la deuxième, il suffit (d'après le lemme 2 du chap. II, § 3) de voir que, si $\mathcal{T}$ est plus fine qu'une topologie $\mathcal{T}_1$ d'elc métrisable, tout disque A de E, fermé pour ${}^{\tau}E$, et tel que toute suite extraite de A admette une valeur d'adhérence pour $\mathcal{T}$, est complet pour $\mathcal{T}_1$. Or, si (x_n) une suite de Cauchy dans A muni de $\mathcal{T}_1$; soit x une valeur d'adhérence de cette suite pour $\mathcal{T}$, qui appartient nécessairement à A ; x est valeur d'adhérence de (x_n) pour la topologie faible associée à $\mathcal{T}_1$, donc aussi pour $\mathcal{T}_1$ (la suite (x_n) étant de Cauchy pour $\mathcal{T}_1$, donc le lemme 2 du chapitre II, § 3 étant applicable); donc (x_n) converge vers $x \in A$ pour $\mathcal{T}_1$, autrement dit, A est complet.

<u>Exercice</u>. - Prouver, en utilisant seulement la propos. 1 que, sur un corps injectif k, étant donné un système dual séparé et coséparé (E,F,φ), E^{τ} étant supposé quasi-complet, toute bornologie compacte sur E est de caractère dénombrable (ce qui constitue le cas particulier le plus important du corollaire).
(Procéder comme dans la démonstration du théorème d'Eberlein, en remplaçant les valeurs d'adhérences des suites (x_n) et (y_n) par les intersections des envelop-

pes convexes fermées des $(x_n)_{n \geq p}$ et $(y_n)_{n \geq p}$ lorsque $p \longrightarrow +\infty$) .

Exercice 2 (Kaplansky) . - Soit E un elc métrisable sur un corps injectif k . Montrer que, pour toute partie H de E et tout point x adhérent à H pour $\sigma(E,E')$, il existe une partie dénombrable H_o de H à laquelle x est adhérent pour $\sigma(E,E')$. En déduire que, si H est faiblement compact, il existe une suite extraite de H qui converge vers x (théorème de Šmulian) . (Procéder comme dans la démonstration du théorème de Dini) .

III . APPLICATION A L'ETUDE DE CERTAINES CLASSES D'ESPACES

1) Espaces infratonnelés

Les propositions faisant intervenir le théorème de Hahn-Banach seront signalées par un astérique.

PROPOSITION 1 . - Soit E un elbc. Les assertions suivantes sont équivalentes :

(i) Pour tout elbc F , toute partie équibornée de Lbc(E,F) est aussi équicontinue (propriété de Banach-Steinhaus ; cf. chap. I, § 5, n° 3, th. 1b) .

(ii) Toute application linéaire bornée de E dans un espace de Banach F est continue dès que son graphe est fermé.

(iii) Tout disque fermé bornivore est un voisinage de 0 .

*(iv) Le dual E' de E a la bornologie canonique. *

Démonstration . - Soit I un espace de Banach injectif * (k si possible) * ; (i) entraîne que Lbc(E,I) a la bornologie canonique ; d'autre part, supposons que Lbc(E,I) a la bornologie canonique, et montrons que (iii) est vérifiée. En effet, si D est un disque fermé bornivore de E , $D = (T(D,I_o))^{-1}(I_o)$, et $T(D,I_o)$ est équiborné, donc équicontinu. Enfin, montrons que si (iii) est vérifiée, (i) est vérifiée. Soit H une partie de Lbc(E,F) ; pour tout voisinage disqué fermé V de 0 dans F , $H^{-1}(V)$ est un disque fermé de E , bornivore si H est équiborné, donc est un voisinage de 0 si E vérifie (iii) ; autrement dit H est alors équicontinu.

Pour montrer que (ii) entraîne (iii) , on considère un disque fermé D d'un elbc vérifiant (ii) ; si D est bornivore, l'application identique : $E_D \longrightarrow E$ est bornée ; pour voir qu'elle est continue, il suffit donc de voir que son graphe est fermé, ce qui résulte du lemme facile suivant :

LEMME 1 . - Soit u une application d'un espace uniforme E dans un autre F , telle que F admette un système fondamental d'entourages dont les images réciproques par $u \times u$ sont fermées dans $E \times E$; alors le graphe de u est fermé (cf. chap. II, § 3, lemme 2) .

Enfin, pour voir que (iii) entraîne (ii) , on se ramène au lemme suivant, dont la démonstration est identique à celle du théorème des homomorphismes de Banach (cf. Grothendieck, EVT, chap. I, lemme précédant la démonstration du th. 9) .

LEMME 2 . - Soient G et G' deux groupes topologiques, G' étant métrisable et complet ; u un morphisme des groupes sous-jacents : $G \longrightarrow G'$. Pour que u soit continu, (il faut et) il suffit que son graphe soit fermé, et que, pour tout voisinage V de l'élément neutre de G' , $\overline{u^{-1}(V)}$ soit un voisinage de l'élément neutre de G .

DEFINITION 1 . - On dit qu'un elbc E est infratonnelé, s'il vérifie les conditions équivalentes (i) à (iv) de la proposition 1 .

Exemples . - Soit E un elc .

- Dire que E , muni de la bornologie la plus fine, est infratonnelé, c'est dire que tout disque absorbant et fermé de E est un voisinage de 0 , * ou encore que E a la topologie forte du système dual (E,E',< x,x' >) . * On dira alors que E est tonnelé. Par exemple, un elc qui est un espace de Baire est tonnelé, et en particulier les espaces de Fréchet sont tonnelés. (Il existe des espaces tonnelés qui ne sont pas des espaces de Baire, par exemple un espace de dimension infinie muni de la topologie localement convexe la plus fine, ou plus généralement une limite inductive stricte d'une suite d'espaces tonnelés) .

- Lorsque E^b est infratonnelé, on dira que E est quasi-tonnelé. Exemples : les elc normaux (en particulier les elc métrisables), les elc tonnelés. Remarquons à ce propos qu'il existe des elc normaux non tonnelés (par exemple les elc métrisables admettant une base (algébrique) dénombrable), et des elc tonnelés non normaux (cf. exercice 2) . Par suite (en prenant le produit), il existe des elc quasi-tonnelés qui ne sont ni normaux, ni tonnelés.

* Remarque 1 . - Dans la terminologie de Bourbaki ou Grothendieck, les espaces quasi-tonnelés sont les elc dont le dual fort (i.e. dual de E^b) a la bornologie canonique (prop. 1, (iv)) . *

Remarque 2 . - Si un elbc E est infratonnelé, il reste infratonnelé si on remplace la bornologie de E par la bornologie de type précompact qui lui est associée ; en particulier, si E est quasi-tonnelé, E^π est infratonnelé. Le théorème de

Banach-Steinhaus-Mackey (cf. plus loin) montre que si les elc tels que $E^{\gamma *}$ ou E^{μ}_{*} soit infratonnelé, sont nécessairement tonnelés.

Propriétés : * tout elbc infratonnelé a la topologie de Mackey (condition (iv) de la proposition 1), la réciproque étant manifestement fausse . *

THEOREME 1 (Banach-Steinhaus-Mackey) . - Soit E un elc . Les tonneaux (i.e. disques absorbants et fermés) de E absorbent les parties bornées disquées complétantes.

Démonstration. Pour tout tonneau D et tout disque borné complétant B , l'image réciproque (par l'injection canonique : $E_B \longrightarrow E$, continue puisque B est borné) de D est un tonneau de E_B , donc (E_B étant tonnelé puisque B est complétant) un voisinage de 0 : autrement dit, D absorbe B .

Corollaire 1 . - Pour qu'un elbc E soit infratonnelé, il faut et il suffit que son quasi-complété soit tonnelé.

Corollaire 2 . - Pour qu'un elbc infratonnelé E soit tonnelé, il suffit que l'enveloppe disquée fermée de toute suite de E , tendant vers 0 au sens de Mackey, soit complétante (la réciproque est fausse) . En particulier, il suffit (sur un corps localement compact) que l'enveloppe disquée fermée d'un compact soit compacte.

- Propriétés de stabilité :

. Un quotient d'elbc infratonnelé est infratonnelé.

. Soit $(E_i)_{i \in I}$ une famille d'elbc ; pour que $\coprod_{i \in I} E_i$ (resp. $\prod_{i \in I} E_i$) soit infratonnelé, il faut et il suffit que chacun des E_i soit infratonnelé. En particulier pour que $\coprod_{i \in I} E_i$ (resp. $\prod_{i \in I} E_i$) soit tonnelé, ou quasi-tonnelé, il faut et il suffit que chaque E_i le soit. (Pour montrer ces propriétés, il suffit de montrer la propriété de Banach-Steinhaus pour chaque espace semi-normé F , et d'appliquer la commutation du foncteur Hom aux produits (resp. aux sommes directes)) . En particulier, toute limite inductive d'elbc infratonnelés est infratonnelée ; toute limite inductive d'elc tonnelés (resp. quasi-tonnelés) est un elc tonnelé (resp. quasi-tonnelé). Il n'y a aucune propriété semblable relative aux limites projectives (sinon tout elc complet serait tonnelé, ce qui est faux).

. Pour tout elbc infratonnelé E , tout elbc compris entrec E et $\hat{E}$ est infratonnelé.

Sur un corps injectif, la proposition suivante (généralisant l'équivalence des conditions (iii) et (iv) de la prop. 1) est une conséquence directe du théorème de Mackey:

PROPOSITION 2 . - Soit (E,F,φ) un système dual bornologique ; munissons E (resp. F) de la topologie des polaires des bornés de F (resp. E) . Pour que E soit infratonnelé, il faut et il suffit que toute partie canoniquement bornée de E' soit contenue dans l'adhérence (pour $\sigma(E',E)$) de l'image canonique d'une partie bornée de F .

On dira qu'un elbc est distingué si son dual est infratonnelé; autrement dit; si toute partie de E" , bornée pour s(E",E') , est contenue dans l'adhérence (pour $\sigma(E'',E')$) d'une partie bornée de E . Cela implique déjà que E ait la bornologie canonique : cette propriété ne dépend donc que de la topologie de E . Les elc distingués sont stables par produit et somme directe, mais non par quotient ni sous-objet : par exemple il existe des espaces de Fréchet non distingués (Grothendieck, Sur les espaces (F) et (DF)) .

Exercice 1 . - Sur la catégorie (evtb) , montrer l'équivalence des trois assertions suivantes, relatives à un evtb E :

(i) Pour tout evtb F , toute partie équibornée de Lbc(E,F) est aussi équicontinue.

(ii) Pour tout evt métrisable et complet F , toute application linéaire bornée est continue dès que son graphe est fermé.

(iii) Toute topologie vectorielle sur E , dont la bornologie canonique est moins fine que la bornologie de E , et qui admet un système fondamental de voisinages de 0 , fermés pour la topologie initiale de E , est moins fine que cette dernière.

(Même méthode que dans la prop. 1 , en remplaçant les espaces de Banach injectifs par un produit d'espaces quotients de E , munis de topologies moins fines que la topologie induite par E , le produit étant muni d'une topologie convenable).

Montrer qu'il existe des elc tonnelés qui, munis de leur bornologie canonique, ne vérifient pas ces conditions. (Le théorème de Banach-Steinhaus signifie que les evtb qui sont des espaces de Baire vérifient ces conditions) .

Généraliser à ces espaces le th. de Banach-Steinhaus-Mackey (en remplaçant " disques bornés complétants " par " parties bornées complètes "), et les propriétés de stabilité des espaces infratonnelés.

Exercice 2 (Shirota, Proc. Jap. Acad. vol. 30 (1954), pp. 294-298) . -

Soient T un espace complètement régulier, muni de la structure uniforme la moins fine rendant uniformément continues toutes les applications continues : $T \longrightarrow R$; E l'espace de ces fonctions, muni de la topologie de la convergence compacte.

a) Montrer que l'application canonique (qui à x fait correspondre $f \longrightarrow f(x)$) de T dans $\sigma(E',E)$ est un isomorphisme de T sur un sous-espace uniforme fermé de $\sigma(E',E)$. Montrer que toute partie simplement bornée (resp. équicontinue) de E' est absorbée par le bipolaire d'une partie précompacte (resp. compacte) de T ; en déduire que E a la topologie de Mackey, et que pour qu'il soit tonnelé, il faut et il suffit que toute partie précompacte de T soit relativement compacte.

b) Montrer que les formes linéaires sur E , bornées pour la bornologie canonique, sont exactement les formes linéaires relativement bornées sur l'espace de Riesz sous-jacent à E , et qu'une forme linéaire positive sur cet espace de Riesz admet un prolongement suivant une mesure positive sur le compactifié de Stone-Čech βT de T (utiliser l'ex. 18 de Bourbaki, Intégration, chap. IV, § 4, et une " méthode de la bosse glissante " - cf. II, n° 5, lemme 1) . Montrer que, pour que E soit normal, il faut et il suffit que T soit complet (se ramener à prouver que, pour que E soit normal, il faut et il suffit que toute partie sur βT , induisant une forme linéaire non nulle sur T , a son support contenu dans T , en appliquant l'ex. 17a) de Bourbaki, Topologie générale, chap. X, § 4) .

c) Donner un exemple d'elc tonnelé non normal (considérer l'elc E construit, comme précédemment, à partir de l'espace localement compact T obtenu à partir du produit de $\overline{N}$ et de la demi-droite d'Alexandroff compactifiée, en retranchant le couple des points à l'infini).

2) Espaces réflexifs

DEFINITION 2 . - Soit k un corps injectif, $\mathcal{C}$ une des catégories (en) , (elc) (ebc), (elbc) . On dit qu'un objet E de $\mathcal{C}$ est réflexif si le morphisme canonique $E \longrightarrow E''$ est un isomorphisme.

On va examiner chaque cas séparément.

a) Espaces de Banach réflexifs

Un espace normé réflexif est nécessairement complet, puisque son bidual l'est. Le foncteur : $E \rightsquigarrow E'$ est un anti-automorphisme involutif de la catégorie des espaces de Banach réflexifs, et, d'après le théorème de Hahn-Banach, pour que E soit réflexif, il faut et il suffit que E' le soit. Les espaces de Banach réflexifs sont caractérisés (d'après le théorème de Mackey) par la condition ${}^{b}E = {}^{m}E$; cela permet de vérifier aisément la propriété de stabilité suivante soit $0 \longrightarrow F \longrightarrow E \longrightarrow G \longrightarrow 0$ une suite exacte d'espaces de Banach ; pour que E soit réflexif, il faut et il suffit que F et G le soient.

Exemples

- Sur un corps ultramétrique, tout espace de Banach réflexif est de dimension finie (II, n° 5, prop. 2) .

- Soit T un espace localement compact muni d'une mesure positive μ ; pour tout nombre p $(1 \leq p < +\infty)$, le dual de $L^p(T,\mu)$ est $L^q(T,\mu)$ où on a posé $q = p/p-1$. (Bourbaki, Intégration, chap. V, § 5, th. 4) ; en particulier $L^p(T,\mu)$ est réflexif pour tout nombre p $(1 < p < +\infty)$. Au contraire $L^1(T,\mu)$ et $L^\infty(T,\mu)$ ne sont réflexifs que si le support de μ est fini ; en effet, considérons le sous-espace de $L^\infty(T,\mu)$ formé des fonctions numériques continues et bornées sur le support de μ , muni de la norme usuelle ; (si le support de μ est compact infini) en tout point du support non chargé par μ , la mesure $\varphi \longrightarrow \varphi(a)$ n'est pas définie par un élément de L^1 ; (si le support de μ n'est pas compact) pour tout ultrafiltre non convergent $\mathcal{U}$ sur le support de μ , la forme linéaire $\varphi \longrightarrow \lim_{\mathcal{U}} \varphi$, n'est pas définie par un élément de L^1 .

- Pour tout espace compact infini K , C(K) n'est pas réflexif : en effet, son dual est isomorphe à un $L^1(T,\mu)$ (prendre une famille maximale (μ_i) de mesures de norme 1 sur K , deux à deux étrangères, et pour (T,μ) la somme directe des espaces mesurés (K,μ_i)) .

- Les espaces de Banach uniformément convexes sur R ou C (i.e. tels que, pour tout ε , $0 < \varepsilon < 2$, il existe $\delta > 0$ tel que, pour tout couple (x,y) de points de la boule unité de E , la relation $||x-y|| \geq \delta$ entraîne $||x+y|| \leq 2-\varepsilon$) sont réflexifs. Pour le voir, on montre que tout filtre de convexes fermés bornés admet une intersection non vide, par l'existence et les propriétés de la projection d'un point sur un ensemble convexe fermé (Bourbaki, EVT, chap. V, § 1 et prop. 6) . Les espaces $L^p(T,\mu)$ $(1 < p < +\infty)$ sont uniformément convexes, ainsi que les espaces hilbertiens.

b) Elbc réflexifs

Les elbc réflexifs forment une sous-catégorie des elbc quasi-complets dont le foncteur : $E \rightsquigarrow E'$ est un anti-automorphisme involutif. D'après le théorème de Hahn-Banach (et la caractérisation (conséquence du th. de Mackey) des elbc quasi-complets, comme ceux qui sont fermés dans leur bidual), pour qu'un elbc quasi-complet E soit réflexif, il faut et il suffit que son dual soit réflexif.

Le théorème de Mackey montre que, pour qu'un elbc soit réflexif, il faut et il suffit que sa bornologie soit plus fine que la bornologie de Mackey. En particulier, ils forment une catégorie stable par limites inductives et projectives quelconques, et le foncteur : $E \rightsquigarrow E'$ est exact sur cette catégorie. D'après le théorème de Mackey, on peut en dire autant de la sous-catégorie formée des elbc satisfaisant à la condition suivante :

<u>DEFINITION 3</u> . - On dit qu'un elbc E est un espace de Montel, si sa bornologie est plus fine que la bornologie compacte de ${}^tE$.

Sur un corps ultramétrique, les elbc réflexifs sont de Montel ; c'est bien entendu faux sur $\mathbb{R}$ ou $\mathbb{C}$. Pour qu'un elbc quasi-complet E soit de Montel, il faut et il suffit que son dual soit un espace de Montel.

Un elbc réflexif (resp. de Montel) est distingué, si et seulement si il a la bornologie canonique. Les elc qui, munis de leur bornologie canonique sont réflexifs (resp. de Montel) , sont appelés réflexifs (resp. de Montel) par Grothendieck (EVT, Chap. II, n° 12) ; ils forment une catégorie stable par limites projectives, limites inductives strictes et sommes directes. En considérant seulement les elc réflexifs (resp. de Montel) qui sont distingués et tonnelés ($\Leftrightarrow$ quasi-tonnelés) - elc réflexifs (resp. de Montel) définis par Bourbaki (EVT, chap. IV, § 3) - on obtient une classe stable par produits, sommes directes et limites inductives strictes, qui est <u>autoduale</u> ; mais elle n'est plus stable par sous-objets ou quotients (Bourbaki, EVT, chap. IV, § 5, ex. 21) ; ce qui montre a fortiori l'existence de sous-espaces fermés et non quasi-tonnelés d'un elc tonnelé.

D'après le théorème de Grothendieck, le foncteur : $E \rightsquigarrow E'$ définit un anti-isomorphisme involutif de la catégorie des elbc réflexifs munis d'une topologie saturée, sur les elbc réflexifs saturés complets ; par suite, dans le cadre des elbc réflexifs, le dual d'un elbc saturé complet est un elbc saturé pour sa topologie (cf. II, n° 4) . D'autre part, puisque le fait, pour un disque d'être faiblement compact (resp. compact) ne dépend que de la structure uniforme induite, si E est un elbc réflexif, $\tilde{E}$ (et par suite $\hat{E}$) sont réflexifs. Même remarque à propos des espaces de Montel.

c) <u>Elc et ebc réflexifs</u>

La catégorie des elc réflexifs et celle des ebc réflexifs sont anti-isomorphes par le foncteur : $E \rightsquigarrow E'$; de plus, d'après le théorème de Hahn-Banach, un elc complet, ou un ebc régulier quasi-complet pour ${}^tE$, est réflexif si et seulement si son dual l'est.

Les ebc réflexifs sont caractérisés par le théorème de Mackey ; pour qu'un ebc E soit réflexif, il faut et il suffit qu'il soit régulier, et qu'il ait la bornologie de Mackey du système dual $(E,E', \langle x,x' \rangle)$.

Les elc réflexifs admettent la caractérisation suivante :

<u>PROPOSITION 3</u> . - Soit E un elc . Pour qu'il soit réflexif, il faut et il suffit que sa bornologie canonique soit identique à sa bornologie de Mackey, et que son dual fort ait la topologie bornivore.

<u>Démonstration</u>. La condition étant évidemment suffisante, prouvons qu'elle est nécessaire. Tout d'abord, la factorisation : $E \longrightarrow (E^b)'' \longrightarrow E''$ montre que E^b doit être réflexif, d'où la première condition ; d'autre part, les formes linéaires bornées sur $(E^b)'$ doivent être continues, ce qui, joint au fait que $(E^b)'$ a la topologie de Mackey (puisque E^b a la bornologie de Mackey) entraîne bien que $(E^b)'$ a la topologie bornivore.

Il existe des elc non tonnelés, qui sont réflexifs (et ont même la bornologie compacte) : par exemple $\tau(l_k^\infty(I),l_k^1(I))$. De même, il existe des espaces de Montel tonnelés distingués, qui ne sont pas réflexifs en tant qu'elc. On peut néanmoins donner un cas très général où il en est ainsi :

<u>PROPOSITION 4</u> . - Soit E un elc . Les propositions suivantes sont équivalentes :

(i) Toute application linéaire continue de E dans un espace de Banach F est faiblement compacte (resp. compacte) .

(ii) Pour tout voisinage disqué U de 0 , il existe un voisinage disqué V de 0 , contenu dans U , tel que le morphisme canonique : $\widehat{(E_V)}^\mu \longrightarrow \widehat{(E_U)}^\mu$ (resp. $\widehat{(E_V)}^\gamma \longrightarrow \widehat{(E_U)}^\gamma$) soit bornant .

(iii) Pour tout disque équicontinu A de E' , il existe un disque équicontinu B , contenant A , tel que A soit borné dans ${}^m(E'_B)$ (resp. ${}^c(E'_B)$) .

En outre, si ces conditions sont réalisées, $\hat{E}$ est réflexif.

<u>Démonstration</u> . - (i) entraîne manifestement (ii) , et réciproquement, en considérant l'image réciproque de la boule unité d'un espace de Banach par une applica-

cation continue de E dans cet espace, on voit que (ii) entraine (i) . L'équivalence de (ii) et de (iii) est immédiate (par polarité) à partir du lemme 2 de (II, n°5) . Enfin, si ces conditions sont satisfaites, toute forme linéaire u sur E' , bornée sur les parties équicontinues, est continue sur toute partie équicontinue B pour la topologie faible des E'_C , C parcourant les équicontinus disqués de E' contenant B ; mais il existe un C tel que B soit borné dans ${}^m(E'_C)$ (resp. (E'_C)) , et par suite la topologie faible de (E'_C) induit sur B la topologie $\sigma(E',E)$; autrement dit u est continue sur les bornés de E' munis de $\sigma(E',E)$, donc (théorème de Grothendieck) appartient à $\hat{E}$, q.e.d. .

Les elc satisfaisant aux conditions de la prop. 4 , sont stables par limites projectives (car par sous-objets d'après (ii) , et par limites projectives filtrantes d'après (i)) et par limites inductives dénombrables (en effet il suffit d'appliquer la prop. 2 de l'introduction, en remarquant que la bornologie de Mackey d'un elc complet est saturée) ; les espaces de Banach réflexifs font partie de cette classe. Les elc satisfaisant à la deuxième série de conditions de la prop. 4 , sont appelés espaces de Schwartz (Grothendieck, EVT , chap. IV, § 4 , n° 4) ; ils sont également stables par limites projectives et limites inductives dénombrables. Pour qu'un elc soit un espace de Schwartz, il faut et il suffit que ses parties bornées soient précompactes, et que son dual fort vérifie la condition de convergence de Mackey stricte (chap. II, § 3, définition 2) ; il en est ainsi des espaces $\mathcal{D}(U)$, $\mathcal{E}(U)$, $\mathcal{D}'(U)$, $\mathcal{E}'(U)$ (U ouvert de R) $\mathcal{H}(U)$ (U ouvert de C) .

On montrera plus loin que les espaces de Fréchet E tels que E^b soit réflexif, sont des elc réflexifs ; cette situation n'est pas contenue dans la précédente. (cf. Bourbaki, EVT , chap. IV, § 5, ex. 21 b) .

Les elc réflexifs sont stables par limites projectives, et limites inductives strictes (chap. II, § 3, prop. 1) , mais non par quotients. (cf. ci-dessous à propos des sommes directes) .

Application . - produits et sommes directes de droites.

Soit k un corps ; on dira qu'une topologie sur un k-espace vectoriel est linéaire, si elle est invariante par translation et admet un système fondamental de voisinages de 0 qui sont des sous-espaces vectoriels. Dans la catégorie des espaces vectoriels linéairement topologisés, les objets linéairement compacts admettent la caractérisation suivante :

LEMME 3 . - Soit E un espace vectoriel sur k , muni d'une topologie linéaire. Les conditions suivantes sont équivalentes :

(i) E est linéairement compact.

(ii) La topologie de E est minimale parmi les topologies linéaires séparées sur E .

(iii) E est isomorphe au dual algébrique de l'espace vectoriel E' des formes linéaires continues sur E , muni de la topologie de la convergence simple (par le morphisme canonique : $E \longrightarrow (E')^*$) .

(iv) E est isomorphe à un produit direct topologique de droites.

Démonstration. - Montrons d'abord que, si E est linéairement compact et discret, il est de dimension finie. En effet, si $(x_i)_{i \in I}$ est une famille libre infinie dans E , l'intersection des variétés linéaires engendrées par les $(x_i)_{i \in \complement J}$ lorsque J parcourt les parties finies de I , est vide. Par suite, (i) entraîne (ii) , parce qu'il entraîne que tout sous-espace ouvert est de codimension finie ; donc, si H est un hyperplan ouvert, le filtre des sous-espaces de E ouverts pour une topologie linéaire séparée moins fine que la topologie initiale, contient H (puisqu'un élément non nul de E/H ne peut rencontrer tous les éléments de ce filtre, par la compacité linéaire) . (ii) entraîne (iii) : en effet, si on plonge E dans $(E')^*$ muni de la convergence simple, soit H le noyau d'une forme linéaire sur E' non contenue dans E : la topologie de la convergence simple sur H est strictement moins fine que la topologie induite par celle de $(E')^*$, elle-même moins fine que celle de E ; d'autre part, elle est séparée, car un élément non nul de E annulant H serait une forme linéaire sur E' de noyau H , ce qui est impossible. (iii) entraîne (iv) , en munissant E' d'une base algébrique. (iv) entraîne (i) parce que k est linéairement compact sur lui-même, donc aussi les k^I .

(On trouve une généralisation très étendue de cette situation dans la thèse de Gabriel, où il est montré que toute catégorie abélienne localement finie peut être considérée comme la catégorie duale d'une catégorie de modules linéairement topologisés " pseudo-compacts ") .

Ce lemme signifie donc que la catégorie des espaces vectoriels linéairement topologisés et linéairement compacts, s'identifie par le foncteur $E \rightsquigarrow E'$ à la catégorie duale des espaces vectoriels sur k ; c'est en particulier une catégorie abélienne dans laquelle tout sous-objet est facteur direct.

Plaçons-nous maintenant sur un corps valué complet non discret k , supposé injectif. On définit un foncteur s des elc sur k , dans les espaces vectoriels linéairement topologisés sur k muni de la topologie discrète, en faisant correspondre à un elc E, l'espace vectoriel sous-jacent à E muni de la topologie linéaire engendrée par les sous-espaces de codimension finie de E, qui sont fermés pour la topologie initiale. (C'est donc le seul foncteur de (elc) dans les espaces vectoriels linéairement topologisés, commutant aux espaces vectoriels sous-jacents et à la dualité). Le théorème de Hahn-Banach signifie que s est antéexact, et que les sous-espaces vectoriels fermés de E et $s(E)$ sont les mêmes. Le lemme 3, joint au fait que les k^I sont tonnelés, donc ont la topologie de Mackey, entraîne la proposition suivante :

PROPOSITION 5. - Soit E un elc : les propositions suivantes sont équivalentes:

(i) $s(E)$ est linéairement compact.

(ii) E est " de type minimal ", i.e. sa topologie est minimale parmi les topologies localement convexes séparées sur E.

(iii) E est isomorphe à un produit topologique de droites.

Le foncteur s définit un isomorphisme de la sous-catégorie pleine de (elc), dont les objets sont les espaces vérifiant les conditions (i) à (iii), sur la catégorie des espaces vectoriels linéairement topologisés qui sont linéairement compacts. En particulier, cette catégorie est abélienne, et tout monomorphisme strict est direct.

Un elc de type minimal est un espace de Schwartz tonnelé complet ; pour que, étant donné un ensemble I, k^I soit normal, il faut et il suffit que, pour toute famille $(E_i)_{i \in I}$ d'elc normaux (resp. réflexifs), $\prod_{i \in I} E_i$ (resp. $\coprod_{i \in I} E_i$) soit un elc normal (resp. réflexif). Sur R ou C, l'ex. 2 du n° 1 montre que I possède cette propriété, si et seulement si il est complet pour la structure uniforme la moins fine rendant uniformément continues les fonctions numériques définies sur I ; on ignore s'il existe des ensembles I pour lesquels ce soit faux. Cf. Grothendieck, EVT, chap. IV, § 1, n° 6, ex. 3, et chap. V, § 4, n° 2, ex. suppl. 2, pour la généralisation de ce résultat aux corps localement compacts quelconques, et l'énoncé de propriétés équivalentes de tels ensembles I.

3) Espaces saturés de type dénombrable

On a posé au § II, n° 4, le problème de la détermination des elbc saturés complets dont le dual admette une topologie saturée. Pour que l'espace saturé E possède cette propriété, il est nécessaire et suffisant que $(\widetilde{E'})$ possède un système fondamental de voisinages de 0 fermés pour $\sigma(E',E)$, ou encore que le système dual topologique $((\widetilde{E'}), E, < x,x' >)$ soit strict. Pour que $\prod_{i \in I} E_i$ (resp. $\coprod_{i \in I} E_i$) possède cette propriété, il faut et il suffit que chaque E_i la possède ; on ignore même si une limite inductive stricte d'une suite d'espaces possédant cette propriété, la possède elle aussi. Enfin, les elbc saturés complets réflexifs ont leur dual saturé pour sa topologie, et on a le :

<u>THEOREME 2</u> . - Le dual d'un elbc métrisable saturé pour sa bornologie est un ebc de type dénombrable muni d'une topologie saturée.

La démonstration repose sur le :

<u>LEMME 4</u> . - Soient E un ebc de type dénombrable muni d'une topologie saturée, $\mathcal{F}$ une famille non vide de parties bornées de E, vérifiant :

(i) $\mathcal{F}$ est stable par inclusion et enveloppe disquée fermée.

(ii) Pour tout borné disqué B de E, et tout élément C de $\mathcal{F}$ contenu dans B, il existe un entourage de C dans B qui appartienne à $\mathcal{F}$. (Cette condition est équivalente à : (ii') . Pour tout borné B de E et tout élément C de $\mathcal{F}$, il existe un voisinage V de 0 dans E tel que $(C + V) \cap B$ appartienne à $\mathcal{F}$) .

Dans ces conditions, il existe un voisinage de 0 dans E dont les traces sur les bornés de E appartiennent à $\mathcal{F}$.

<u>Démonstration du Lemme 4</u> . - L'équivalence de (ii) et (ii') est conséquence du résultat facile suivant : soient D , D' , U trois disques de E tels que $D' \cap (D + D) \subset U$; alors $(D' + (D \cap U)) \cap D \subset (U + U)$.

Soit maintenant (B_n) une suite fondamentale croissante de bornés disqués de E , on va construire par récurrence une suite (V_n) de voisinages disqués de 0 , telle que $(V_n \cap B_n)$ soit une suite croissante d'éléments de $\mathcal{F}$; $\bigcap V_n$ sera alors un voisinage de 0 dont les traces sur les bornés appartiendront à $\mathcal{F}$. Supposant $B_o = 0$, on pose $V_o = E$; supposant la suite construite à l'ordre n , l'hypothèse (ii') signifie qu'il existe un voisinage disqué de 0, W, tel que $(V_n \cap B_n) + W$ induise sur B_{n+1} un élément de $\mathcal{F}$; $V_{n+1} = (V_n \cap B_n) + W$ convient donc à l'ordre $n + 1$.

<u>Démonstration du Théorème 2</u> . - Montrons d'abord qu'il existe un voisinage disqué V de 0 pour $(\widetilde{E'})$ contenu dans un voisinage U fixé, et dont les traces sur les bornés faiblement fermés sont faiblement fermées. En effet, la famille des parties bornées de E' , dont l'enveloppe disquée faiblement fermée est contenue dans un

λU (pour un scalaire λ de valeur absolue < 1) satisfait aux conditions (i) et (ii) du lemme 4 , parce que l'enveloppe disquée fermée d'un élément de $\mathcal{F}$ est faiblement (linéairement) compacte, donc admet dans un borné faiblement fermé C , un système fondamental d'entourages faiblement fermés ; l'existence de V résulte donc du lemme 4 . Il reste à déduire de V un voisinage de 0 pour (E') , faiblement fermé, contenu dans V + V , ce qu'on obtient, par exemple, en prenant une suite fondamentale de bornés disqués faiblement fermés (B_n) , une suite (V_n) de voisinages disqués faiblement fermés de 0 dans E' , telle que $V_n \cap B_n \subset V$, et en considérant $\bigcap ((B_n \cap V) + V_n)$.

Corollaire . - Soit E un elbc métrisable ; $(\tilde{E})'$ a alors la topologie vectorielle la plus fine qui induise sur les bornés de E' , la topologie de E' .

L'application la plus importante du théorème 2 concerne les elc métrisables munis de leur bornologie précompacte (cf. introduction, prop. 5) . On a en effet, dans ce cas, un résultat beaucoup plus fort :

THEOREME 3 (Banach-Dieudonné) . - Soient k un corps localement compact (resp. injectif) , E un elc métrisable sur k . Pour qu'une partie (resp. disque) F de (E^{π}) soit fermée, il faut et il suffit que ses traces sur les bornés fermés soient fermées.

Démonstration . - On va montrer que, si F est une partie (convexe) ne contenant pas 0 , et induisant sur les nornés fermés de (E)' des fermés, alors $0 \notin \overline{F}$. En effet, considérons la famille $\mathcal{F}$ des parties de $(E^{\pi})'$, bornées, et dont l'enveloppe disquée faiblement fermés ne rencontre pas F . Cette famille vérifie les conditions (i) et (ii) du lemme 4 (parce que les disques bornés faiblement fermés de $\mathcal{F}$ sont (linéairement) compacts, donc admettent un entourage ne rencontrant pas F) ; la conclusion du lemme 4 signifie alors qu'il existe un voisinage de 0 ne rencontrant pas f , q.e.d.

Corollaire 1 . - Si le corps de base est localement compact, la topologie de $(E^{\pi})'$ est la plus fine des topologies (vectorielles ou non) qui induise sur les bornés de E une topologie moins fine que la topologie faible.

Corollaire 2 (Banach) . - Soit E un espace de Fréchet sur un corps injectif k . Pour qu'un disque de E' soit faiblement fermé, il faut et il suffit que ses intersections avec les bornés faiblement fermés de E' soient faiblement fermées.

Corollaire 3 . - Soit $u : E \longrightarrow F$ un morphisme d'espaces de Fréchet. Pour que u soit strict, il faut et il suffit que son transposé soit strict : $F' \longrightarrow E'$.

Démonstration. - Immédiate à partir du corollaire 2 et du lemme facile suivant :

LEMME 5 . - Soit $u : E \longrightarrow F$ un morphisme d'elc. Pour qu'il soit strict, il faut et il suffit que sons transposé soit strict d'image faiblement fermée.

(Remarque : la situation du corollaire 3 est réalisée si u est d'image fortement fermée, d'après le théorème des homomorphismes pour les ebc complets de type dénombrable. Si u est un morphisme strict pour les topologies fortes, alors u est un morphisme strict, mais la condition n'est pas nécessaire (espace de Fréchet non distingué)).

4) Espaces de Grothendieck

PROPOSITION 6 . - Considérons les assertions suivantes, relatives à un elbc E :

(i) Pour toute suite (B_n) de bornés de E , $\bigcup B_n$ est borné dès qu'il est borné canoniquement.

(ii) Pour toute suite (V_n) de voisinages disqués de 0 , $\bigcap V_n$ est un voisinage de 0 dès qu'il est bornivore.

Pour qu'un elbc E vérifie la condition (ii) , il faut et il suffit que son dual vérifie la condition (i) . Pour qu'un elbc métrisable vérifie la condition (i) , il faut et il suffit que son dual vérifie la condition (ii) .

Démonstration. - Sur un système dual topologique et bornologique strict (E,F,φ), la propriété (i) relative à une suite de bornés, et la propriété (ii) relative à une suite de voisinages disqués de 0 faiblement fermés, se correspondent par polarité ; par suite, le seul point non évident est le fait que le dual d'un elbc métrisable vérifiant (i) , vérifie (ii) ; ou encore, que, si E est un elbc métrisable vérifiant (i) , (V_n) une suite de voisinages de 0 dans E' dont l'intersection V est bornivore, il existe une suite analogue (W_n) , W_n étant faiblement fermé et contenu dans V_n pour tout n . Pour le voir, on remarque d'abord (par un argument de compacité (linéaire) faible) qu'on peut trouver une suite croissante de disques bornés faiblement fermés (B_n) , contenus dans αV (α scalaire, $|\alpha| < 1/2$) , et dont les homothétiques forment une famille fondamentale. Si alors (U_n) est une suite quelconque de voisinages de 0 faiblement fermés dans E' , tels que $U_n \subset \alpha V_n$, alors $W_n = B_n + U_n$ est un voisinage disqué de 0 , faiblement fermé, contenu dans V_n , et $\bigcap W_n$ est bornivore, puisqu'il absorbe chaque B_n , ce qui achève la démonstration.

Corollaire . - Le dual fort d'un elc métrisable est un elbc de type dénombrable vérifiant la condition (ii) de la prop. 6 .

DEFINITION 4 . - On dit qu'un elbc E est un espace de Grothendieck, si sa bornologie est de type dénombrable, et s'il vérifie la condition (ii) de la prop. 6.

Le dual fort d'un elc métrisable est donc un espace de Grothendieck, et de même un elbc infratonnelé dont la bornologie est de type dénombrable est un espace de Grothendieck : ces deux situations ne se recouvrant pas l'une et l'autre (espace de Fréchet non distingué) .

LEMME 6 . - Soit E un elbc dont la bornologie est de type dénombrable. Pour que ce soit un espace de Grothendieck, il faut et il suffit qu'il vérifie la condition suivante :

(ii') Pour toute suite croissante (B_n) de bornés disqués, dont les homothétiques forment une famille fondamentale de bornés de E , et toute suite (V_n) de voisinages disqués de 0 dans E , $\bigcap (B_n + V_n)$ est un voisinage de 0 .

En particulier, les espaces de Grothendieck ont une topologie saturée.

Démonstration . - (ii) entraîne manifestement (ii') puisque tous les $B_n + V_n$ sont des voisinages de 0 , et $\bigcap (B_n + V_n)$ est bornivore. (ii') entraîne (ii) parce qu'il existe une suite croissante (B_n) de bornés disqués dont les homothétiques forment une famille fondamentale, contenus dans V , et il est immédiat que $\bigcap (B_n + V_n) \subset V + V$. Pour montrer qu'un espace de Grothendieck E est saturé, on choisit un voisinage disqué U de 0 pour E , une suite croissante (B_n) de bornés contenus dans U et une suite (λ_n) de scalaires telle que $(\lambda_n B_n)$ forme une suite fondamentale de bornés dans E , et une suite (V_n) de voisinages de 0 pour E , telle que $V_n \bigcap (\lambda_n B_n) \subset U$; il est alors immédiat de vérifier que $\bigcap (B_n + V_n) \subset U + U$.

Le lemme 6 montre donc que les espaces de Grothendieck sont un cas particulier des ebc de type dénombrables munis d'une topologie saturée ; on peut donc leur appliquer les résultats de l'introduction, n° 3 . Il existe des elbc de type dénombrable munis d'une topologie saturée qui ne sont pas des espaces de Grothendieck (dual d'un espace de Fréchet non réflexif, muni de la bornologie de Mackey).

On est maintenant en mesure d'énoncer les résultats importants de ce numéro :

THEOREME 4 . - Soient E un elbc vérifiant la condition (ii) de la propo. 6, $\mathcal{T}$ sa topologie, $\mathcal{T}_1$ la topologie des disques bornivores et fermés de E pour la structure initiale. Alors $\mathcal{T}$ et $\mathcal{T}_1$ induisent la même topologie sur les sous-espaces de E engendrés par une suite de E .

Démonstration. - Montrons d'abord que, pour tout sous-espace de dimension finie F de E , et tout disque U bornivore et fermé, il existe un voisinage disqué V de 0 pour $\mathcal{C}$, tel que $(U + V) \cap F \subset U + U$. En effet, cela résulte de ce que les entourages disqués de U dans E induisent sur F un système fondamental d'entourages de $U \cap F$, si l'on remarque que $U + U$ induit sur F un entourage de $U \cap F$.

Soit maintenant F un sous-espace vectoriel de E , admettant une suite totale. Il existe alors une suite croissante (F_n) de sous-espaces de E de dimension finie, dont la réunion est dense dans F ; soit (V_n) une suite de voisinages disqués de 0 dans E , telle que $(U + V_n) \cap F_n \subset U + U$; la condition (ii) entraîne que $\bigcap (U + V_n)$ soit un voisinage de 0 pour $\mathcal{C}$, dont la trace sur F est contenue dans $U + U$; q.e.d.

Corollaire 1 . - Un elbc admettant un système total dénombrable, et vérifiant la condition (ii) de la prop. 6, est infratonnelé.

Corollaire 2 . - Un elbc saturé pour sa topologie et vérifiant la condition (ii) de la prop. 6 (par exemple un espace de Grothendieck) est infratonnelé dès que ses parties bornées sont métrisables.

Corollaire 3 . - Les notations étant celles du th. 4, les topologies $\mathcal{C}$ et $\mathcal{C}_1$ définissent sur E la même bornologie de Mackey, et la même bornologie précompacte.

THEOREME 5 . - Soit E un elc métrisable. Pour qu'il soit distingué, il faut et il suffit que son dual soit normal.

La démonstration repose sur le :

LEMME 7 . - Soient E un espace de Grothendieck, (B_n) une suite croissante de bornés disqués fermés, dont les homothétiques forment une famille fondamentale ; alors la fermeture algébrique de $\bigcup B_n$ est fermée dans E .

Démonstration du lemme 7 . - Soit x un point n'appartenant pas à la fermeture algébrique de $\bigcup B_n$; il existe donc un scalaire λ de valeur absolue > 1 , tel que $x \notin \lambda B_n$ pour tout n . Soit V_n un voisinage disqué de 0 dans E , tel que $(x + V_n) \cap (\lambda B_n) = \emptyset$; si α est un scalaire de valeur absolue $\leq |\lambda| - 1$, $x + \bigcap ((\alpha B_n) + V_n)$ ne rencontre pas $\bigcup B_n$, q.e.d.

Démonstration du théorème 5 . - Soit U un disque bornivore de E' : il s'agit de voir que U contient un disque bornivore et fermé ; d'après le lemme 7 , il suffit de trouver une suite croissante de bornés disqués fermés dans E' , contenus dans U et dont les homothétiques forment une famille fondamentale, ce qui est immédiat par compacité (linéaire) faible.

Corollaire. - Un espace de Fréchet E , tel que E^b soit réflexif, est un elc réflexif.

CHAPITRE 4

PRODUITS TENSORIELS (C. HOUZEL)

§ 1. Produits tensoriels projectifs

1. Rappels et conventions de notation

Au chapitre I, § 4,5 et au chapitre II, § 1, on a associé à tout couple (E,F) d'espaces vectoriels munis de structures de l'un des types envisagés dans ce séminaire (i.e. semi-norme, bornologie, topologie, topologie et bornologie compatibles) un espace d'applications linéaires de E dans F possédant lui-même une structure d'un type analogue et dépendant fonctoriellement du couple (E,F). Afin de pouvoir donner des énoncés généraux, nous noterons $\mathcal{L}(E,F)$ cet espace d'applications linéaires muni de sa structure, quelles que soient les structures de E et F . Cette convention est précisée par le tableau (I) suivant :

Structure de E	Structure de F	Espace $\mathcal{L}(E,F)$	Stucture de $\mathcal{L}(E,F)$	Référence
semi-norme	semi-norme	L(E,F)	semi-norme	Chap. II, § 1
bornologie	bornologie	Leb(E,F)	bornologie	Chap.I, § 4,n° 1
topologie	topologie	Lec(E,F)	bornologie	Chap.I, § 4, n° 2
bornologie	topologie	Lub(E,F)	topologie	Chap.I, § 4, n° 4
topologie	bornologie	Lvb(E,F)	bornologie	Chap.I, § 4, n° 5
topologie et bornologie	topologie et bornologie	Lbc(E,F)	topologie et bornologie	Chap.I, § 5, n° 3

Notons que l'on forme une grande catégorie en prenant pour objets les espaces vectoriels bornologiques et les espaces vectoriels topologiques, et comme morphismes d'un objet E dans un objet F les éléments de l'espace $\mathcal{L}(E,F)$ du tableau (I) (Leb(E,F), Lec(E,F), Lub(E,F) ou Lvb(E,F)) , la composition des morphismes étant la composition des applications linéaires.

En effet, si G est un espace bornologique complet, on a

$$\mathrm{Lvb}(E \mathbin{\hat{\otimes}_{\pi c}} F,G) \approx \mathrm{Lvb}(E \otimes_{\pi c} F,G) \approx \mathrm{Lvb}(E, \mathrm{Lvb}(F,G)) \approx \coprod \mathrm{Lvb}(E_\lambda , \mathrm{Lvb}(F_\mu , G))$$

en posant pour simplifier $E = \prod E_\lambda$ et $F = \prod F_\mu$ et en utilisant deux fois la proposition du chapitre II, §2, n° 5. Ainsi

$$\mathrm{Lvb}(E \mathbin{\hat{\otimes}_{\pi c}} F,G) \approx \coprod \mathrm{Lvb}(E_\lambda \otimes_{\pi c} F_\mu , G) \approx \coprod \mathrm{Lvb}(E_\lambda \mathbin{\hat{\otimes}_{\pi c}} F_\mu , G) = \mathrm{Lvb}(\prod E_\lambda \mathbin{\hat{\otimes}_{\pi c}} F_\mu , G)$$

par une nouvelle utilisation du même résultat. On en déduit bien l'isomorphisme annoncé.

PROPOSITION 4'.- Soit F un espace vectoriel. Pour $\omega \neq \pi c$, le foncteur $E \rightsquigarrow E \mathbin{\hat{\otimes}_\omega} F$ est adjoint du foncteur $G \rightsquigarrow \mathcal{L}(F,G)$ (G complet) d'une manière précisée par le Tableau IV' :

semi-norme	(esn)	(bsn)	$E \rightsquigarrow E \mathbin{\hat{\otimes}_\pi} F$	$G \rightsquigarrow L(F,G)$
bornologie	(ebc)	(ebcc)	$E \rightsquigarrow E \mathbin{\bar{\otimes}_{\pi b}} F$	$G \rightsquigarrow \mathrm{Leb}(F,G)$
bornologie	(elc)	(elcc)	$E \rightsquigarrow E \mathbin{\hat{\otimes}_{\pi y}} F$	$G \rightsquigarrow \mathrm{Lub}(F,G)$
topologie	(ebc)	(elcc)	$E \rightsquigarrow E \mathbin{\hat{\otimes}_{\pi y}} F$	$G \rightsquigarrow \mathrm{Lec}(F,G)$
topologie et bornologie	(elbc)	(ecqc)	$E \rightsquigarrow E \mathbin{\hat{\otimes}_{\pi i}} F$	$G \rightsquigarrow \mathrm{Lbc}(F,G)$

COROLLAIRE.- L'application canonique de $K \otimes E$ sur E se prolonge en un isomorphisme :

a) E semi-normé $K \mathbin{\hat{\otimes}_\pi} E \approx \hat{E}$.

b) E bornologique $K \mathbin{\bar{\otimes}_{\pi b}} E \approx \bar{E}$ et $K \mathbin{\hat{\otimes}_{\pi y}} E \approx {}^t\hat{E}$.

c) E localement convexe $K \mathbin{\hat{\otimes}_{\pi c}} E = K \mathbin{\hat{\otimes}_{\pi y}} E \approx \hat{E}$.

d) E topologique et bornologique $K \mathbin{\hat{\otimes}_{\pi i}} E \approx \overset{\frown}{E}$.

PROPOSITION 5' (associativité).- Soient E, F, G trois espaces vectoriels. L'application canonique de $E \otimes (F \otimes G)$ sur $(E \otimes F) \otimes G$ induit les isomorphismes suivants :

a) E, F, G semi-normés $E \mathbin{\hat{\otimes}_\pi} (F \mathbin{\hat{\otimes}_\pi} G) \approx (E \mathbin{\hat{\otimes}_\pi} F) \mathbin{\hat{\otimes}_\pi} G$.

b) E, F, G <u>bornologiques</u> $E \bar{\otimes}_{\pi b} (F \bar{\otimes}_{\pi b} G) \simeq (E \bar{\otimes}_{\pi b} F) \bar{\otimes}_{\pi b} G$.

c) E, F, G <u>localement convexes</u> $E \hat{\otimes}_{\pi c} (F \hat{\otimes}_{\pi c} G) \simeq (E \hat{\otimes}_{\pi c} F) \hat{\otimes}_{\pi c} G$.

d) E, F, G <u>topologiques et bornologiques</u> $E \widehat{\otimes}_{\pi i} (F \widehat{\otimes}_{\pi i} G) \simeq (E \widehat{\otimes}_{\pi i} F) \widehat{\otimes}_{\pi i} G$.

e) E, F <u>bornologiques et</u> G <u>topologique</u> $E \hat{\otimes}_{\pi y} (F \hat{\otimes}_{\pi y} G) \simeq (E \bar{\otimes}_{\pi b} F) \hat{\otimes}_{\pi y} G$ <u>et les morphismes:</u>

$E \hat{\otimes}_{\pi y} (F \hat{\otimes}_{\pi c} G) \longrightarrow (E \hat{\otimes}_{\pi y} F) \hat{\otimes}_{\pi c} G$ (E <u>bornologique ;</u> F, G <u>localement convexes)</u>

$E \widehat{\otimes}_{\pi i} (F \hat{\otimes}_{\pi cb} G) \longrightarrow (E \widehat{\otimes}_{\pi i} F) \hat{\otimes}_{\pi cb} G$ (E, F, G <u>topologiques et bornologiques)</u>.

Ceci résulte immédiatement de la proposition 5 (n° 8) et de la proposition 8.

Nous terminerons par quelques exemples qui pourraient délasser le lecteur qui aurait eu le courage de nous suivre jusqu'ici.

1) Structure du produit tensoriel bornologique complété $\bar{\otimes}_{\pi b}$.

<u>PROPOSITION 10.- Soient</u> X <u>un ensemble et</u> F <u>un espace semi-normé. On a un isomorphisme canonique</u> $\ell^1(X) \hat{\otimes}_\pi F \simeq \ell^1_{\hat{F}}(X)$.

<u>Soient</u> X <u>et</u> Y <u>deux ensembles ;</u> $\ell^1(X) \hat{\otimes}_\pi \ell^1(Y) \simeq \ell^1(X \times Y)$.

En effet $\ell^1(X)$ est somme (dans la catégorie des espaces de Banach) d'une famille indexée par X d'espaces tous isomorphes à K . Donc (cor. 4'), $\ell^1(X) \hat{\otimes}_\pi F$ est somme d'une famille indexée par X d'espaces isomorphes à $K \hat{\otimes}_\pi F \simeq \hat{F}$,d'où le résultat.

De même, pour $F = \ell^1(Y)$, $\ell^1(X) \hat{\otimes}_\pi \ell^1(Y)$ est somme d'une famille indexée par $X \times Y$ d'espaces isomorphes à $K \hat{\otimes}_\pi K \simeq K$.

<u>COROLLAIRE 1.- Soient</u> E <u>et</u> F <u>des espaces de Banach ; désignons par</u> E_o <u>la boule unité de</u> E <u>et par</u> F_o <u>celle de</u> F . <u>Le produit tensoriel</u> $E \hat{\otimes} F$ <u>est isomorphe au quotient de</u> $\ell^1(E_o \times F_o)$ <u>par le sous-espace fermé engendré par les éléments de la forme</u> $e_{x_1+x_2,y} - e_{x_1,y} - e_{x_2,y}$; $e_{x,y_1+y_2} - e_{x,y_1} - e_{x,y_2}$ $e_{\lambda x,y} - e_{x,y}$; $e_{x,\lambda y} - e_{x,y}$ $(x, x_1, x_2 \in E_o$; $y, y_1, y_2 \in F_o$; $\lambda \in K)$.

On peut évidemment établir ce corollaire directement, en montrant que le quotient en question satisfait au même problème universel que $E \hat{\otimes}_\pi F$, ce qui est immédiat. Ou bien on utilise le fait que E (resp. F) est quotient de $\ell^1(E_o)$ (resp. $\ell^1(F_o)$) par le sous-espace fermé R (resp. S) engendré par les éléments de la forme $e_{x_1+x_2} - e_{x_1} - e_{x_2}$ ou $e_{\lambda x} - \lambda e_x$ $(\lambda \in K$; $x, x_1, x_2 \in E_o$ - resp. $\in F_o)$.

Par suite (cor. 5')

$$E \hat{\otimes}_\pi F \simeq \ell^1(E_o) \hat{\otimes}_\pi \ell^1(F_o) \ / \ \overline{R \otimes \ell^1(F_o) + \ell^1(E_o) \otimes S} \simeq \ell^1(E_o \times F_o) / T$$

où T est l'image de $\overline{R \otimes \ell^1(F_o) + \ell^1(E_o) \otimes S}$ par l'isomorphisme de $\ell^1(E_o) \hat{\otimes}_\pi \ell^1(F_o)$ sur $\ell^1(E_o \times F_o)$, c'est-à-dire précisément le sous-espace fermé engendré par les éléments envisagés dans l'énoncé.

COROLLAIRE 2.- *Tout* $z \in E \hat{\otimes}_\pi F$ *peut s'écrire* $z = \sum x_n \otimes y_n$ *où* (x_n) *et* (y_n) *sont des suites bornées de* E *et* F *respectivement, telles que* $\sum ||x_n|| \cdot ||y_n|| < +\infty$; *on a* $||z||_1 = \inf \sum || x_n || \cdot || y_n ||$ *(borne inférieure prise pour de telles suites).*

PROPOSITION 11.- *Soient* E *et* F *des espaces bornologiques de type convexe. Le produit tensoriel* $E \overline{\otimes}_{\pi b} F$ *est isomorphe au quotient de* $\varinjlim^b_{A,B} \ell^1(A \times B)$ $(A, B$ *disques bornés variables dans* E *et* F *respectivement) par le sous-espace fermé engendré par les images des éléments de la forme indiquée dans le corollaire 1 de la proposition* 10.

Il suffit de vérifier que cet espace quotient (qui est un espace bornologique complet) satisfait au même problème universel que $E \overline{\otimes}_{\pi b} F$. On peut aussi, en supposant E et F complets : $E \simeq \varinjlim E_A$, $F \simeq \varinjlim F_B$ $(A, B$ disques bornés complétants dans E et F respectivement), appliquer le corollaire 3' et le corollaire 1 de la proposition 10.

COROLLAIRE Tout $z \in E \overline{\otimes}_{\pi b} F$ peut s'écrire $z = \sum \lambda_n x_n \otimes y_n$ où (x_n) et (y_n) sont des suites bornées de E et F respectivement et (λ_n) une suite de scalaires telle que $\sum |\lambda_n| \leq 1$.

Le corollaire de la proposition 5 (n° 8) permet d'énoncer le même résultat dans le produit tensoriel $E \otimes_{\pi c} F$ de deux espaces métrisables E, F. En fait, on a un résultat plus fort, qui se déduit du théorème 2 :

PROPOSITION 12.- *Soient* E *et* F *des espaces localement convexes métrisables. Pour tout compact* C *de* $E \hat{\otimes}_{\pi c} F$ *il existe une suite* (x_n) *tendant vers* 0 *dans* E *et une suite* (y_n) *tendant vers* 0 *dans* F *telles que* C *soit contenu dans l'ensemble* D *des points de la forme* $\sum \lambda_n x_n \otimes y_n$ *où* $\sum |\lambda_n| \leq 1$.

En effet C est contenu dans un ensemble de la forme $\overline{\Gamma}(A \otimes B)$ où A est une partie précompacte de E et B une partie précompacte de F (th. 2) ; il existe alors une suite (x_n) tendant vers 0 dans E et une suite (y_n) tendant vers 0 dans F telles que $A \subset \overline{\Gamma}((x_n))$ et $B \subset \overline{\Gamma}((y_n))$ (chap. II, § 3, n° 11) ; on aura donc établi la proposition si on montre que l'ensemble D correspondant est fermé dans $E \hat{\otimes}_{\pi c} F$ (puisque c'est alors $\overline{\Gamma}((x_n \otimes y_n))$) ; or, comme $(x_n \otimes y_n)$

tend vers 0 dans $E \hat{\otimes}_{\pi c} F$, l'ensemble D est compact (chap. III, Introd. n° 2).

Bien entendu, le résultat de la proposition 12 est valable en particulier pour des espaces normés E et F et le produit tensoriel $E \hat{\otimes}_{\pi} F$. Par le raisonnement habituel, on l'étend au cas d'espaces bornologiques :

PROPOSITION 12'.- Soient E et F des espaces bornologiques de type convexe séparés. Pour tout compact C de $E \hat{\otimes}_{\pi b} F$, il existe une suite (x_n) tendant vers 0 dans E et une suite (y_n) tendant vers 0 dans F telles que C soit contenu dans l'ensemble D des points de la forme $\sum \lambda_n x_n \otimes y_n$ où $\sum |\lambda_n| \leq 1$.

Ceci constitue une amélioration du corollaire de la proposition 11.

2) Espace L^1 et espace $\mathcal{M}^1$ des mesures bornées. ($K = \mathbb{R}$ ou $\mathbb{C}$).

THEOREME 3.- Soient (X,μ) un espace mesuré et F un espace semi-normé. L'application bilinéaire : $(f,a) \rightsquigarrow f.a$ de $L^1(X,\mu) \times F$ dans $L^1_{\hat{F}}(X,\mu)$ donne un isomorphisme $L^1(X,\mu) \hat{\otimes}_{\pi} F \xrightarrow{\sim} L^1_{\hat{F}}(X,\mu)$.

On sait que l'ensemble des fonctions régulières étagées sur X est un sous-espace vectoriel dense de $L^1(X,\mu)$; nous désignerons par E cet espace muni de la norme N_1^{μ} . Pour établir le théorème, il suffit de prouver que $E \hat{\otimes}_{\pi} F \xrightarrow{\sim} L^1_{\hat{F}}(X,\mu)$. Or $E \otimes_{\pi} F$ est isomorphe au sous-espace dense de $L^1_{\hat{F}}(X,\mu)$ formé des fonctions régulières étagées à valeurs dans F (supposé séparé), c'est-à-dire de la forme $\sum \varphi_{A_i} a_i$ où (A_i) est une famille finie d'ensembles du clan de X et (a_i) une famille finie de vecteurs de F ; en effet, si (f_i) est une famille finie de fonctions numériques régulières étagées de supports disjoints deux à deux et (a_i) une famille finie de vecteurs de F on a d'une part $\|\sum f_i \otimes a_i\|_1 = \sum N_1(f_i)\|a_i\|$ comme conséquence facile du th. 1 a) (4) (n° 3) et des propriétés d'un clan ; d'autre part $N_1(\sum f_i a_i) = \int_X \|\sum f_i a_i\| \mu = \sum \int_X |f_i| \mu . \|a_i\| = \sum N_1(f_i)\|a_i\|$ puisque les supports des f_i sont disjoints. (Le fait que l'espace des fonctions régulières étagées soit dense dans $L^1_{\hat{F}}(X,\mu)$ résulte de la définition de cet espace L^1 et des propriétés d'approximation des fonctions mesurables ou des fonctions régulières par des fonctions élémentaires et des fonctions étagées ; (cf. Intégration).

COROLLAIRE 1.- Soit $E \longrightarrow F$ un monomorphisme strict d'espaces semi-normés. Les morphismes correspondants $L^1(X,\mu) \hat{\otimes}_{\pi} E \longrightarrow L^1(X,\mu) \hat{\otimes}_{\pi} F$ et $L^1(X,\mu) \otimes_{\pi} E \longrightarrow$ $\longrightarrow L^1(X,\mu) \otimes_{\pi} F$ sont des monomorphismes stricts.

Autrement dit le foncteur $E \rightsquigarrow L^1(X,\mu) \otimes_{\pi} E$ est post-exact sur la catégorie des espaces semi-normés. Par suite $E \rightsquigarrow {}^tL^1(X,\mu) \otimes_{\pi c} E$ est post-exact sur la catégorie des espaces localement convexes, et $E \rightsquigarrow {}^bL^1(X,\mu) \otimes_{\pi b} E$ est post-exact sur la catégorie (ebc).

Nous dirons que $L^1(X,\mu)$ est π-plat pour exprimer cette propriété.

COROLLAIRE 2.- Soit $E \longrightarrow F$ un monomorphisme strict d'espaces semi-normés. Le morphisme correspondant $L(F, L^\infty(X,\mu)) \longrightarrow L(E, L^\infty(X,\mu))$ est un épimorphisme strict. Autrement dit, le foncteur (contravariant) $E \rightsquigarrow L(E, L^\infty(X,\mu))$ est anté-exact sur la catégorie des espaces semi-normés, et $L^\infty(X,\mu)$ est un objet injectif de cette catégorie. Par suite ${}^tL^\infty(X,\mu)$ est un objet injectif de la catégorie des espaces localement convexes.

En effet $L(E,L^\infty(X,\mu)) \simeq L(E,L^1(X,\mu)') \simeq L(E \otimes L^1(X,\mu),K) \simeq L^1_{\hat{E}}(X,\mu)'$.

Il suffit d'appliquer le corollaire précédent et le théorème de Hahn-Banach (qui affirme que K est injectif ; chapitre III, § I, n°2 , th. 2) .

COROLLAIRE 3.- Soient (X,μ) et (Y,ν) deux espaces mesurés. L'application bilinéaire de $S(X) \times S(Y)$ dans $S(X \times Y)$ qui transforme (f,g) en la fonction $(x,y) \rightsquigarrow f(x)g(y)$ sur $X \times Y$ $(x \in X,\ y \in Y\ ;\ f \in S(X),\ g \in S(Y))$ donne un isomorphisme $L^1(X,\mu) \otimes_\pi L^1(Y,\nu) \xrightarrow{\sim} L^1(X \times Y,\mu \otimes \nu)$.

En effet $L^1(X,\mu) \hat{\otimes}_\pi L^1(Y,\nu) = L^1_{L^1(Y,\nu)}(X,\mu)$. Montrons que ce dernier espace est isomorphe à $L^1(X \times Y,\mu \otimes \nu)$; pour toute fonction $f \in S(X \times Y)$ et pour $x \in X$, la fonction $f_x : y \rightsquigarrow f(x,y)$ est ν-intégrable, et l'application qui associe à x la classe de f_x dans $L^1(Y,\nu)$ est μ-intégrable ; nous désignerons par $\tilde{f}$ la classe de cette application dans

$L^1_{L^1(Y,\nu)}(X,\mu)$. On a $N_1^\mu(\tilde{f}) = \int_X N_1(f_x)\mu(x) = \int_X(\int_Y |f(x,y)|\nu(y))\mu(x) =$

$$= \int_{X \times Y} |f(x,y)|\mu(x)\nu(y) = N_1^{\mu\otimes\nu}(f)$$

en utilisant le théorème de Lebesgue-Fubini. Il en résulte que l'application $f \rightsquigarrow \tilde{f}$ se prolonge en une isométrie de $L^1(X \times Y, \mu\otimes \nu)$ sur un sous-espace de $L^1_{L^1(Y,\nu)}(X,\mu)$; comme ce sous-espace contient visiblement les applications intégrables de rang fini de X dans $L^1(Y,\nu)$, c'est l'espace entier.

PROPOSITION 13.- Soient X un espace mesurable et F un espace semi-normé. Considérons l'application $u : \mathcal{M}^1(X) \hat{\otimes}_\pi F \longrightarrow \mathcal{M}^1(X, \hat{F})$ provenant de l'application bilinéaire $:(\mu, a) \rightsquigarrow \mu.a$ de $\mathcal{M}^1(X) \times F$ dans $\mathcal{M}^1(X,\hat{F})$, et pour chaque mesure positive bornée μ l'application $v_\mu : f \rightsquigarrow f.\mu$ de $L^1_{\hat{F}}(X,\mu)$ dans $\mathcal{M}^1(X,F)$. Si $\mu,\nu \in \mathcal{M}^1_+(X)$ et $\mu \leq \nu$ on a un morphisme $w_{\mu\nu} : L^1_{\hat{F}}(X,\mu) \to L^1_{\hat{F}}(X,\nu)$ défini par $w_{\mu\nu}(f) = (d\mu / d\nu)f$ $(d\mu / d\nu =$ densité de μ par rapport à $\nu)$; il est clair que $v_\mu = v_\nu \circ w_{\mu\nu}$, ce qui permet de définir un morphisme v :

$\underrightarrow{\lim}(L^1_{\hat F}(X,\mu),\ w_{\mu\nu}) \longrightarrow \mathcal{M}^1(X,F)$. Alors :

(i) u et v sont des isométries de $\mathcal{M}^1(X)\ \hat{\otimes}_\pi F$ et $\underrightarrow{\lim}\ L^1_{\hat F}(X,\mu)$ sur le sous-espace de $\mathcal{M}^1(X,\hat F)$ formé des mesures bornées μ sur X à valeurs dans F qui sont de base $|\mu|$.

(ii) En particulier $\mathcal{M}^1(X)\ \hat{\otimes}_\pi F = \underrightarrow{\lim}\ L^1_{\hat F}(X,\mu)$; les morphismes canoniques $L^1_{\hat F}(X,\mu) \longrightarrow \mathcal{M}^1(X)\ \hat{\otimes}_\pi F$ sont des monomorphismes directs.

Notons que si F est le dual d'un espace normé séparable, toute mesure bornée μ à valeurs dans F est de base $|\mu|$, comme il résulte du théorème de Dunford-Pettis (Bourbaki, Int. VI, § 2, n° 5, cor. 4 du th. 1).

Considérons d'abord le cas où F est le corps de base ; on sait que $v_\mu : f \rightsquigarrow f.\mu$ est un isomorphisme de $L^1(X,\mu)$ sur la bande $B(\mu)$ engendrée par μ dans $\mathcal{M}^1(X)$ (théorème de Lebesgue-Nikodym) ; c'est un monomorphisme direct d'après le théorème de décomposition de Lebesgue. Comme $\mathcal{M}^1(X)$ est réunion des bandes $B(\mu)$ pour $\mu \in \mathcal{M}^1_+(X)$, on en déduit immédiatement l'isomorphisme $v : \underrightarrow{\lim}\ L^1(X,\mu) \xrightarrow{\sim} \mathcal{M}^1(X)$.

Si maintenant F est quelconque, on a, pour toute mesure positive bornée μ , un monomorphisme direct $L^1_{\hat F}(X,\mu) = L^1(X,\mu)\ \hat{\otimes}_\pi F \longrightarrow \mathcal{M}^1(X)\ \hat{\otimes}_\pi F$ qui est une isométrie de $L^1_{\hat F}(X,\mu)$ sur $B(\mu)\ \hat{\otimes}_\pi F$. Pour achever la démonstration, il suffit de savoir que $\mathcal{M}^1(X)\ \hat{\otimes}_\pi F$ est réunion des $B(\mu)\ \hat{\otimes}_\pi F$ pour $\mu \in \mathcal{M}^1_+(X)$. En utilisant le théorème 2, ceci résulte du lemme suivant :

LEMME.- Pour tout compact C de $\mathcal{M}^1(X)$, il existe une mesure positive bornée μ telle que $C \subset B(\mu)$.

On se ramène au cas où C est dénombrable ; or si (μ_n) est une suite de mesures bornées, on a $|\mu_n| \leq 2^n\ ||\mu_n||.\mu$ donc $\mu_n \in B(\mu)$ pour tout n, en posant $\mu = \sum |\mu_n|\ /\ 2^n ||\mu_n|| \in \mathcal{M}^1_+(X)$.

COROLLAIRE.- Soient X et Y des espaces mesurables. Considérons l'application u de $\mathcal{M}^1(X)\ \hat{\otimes}_\pi \mathcal{M}^1(Y)$ dans $\mathcal{M}^1(X \times Y)$ provenant de l'application bilinéaire : $(\mu,\nu) \rightsquigarrow \mu \otimes \nu$ de $\mathcal{M}^1(X) \times \mathcal{M}^1(Y)$ dans $\mathcal{M}^1(X \times Y)$, et pour tout couple $(\mu,\nu) \in \mathcal{M}^1_+(X) \times \mathcal{M}^1_+(Y)$ l'application : $f \rightsquigarrow f.\mu \otimes \nu$ de $L^1(X \times Y, \mu \otimes \nu)$ dans $\mathcal{M}^1(X \times Y)$; on en déduit un morphisme $v : \underrightarrow{\lim}\ L^1(X \times Y, \mu \otimes \nu) \longrightarrow \mathcal{M}^1(X \times Y)$. Alors u et v sont des isométries de $\mathcal{M}^1(X)\ \hat{\otimes}_\pi \mathcal{M}^1(Y)$ et $\underrightarrow{\lim}\ L^1(X \times Y, \mu \otimes \nu)$ sur l'espace des mesures bornées sur $X \times Y$ qui sont absolument continues par rapport à une mesure de la forme $\mu \otimes \nu$ où $(\mu,\nu)\mathcal{M}^1_+(X) \times \mathcal{M}^1_+(Y)$. En particulier $\mathcal{M}^1(X)\ \hat{\otimes}_\pi \mathcal{M}^1(Y) = \underrightarrow{\lim}\ L^1(X \times Y, \mu \otimes \nu)$; les morphismes canoniques : $L^1(X \times Y, \mu \otimes \nu) \longrightarrow \mathcal{M}^1(X)\ \hat{\otimes}_\pi \mathcal{M}^1(Y)$ sont des morphismes directs.

Le théorème 3 et la proposition 13 sont des généralisations de la proposition 10 (sur un corps de base $K = \mathbb{R}$ ou $\mathbb{C}$). On peut déduire de la proposition 13 que l'espace $\mathcal{M}^1(X)$ des mesures bornées sur X est π-plat, mais ceci résulte aussi du fait qu'il existe un espace localement compact extrêmement discontinu S et une mesure de Radon positive λ sur S telle que $\mathcal{M}^1(X) \simeq L^1(S,\lambda)$ (Bourbaki, Int. IV. § 4, exercice 10).

3) Intégration vectorielle.

Soient X un espace mesurable et F un espace topologique et bornologique de type convexe. Rappelons (cf. Intégration) qu'un ensemble H d'applications de X dans F est dit équimajoré s'il existe un borné B de F et une fonction positive g appartenant au cône de Daniell structural de X tels que $f(x) \in g(x)B$ pour tout $f \in H$ et tout $x \in X$; on dit qu'une fonction $f : X \longrightarrow F$ est majorée si $\{f\}$ est équimajoré, et qu'elle est régulière si elle est mesurable et majorée. Sur l'ensemble $S(X,F)$ des applications régulières de X dans F, qui est visiblement un espace vectoriel, la famille des ensembles équimajorés de fonctions mesurables est une bornologie vectorielle de type convexe ; on munit $S(X,F)$ de la topologie localement convexe définie par les semi-normes $N_1^{\mu,q}(f) = N_1^{\mu}(q(f))$ $(f \in S(X,F))$, où μ parcourt l'ensemble des mesures positives sur X et q l'ensemble des semi-normes continues sur F ; cette topologie est compatible avec la bornologie précédente.

L'application bilinéaire : $(f,a) \rightsquigarrow f.a$ de $S(X) \times F$ dans $S(X,F)$ définit une application linéaire $u : S(X) \otimes F \longrightarrow S(X,F)$; nous allons montrer que u est un monomorphisme strict de $S(X) \otimes_{\pi cb} F$ dans $S(X,F)$ et que son image est strictement dense. Pour cela on introduit l'espace des fonctions régulières étagées numériques sur X : c'est un sous-espace strictement dense E de $S(X)$, donc on peut remplacer $S(X)$ par E (prop.) ; u définit une bijection de $E \otimes F$ sur l'ensemble des fonctions régulières étagées sur X à valeurs dans F, qui est un sous-espace strictement dense de $S(X,F)$; il s'agit donc de prouver que $E \otimes_{\pi cb} F$ est isomorphe par u à ce sous-espace de $S(X,F)$. Pour la topologie, on raisonne sur chaque semi-norme $N_1^{\mu,q}$ comme dans le théorème 3 ; pour la bornologie c'est tout à fait évident.

De ce résultat on déduit un morphisme strict $S(X,F) \longrightarrow S(X) \hat{\otimes}_{\pi cb} F$ dont le noyau est $\overline{\{0\}}$ et dont l'image est strictement dense.

Si G est un second espace topologique et bornologique de type convexe, considérons l'espace $\mathcal{M}(X,G) = \mathrm{Lbc}(S(X),G)$ des mesures sur X à valeurs dans G ; on a une applications bilinéaire : $(f,\mu) \rightsquigarrow \mu(f)$ bornée et hypocontinue de $S(X) \times \mathcal{M}(X,G)$ dans G (chap. I, § 6, n° 5), d'où un morphisme : $S(X) \otimes_{\pi i} \mathcal{M}(X,G) \to G$.

On en déduit un morphisme $F \hat{\otimes}_{\pi cb}(S(X) \hat{\otimes}_{\pi i} \mathcal{M}(X,G)) \longrightarrow F \hat{\otimes}_{\pi cb} G$; par composition avec le morphisme canonique de $(F \hat{\otimes}_{\pi cb} S(X)) \hat{\otimes}_{\pi i} \mathcal{M}(X,G)$ dans $F \hat{\otimes}_{\pi cb}(S(X) \hat{\otimes}_{\pi i} \mathcal{M}(X,G))$ et en utilisant $S(X,F) \longrightarrow S(X) \hat{\otimes}_{\pi cb} F$ on trouve enfin un morphisme de $S(X,F) \hat{\otimes}_{\pi i} \mathcal{M}(X,G)$ dans $F \hat{\otimes}_{\pi cb} G$ qui correspond à une application bilinéaire hypocontinue et bornée : $S(X,F) \times \mathcal{M}(X,G) \longrightarrow F \hat{\otimes}_{\pi cb} G$; on désigne par $\int_X f \otimes \mu$ l'image du couple (f,μ) par cette application : c'est <u>l'intégrale</u> de la fonction régulière f (à valeurs dans F) par rapport à la mesure μ (à valeurs dans G). Si $v : F \times G \longrightarrow H$ est une application bilinéaire <u>continue et bornée</u> à valeurs dans un espace quasi-complet H , on pose $\int_X v(f,\mu) = w\ (\int_X f \otimes \mu) \in H$ où w désigne l'application de $F \hat{\otimes}_{\pi cb} G$ dans H qui correspond à v .

Pour intégrer par rapport à une quasi-mesure $\mu \in \widetilde{\mathcal{M}}(X,G) = \widetilde{Lbc}(S(X),G)$, on utilise le morphisme $S(X,F) \longrightarrow \widetilde{S(X)} \hat{\otimes}_{\pi cb} F$ immédiatement déduit de $S(X,F) \longrightarrow S(X) \otimes_{\pi cb} F$ (ce nouveau morphisme n'est pas strict), et l'application bilinéaire hypocontinue et bornée de $\widetilde{S(X)} \times \widetilde{\mathcal{M}}(X,G)$ dans G qui donne l'intégration des fonctions régulières numériques. On en déduit comme précédemment une application bilinéaire $S(X,F) \times \widetilde{\mathcal{M}}(X,G) \longrightarrow F \hat{\otimes}_{\pi cb} G$ hypocontinue et bornée.

§ 2. Produit tensoriel et dualité

Produit tensoriel injectif

1. Formes bilinéaires

Si E et F sont deux espaces vectoriels, on leur associe l'espace de formes bilinéaires $\mathcal{B}(E,F) = \mathcal{B}(E,F;K) \simeq \mathcal{L}(E,F') \simeq \mathcal{L}(F,E')$ encore isomorphe à $\mathcal{L}(E \otimes_\omega F,K) \simeq (E \otimes_\omega F)'$. De façon précise on a dans les différents cas :

a) E, F semi-normés : $B(E,F) \simeq L(E,F') \simeq L(F,E') \simeq (E \otimes_\pi F)' \simeq (E \hat{\otimes}_\pi F)'$

b) E, F bornologiques : espace des formes bilinéaires bornées

$$Bub(E,F) \simeq Lub(E,F') \simeq Lub(F,E') \simeq (E \otimes_{\pi b} E)' \simeq (E \hat{\otimes}_{\pi b} F)'$$

c) E, F localement convexes : espace des formes bilinéaires continues

$$Bec(E,F) = Bvb(E,F) \simeq Lvb(E,F') \simeq Lvb(F,E') \simeq (E \otimes_{\pi c} F)' \simeq (E \hat{\otimes}_{\pi c} F)'$$

d) E bornologique, F localement convexe : espace des formes bilinéaires F-hypocontinues

$$Byc(E,F) \simeq Leb(E,F') \simeq Lec(F,E') \simeq (E \otimes_{\pi y} F)' \simeq (E \hat{\otimes}_{\pi y} F)'$$

e) E, F topologiques et bornologiques : espace des formes bilinéaires hypocontinues et bornées

$$Bbc(E,F) \simeq Lbc(E,F') \simeq Lbc(F,E') \simeq (E \otimes_{\pi i} F)' \simeq (E \hat{\otimes}_{\pi i} F)'$$

et espace des formes bilinéaires bornantes

$$Bwb(E,F) \simeq Lwb(E,F') \simeq Lwb(F,E') \simeq (E \otimes_{\pi cb} F)' \simeq (E \hat{\otimes}_{\pi cb} F)' ;$$

l'isomorphisme $\mathcal{L}(E,F') \longrightarrow \mathcal{L}(F,E')$ est défini par la transposition $\mathcal{L}(E,F') \longrightarrow \mathcal{L}(F'',E')$ (en utilisant le morphisme canonique $F \longrightarrow F''$).

Donnons quelques exemples, d'abord dans le cas de deux espaces de Banach.

I) Formes bilinéaires continues sur $L^1(X,\mu) \times L^1(Y,\nu)$.

Si (X,μ) et (Y,ν) sont deux espaces mesurés, on a vu au § 1, n° 9, ex. 2 que l'application bilinéaire de $S(X) \times S(Y)$ dans $L^1(X \times Y,\mu \otimes \nu)$ qui transforme le couple (f,g) en la classe de la fonction : $(x,y) \longrightarrow f(x)g(y)$ définit un isomorphisme

$$L^1(X,\mu) \hat{\otimes}_\pi L^1(Y,\nu) \xrightarrow{\simeq} L^1(X \times Y, \mu \otimes \nu)$$

(cor. 3 du th. 3). Donc l'espace des formes bilinéaires continues sur le produit $L^1(X,\mu) \times L^1(Y,\nu)$ est

$$B(L^1(X,\mu)\ ,\ L^1(Y,\nu)) \simeq L^1(X\times Y,\mu\otimes\nu)' \simeq L^\infty(X\times Y,\mu\otimes\nu)$$

espace des classes de fonctions $\mu\otimes\nu$ -mesurables essentiellement bornées sur $X\times Y$. A une telle fonction N correspond la forme linéaire

$$\tilde{h} \rightsquigarrow \int_{X\times Y} h(x,y)N(x,y)\mu(x)\nu(y) \qquad \text{sur} \quad L^1(X\times Y,\ \mu\otimes\nu)$$

donc la forme bilinéaire

$$(\tilde{f},\tilde{g}) \rightsquigarrow \int_{X\times Y} N(x,y)f(x)g(y)\mu(x)\nu(y) \quad \text{sur} \quad L^1(X,\mu)\times L^1(Y,\nu)\ ;$$

cette forme bilinéaire a pour norme $\|N\|_\infty = \sup\ \text{ess}\ |N|$ et l'application linéaire de $L^1(X,\mu)$ dans $L^\infty(Y,\nu) \simeq L^1(Y,\nu)'$ qui lui correspond est celle qui transforme $\tilde{f}\in L^1(X,\mu)$ en la classe de la fonction

$$Nf : y \rightsquigarrow \int_X N(x,y)\ f(x)\ \mu(x)$$ (on dit que N est le noyau qui définit cette application linéaire).

Soit F un espace normé <u>séparable</u> ; le théorème de Dunford-Pettis (Bourbaki, Int. VI, §2, n°5, cor. 1 du th. 1) exprime que l'application qui à une fonction μ-mesurables essentiellement bornée f sur X à valeurs dans le dual faible F'_s de F associe la forme bilinéaire

$$(z,g) \rightsquigarrow \int_X \langle z,f(x)\rangle\ \ g(x)\mu(x) \qquad \text{sur} \quad F\times L^1(X,\mu)$$

définit un isomorphisme de $L^\infty_{F'_s}(X,\mu)$ sur $B(F,\ L^1(X,\mu))$. Si F est un espace localement convexe séparable, on définit de même un isomorphisme :

$$L^\infty_{F'_s}(X,\mu) \xrightarrow{\simeq} \text{Bec}(F,\ L^1(X,\mu)).$$

II) Soient X un ensemble et F un espace semi-normé ; on a défini un isomorphisme $l^1(X)\hat{\otimes}_\pi F \simeq l^1_{\hat{F}}(X)$ au moyen de l'application bilinéaire : $((\lambda_x),a) \rightsquigarrow (\lambda_x a)_{x\in X}$ de $l^1(X)\times F$ dans $l^1_{\hat{F}}(X)$. Il en résulte que

$$B(l^1(X),F) \simeq (l^1(X)\hat{\otimes}_\pi F)' \simeq l^1_{\hat{F}}(X)' \simeq l^\infty_{F'}(X)\ ;$$

à une famille bornée $(a'_x)_{x\in X}$ de formes linéaires sur F correspond la forme bilinéaire $((\lambda_x),a) \rightsquigarrow \sum_{x\in X} \lambda_x \langle a,a'_x\rangle$ sur $l^1(X)\times F$.

En particulier, si $F = l^1(Y)$ où Y est un second ensemble, on a

$$B(l^1(X), l^1(Y)) = (l^1(X) \hat{\otimes}_\pi l^1(Y))' = l^1(X \times Y)' = l^\infty(X \times Y) ;$$

à une "matrice bornée" $n = (n_{xy})_{(x,y) \in X \times Y} \in l^\infty(X \times Y)$ on associe la forme bilinéaire $((a_x)_{x \in X}, (b_y)_{y \in Y}) \rightsquigarrow \sum n_{xy} a_x b_y$ sur $l^1(X) \times l^1(Y)$; la norme de cette forme est $\|n\| = \sup |n_{xy}|$ et l'application linéaire de $l^1(X)$ dans $l^\infty(Y) \simeq l^1(Y)'$ qui lui correspond est

$$(a_x)_x \rightsquigarrow \Big(\sum_{x \in X} n_{xy} a_x\Big)_y \qquad \text{(application définie par la matrice } n\text{).}$$

III) Soient X et Y deux espaces mesurables. On a vu (§1, n° 9, cor. de la prop. 13) que $\mathcal{M}^1(X) \hat{\otimes}_\pi \mathcal{M}^1(Y) = \underrightarrow{\lim}\, L^1(X \times Y, \mu \otimes \nu)$; par suite

$$B(\mathcal{M}^1(X), \mathcal{M}^1(Y)) \simeq (\underrightarrow{\lim}\, L^1(X \times Y, \mu \otimes \nu))' \simeq \underleftarrow{\lim}\, L^\infty(X \times Y, \mu \otimes \nu)$$

où la limite projective, suivant l'ordonné filtrant $\mathcal{M}^1_+(X) \times \mathcal{M}^1_+(Y)$, est relative aux morphismes $L^\infty(X \times Y, \mu \otimes \nu) \longrightarrow L^\infty(X \times Y, \mu_1 \otimes \nu_1)$ transposés de $w_{\mu_1 \otimes \nu_1, \mu \otimes \nu} : f \rightsquigarrow (d\mu_1/d\mu)(d\nu_1/d\nu) f$ (pour $\mu_1 \leq \mu$, $\nu_1 \leq \nu$) : on voit immédiatement que ces morphismes transposés sont les morphismes d'inclusion naturels, de sorte que $B(\mathcal{M}^1(X), \mathcal{M}^1(Y)) \simeq \bigcap L^\infty(X \times Y, \mu \otimes \nu)$ s'identifie à l'espace des fonctions numériques bornées sur $X \times Y$ qui sont $\mu \otimes \nu$-mesurables quelles que soient les mesures positives bornées μ sur X et ν sur Y ; à une telle fonction N correspond la forme bilinéaire

$$(\mu, \nu) \rightsquigarrow \int_{X \times Y} N(x,y)\mu(x)\nu(y) \quad \text{de norme} \quad \|n\| = \sup_{x,y} |N(x,y)| ,$$

et l'application linéaire de $\mathcal{M}^1(X)$ dans l'espace des fonctions bornées universellement mesurables sur Y (cet espace est $\bigcap L^\infty(Y,\nu)$ isomorphe au dual de $\mathcal{M}^1(Y) = \underrightarrow{\lim}\, L^1(Y,\nu)$ associée à N transforme une mesure bornée μ sur X en la fonction $y \rightsquigarrow \int_X N(x,y)\mu(x)$ sur Y, désignée par $N\mu$.

Si F est un espace normé séparable, on trouve de même, grâce au théorème de Dunford- Pettis, que

$$B(\mathcal{M}^1(X), F) = B(\underrightarrow{\lim}\, L^1(X,\mu), F) = \underleftarrow{\lim}\, B(L^1(X,\mu), F)$$

est isomorphe à l'espace $\bigcap_{\mu \geq 0} L^\infty_{F's}(X,\mu)$ des fonctions bornées sur X à valeurs dans F', qui sont universellement scalairement mesurables ; à une telle fonction f correspond la forme bilinéaire

$$(\mu, z) \rightsquigarrow \int_X \langle z, f(x)\rangle \mu(x) \quad \text{sur } \mathcal{M}^1(X) \times F .$$

Bien sûr, si $F = L^1(Y,\nu)$, l'hypothèse de séparabilité est inutile. Pour un espace localement convexe séparable F on a encore

$$\mathrm{Bec}(\mathcal{M}^1(X),F) \simeq \bigcap_{\mu \geq 0} L^\infty_{F'_s}(X,\mu) .$$

IV) Soient X et Y deux espaces mesurables. On démontre sans peine que l'application bilinéaire de $S(X) \times S(Y)$ dans $S(X \times Y)$ qui transforme (f,g) en la fonction $(x,y) \rightsquigarrow f(x)\,g(y)$ sur $X \times Y$ définit un monomorphisme strict $S(X) \otimes_{\pi cb} S(Y) \longrightarrow S(X \times Y)$ dont l'image est strictement dense (pour toute fonction $f \in S(X \times Y)$ et tout $x \in X$, la fonction $f_x : y \rightsquigarrow f(x,y)$ est régulière sur Y ; on prouve que $x \rightsquigarrow f_x$ est une application régulière de X dans $S(Y)$ en considérant d'abord le cas où f est étagée ; ceci définit une application $S(X \times Y) \longrightarrow S(X, S(Y))$ qui est un monomorphisme strict à cause du théorème de Lebesgue-Fubini, cf. §1, n° 9 , démonstration du cor. 3 du th. 3 ; comme $S(X,S(Y))$ s'identifie à un sous-espace de $S(X) \hat{\otimes}_{\pi cb} S(Y)$ d'après la proposition 13 du §1, n° 9, on trouve bien le résultat annoncé).

Par transposition, on obtient un isomorphisme de l'espace $\mathcal{M}(X \times Y)$ des mesures sur $X \times Y$ (qui est le dual de $S(X \times Y)$) sur l'espace $\mathrm{Bwb}(S(X),S(Y))$ des formes bilinéaires bornantes sur $S(X) \times S(Y)$. A une mesure N sur $X \times Y$ correspond la forme bilinéaire bornante

$$(f,g) \rightsquigarrow \int_{X\times Y} f(x)g(y)N(x,y) \qquad (f \in S(X) \quad , \quad g \in S(Y)) .$$

L'application linéaire bornante de $S(X)$ dans $\mathcal{M}(Y) = S(X)'$ associée à cette forme bilinéaire est celle qui transforme une fonction $f \in S(X)$ en la mesure

$$Nf : g \quad \int_{X\times Y} g(y)\ f(x)\ N(x,y) \qquad (g \in S(Y)) \quad \text{sur} \quad Y ;$$

on note quelquefois

$$Nf = \int_X f(x)\ N(x,.) \quad ,$$

et on dit encore que l'application $f \rightsquigarrow Nf$ est définie par le <u>noyau</u> N .

On peut résumer ainsi une partie des considérations qui précèdent. Si (X,μ) et (Y,ν) sont des espaces mesurés, on a des applications linéaires continues et injectives $S(X) \longrightarrow L^1(X,\mu) \longrightarrow \mathcal{M}^1(X)$ (la première est l'inclusion naturelle et n'est pas un morphisme strict ; la seconde est le monomorphisme direct $f \rightsquigarrow f.\mu$ introduit au §1, n° 9, prop. 13) ; de même $S(Y) \longrightarrow L^1(Y,\nu) \longrightarrow \mathcal{M}^1(Y)$. D'autre part, si $M^\infty(X \times Y)$ désigne l'espace des fonctions bornées sur $X \times Y$ qui sont mesurables pour toutes les mesures de la forme $\rho \otimes \sigma$ (ρ mesure positive sur X ; σ mesure positive sur Y), on a les injections bornées naturelles $M^\infty(X \times Y) \longrightarrow L^\infty(X \times Y,\ \mu \otimes \nu) \longrightarrow \mathcal{M}(X \times Y)$ (la première est l'inclusion évidente et c'est un morphisme strict ; la seconde est $f \rightsquigarrow f.(\mu \otimes \nu)$). On dira qu'une mesure $N \in \mathcal{M}(X \times Y)$ sur $X \times Y$ est un noyau ; un noyau définit une forme bilinéaire bornante sur $S(X) \times S(Y)$ et une application linéaire bornante $f \leadsto Nf$ de $S(X)$ dans $\mathcal{M}(Y)$. Si le noyau N "appartient" à $L(X \times Y, \mu \otimes \nu)$, la forme bilinéaire qui lui correspond "se prolonge" à $L^1(X,\mu) \times L^1(Y,\nu)$, et l'application linéaire associée se prolonge en une application de $L^1(X,\mu)$ dans $L^\infty(Y,\nu) \hookrightarrow \mathcal{M}(Y)$. Si N appartient même à $M^\infty(X \times Y)$ la forme bilinéaire se prolonge encore à $\mathcal{M}^1(X) \times \mathcal{M}^1(Y)$ et l'application linéaire associée se prolonge en une application de $\mathcal{M}^1(X)$ dans $M^\infty(Y) \hookrightarrow L^\infty(Y,\nu) \hookrightarrow \mathcal{M}(Y)$ ($M^\infty(Y)$) est l'espace des fonctions bornées universellement mesurables sur Y). Dans des exemples ultérieurs, nous rencontrerons d'autres types de noyaux.

Nous terminerons en donnant quelques remarques d'ordre général que l'on déduit immédiatement des résultats du §1 .

1) Si E est un espace semi-normable et F un espace localement convexe, on a $Bec(E,F) = Bvb(E,F) = Byc(E,F)$ (§1, n°1).

2) Soient E et F des espaces topologiques et bornologiques de type convexe. Tout ensemble équihypocontinu de $Bbc(E,F)$ est équiborné (chap. I, §6, th.1) ; réciproquement, si E et F sont infratonnelés tout ensemble équiborné de $Bbc(E,F)$ est équihypocontinu (§1, n°7, prop.1).

Si E et F sont métrisables, l'un d'eux étant infratonnelé, ou si ce sont tous deux des espaces de Grothendieck $Bbc(E,F) = Bwb(E,F)$ (§1, n°7, prop.2).

3) Soient E et F des espaces localement convexes ; on leur associe l'espace de formes bilinéaires $Bbc(E^b, F^b) \simeq Lbc(E^b, F'_b) \simeq Lbc(F^b, E'_b)$ encore isomorphe au dual de $E \otimes_{\pi i \beta} F$ (par abus, on appelle ses éléments des formes bilinéaires hypocontinues sur $E \times F$).

Si E et F sont séparés on peut encore considérer les espaces

$$Bbc(E^s, F^s) \simeq Lbc(E^s, F'_s) \simeq Lbc(F^s, E'_s) \simeq (E \otimes_{\pi i \sigma} F)'$$

$$Bbc(E^c, F^c) \simeq Lbc(E^c, F'_c) \simeq Lbc(F^c, E'_c) \simeq (E \otimes_{\pi i \gamma} F)' \,.$$

On voit que les éléments de $Bbc(E^s, F^s)$, appelés formes bilinéaires séparément continues sur $E \times F$, s'identifient aux morphismes du système dual (E,E') dans le système dual (F', F), ou encore aux applications linéaires continues de E muni d'une topologie compatible avec la dualité (E, E') (resp. de E_τ) dans F'_s (resp. dans F' muni d'une topologie compatible avec la dualité (F', F)) .

On a les injections (continues et bornées) évidentes

$$Bec(E,F) \longrightarrow Bbc(E^b, F^b) \longrightarrow Bbc(E^c, F^c) \longrightarrow Bbc(E^s, F^s) \;;$$

la première est un isomorphisme (d'espaces bornologiques) si E et F sont métrisables ou si E^b et F^b sont des espaces de Grothendieck (§1, n° 7, prop. 2) ; si E et F sont tonnelés les deux dernières sont des isomorphismes bornologiques enfin les quatre espaces de formes bilinéaires coïncident si E et F sont métrisables l'un d'eux étant tonnelé (§1, n° 7).

4) Soient E et F des espaces localement convexes séparés ; les espaces quasi-complets E^s, F^s, E^c, F^c sont réflexifs et leurs duals respectifs sont les espaces E'_s, F'_s, E'_c, F'_c (chap. III, §3). Nous considérerons quelquefois les espaces d'applications bilinéaires

$$Bbc(E'_s, F'_s) \simeq Lbc(E'_s, F^s) \simeq Lbc(F'_s, E^s)$$

$$Bbc(E'_c, F'_c) \simeq Lbc(E'_c, F^c) \simeq Lbc(F'_c, E^c)$$

ce dernier espace s'interprète encore d'une autre façon : comme les parties équicontinues de E'_c (et de F'_c) sont relativement compactes toute application linéaire continue de E'_c dans F appartient à $Lbc(E'_c, F^c)$ et par suite

$$^{v}Lbc(E'_c, F^c) = {}^{v}Lbc(E'_c, F^s) \ ;$$

or les espaces E'^s_c et F^s ont pour duals E^c_σ et F'_s et ils sont réflexifs, d'où le fait que la transposition est un isomorphisme $Lbc(E'_c, F^s) \simeq Lbc(F'_s, E^c{}_\sigma)$; il en résulte que

$$^{v}Lbc(F'_c, E^c) = {}^{v}Lbc(F'_s, E^c_\sigma) \text{ et de même } {}^{v}Lbc(E'_c, F^c) = {}^{v}Lbc(E'_c, F^c_\sigma) \ ;$$

(espace des applications linéaires faiblement continues de E' dans F qui transforment les parties équicontinues de E' en des parties relativement compactes dans F) ; notons que l'on a encore

$$^{v}Lbc(E'_s, F^c) = {}^{v}Lbc(E'_t, F^c) \text{ et } {}^{v}Lbc(F'_s, E^c_\sigma) = {}^{v}Lbc(F'_t, E^c) .$$

En résumé, on a établi des correspondances bijectives entre les espaces $Bbc(E'_c, F'_c)$, $Lbc(E'_c, F^c)$, $Lbc(E'_t, F^c)$, $Lbc(E'_s, F^c_\sigma)$, $Lec({}^tE'_c, F)$, $Lbc(F'_c, E^c)$, $Lbc(F'_t, E^c)$, $Lbc(F'_s, E^c_\sigma)$, $Lec({}^tF'_c, E)$.

1. Dualité entre $E \otimes F$ et $E' \otimes F'$. Produit tensoriel injectif

Soient E et F des espaces vectoriels ; la dualité entre $E \otimes F$ et $E^* \otimes F^*$ induit une dualité entre $E \otimes F$ et $E' \otimes F'$, définie par la formule

$$< x \otimes y, x' \otimes y' > = <x,x'> \ <y,y'> \quad (x \in E, y \in F \ ; x' \in E', \ y' \in F')$$

que l'on prolonge par linéarité.

Dans le cas où E et F ont des structures de même espèce, et sont supposés réguliers s'il s'agit d'espaces bornologiques, on a d'après la proposition 6 du §2, n° 8 un morphisme $E'' \otimes_\omega F \longrightarrow \mathcal{L}(E', F)$ ($\omega = \pi, \pi b, \pi c, \pi i$ ou πcb) et des morphismes stricts $E \longrightarrow E''$, $F \longrightarrow F''$; on en déduit un morphisme composé

$$E \otimes_\omega F \longrightarrow E'' \otimes_\omega F \longrightarrow \mathcal{L}(E , F') \longrightarrow \mathcal{L}(E', F'') \simeq \mathcal{B}(E', F') \simeq (E' \otimes_\omega F')'$$

qui exprime précisément la dualité précédente. Ainsi cette dualité est compatible avec les structures ω sur les produits tensoriels, mais elle n'est pas stricte en général. On peut la rendre stricte en $E \otimes F$ en munissant cet espace de la structure image réciproque de celle de $(E' \otimes_\omega F')'$ par l'application linéaire $E \otimes F \longrightarrow (E' \otimes_\omega F')'$ dont le noyau est $\{\bar{0}\} \otimes F + E \otimes \{\bar{0}\}$ d'après le théorème de Hahn-Banach (et l'hypothèse que E et F sont réguliers s'ils sont bornologiques) ; on désigne par $E \otimes_\varepsilon F$ et on appelle produit tensoriel injectif de E et F l'espace $E \otimes F$ muni de cette structure, évidemment moins fine que celle de $E \otimes_\omega F$.

Il est clair que l'espace séparé associé à $E \otimes_\varepsilon F$ est

$$(E \otimes_\varepsilon F)^\cdot = (E \otimes_\varepsilon F)/(\{\bar{0}\} \otimes F + E \otimes \{\bar{0}\}) \simeq E^\cdot \otimes_\varepsilon F^\cdot \quad ;$$

pour étudier le produit tensoriel injectif, on peut donc se ramener au cas où E et F sont séparés. Dans ce cas $F \longrightarrow F''$ est un monomorphisme strict et il en est de même de $\mathcal{L}(E',F) \longrightarrow \mathcal{L}(E', F'') \simeq (E' \otimes_\omega F')'$; par suite la structure de $E \otimes_\varepsilon F$ est encore image réciproque de celle de $\mathcal{L}(E', F)$ par l'application linéaire (injective) $E \otimes F \longrightarrow \mathcal{L}(E', F)$ dont l'image est formée des applications linéaires de rang fini appartenant à $\mathcal{L}(E',F)$. En résumé, on a des morphismes

$$E \otimes_\omega F \longrightarrow E \otimes_\varepsilon F \longrightarrow \mathcal{L}(E', F^\cdot) \longrightarrow (E' \otimes_\omega F')'$$

dont le premier est l'application identique de $E \otimes F$ et n'est pas strict en général, tandis que les deux autres sont stricts. Explicitons ces morphismes dans les différents cas :

1) E, F semi-normés

$$E \otimes_\pi F \longrightarrow E \otimes_\varepsilon F \longrightarrow L(E', F) \longrightarrow (E' \otimes_\pi F')'$$

2) E, F bornologiques réguliers

$$E \otimes_{\pi b} F \longrightarrow E \otimes_{\varepsilon b} F \longrightarrow Lvb(E', F^\cdot) \longrightarrow (E' \otimes_{\pi c} F')'$$

3) E, F localement convexes

$$E \otimes_{\pi c} F \longrightarrow E \otimes_{\varepsilon c} F \longrightarrow Lub(E', F) \longrightarrow (E' \otimes_{\pi b} F')'$$

4) E, F topologiques et bornologiques de type convexe

$$E \otimes_{\pi i} F \longrightarrow E \otimes_{\varepsilon i} F \longrightarrow Lbc(E', F') \longrightarrow (E' \otimes_{\pi i} F')'$$

5) E, F topologiques et bornologiques de type convexe

$$E \otimes_{\pi cb} F \longrightarrow E \otimes_{\varepsilon cb} F \longrightarrow Lwb(E', F') \longrightarrow (E' \otimes_{\pi cb} F')'$$

(on a indiqué des notations plus précises ε, εb, εc, εi, εcb qui tiennent compte des structures de E et F).

Nous considèrerons encore le complété $E \hat{\otimes}_\varepsilon F$ de $E \otimes_\varepsilon F$; le morphisme $E \otimes F \longrightarrow \mathcal{L}(E', F)$ se prolonge en un isomorphisme de $E \hat{\otimes}_\varepsilon F$ sur le sous-espace fermé de $\mathcal{L}(E', \hat{F})$ engendré par les applications linéaires de rang fini de E' dans $\hat{F}$. Il est clair que $E \hat{\otimes}_\varepsilon F = \hat{E} \hat{\otimes}_\varepsilon \hat{F}$.

On a ainsi dans les différents cas :

1) E, F semi-normés ; $E \hat{\otimes}_\varepsilon F$ sous-espace fermé de $L(E', \hat{F}) \hookrightarrow (E' \otimes_\pi F')'$

2) E, F bornologiques réguliers ; $E \bar{\otimes}_{\varepsilon b} F$ sous-espace fermé (au sens de Mackey) de $Lvb(E', \bar{F}) \hookrightarrow (E' \otimes_{\pi c} F')'$

3) E, F localement convexes ; $E \hat{\otimes}_{\varepsilon c} F$ sous-espace fermé de $Lub(E', \hat{F}) \hookrightarrow (E' \otimes_{\pi b} F')'$

4) E, F topologiques et bornologiques ; $E \hat{\otimes}_{\varepsilon i} F$ sous-espace quasi-fermé de $Lbc(E', \hat{F}) \hookrightarrow (E' \otimes_{\pi i} F')'$

5) E, F topologiques et bornologiques ; $E \hat{\otimes}_{\varepsilon cb} F$ sous-espace quasi-fermé de $Lwb(E', \hat{F}) \hookrightarrow (E' \otimes_{\pi cb} F')'$.

Avant d'examiner de plus près les structures de $E \otimes_\varepsilon F$ et de $E \hat{\otimes}_\varepsilon F$ nous allons donner quelques propriétés formelles, pour la plupart immédiates.

PROPOSITION 1.- (Symétrie).

L'application canonique de $E \otimes F$ sur $F \otimes E$ est un isomorphisme $E \hat{\otimes}_\varepsilon F \simeq F \hat{\otimes}_\varepsilon E$ et se prolonge en un isomorphisme $E \hat{\otimes}_\varepsilon F \simeq F \hat{\otimes}_\varepsilon E$.

Ceci résulte immédiatement de l'isomorphisme $E' \otimes_\omega F' \simeq F' \otimes_\omega E'$ (§1, n°2, cor.1 du th. 1). Notons d'ailleurs que l'on aurait pu aussi utiliser la factorisation

$$E \otimes F \longrightarrow E \otimes F'' \longrightarrow \mathcal{L}(F', E) \longrightarrow (F' \otimes_\omega E')'$$

pour définir la structure de $E \otimes F$ à partir de celle de $\mathcal{L}(F', E)$.

PROPOSITION 2.- (Caractère fonctoriel).

Soient E, E_1, F, F_1 quatre espaces vectoriels ayant des structures de même espèce. Si $u \in \mathcal{L}(E, E_1)$ et $v \in \mathcal{L}(F, F_1)$ l'application $u \otimes v$ est un morphisme

$u \otimes v : E \otimes_\varepsilon F \longrightarrow E_1 \otimes_\varepsilon F_1$ <u>et se prolonge en un morphisme</u> $u \hat{\otimes} v : E \hat{\otimes}_\varepsilon F \to E_1 \hat{\otimes}_\varepsilon F_1$. <u>Ainsi</u> $(E, F) \rightsquigarrow E \otimes_\varepsilon F$ <u>et</u> $(E, F) \rightsquigarrow E \hat{\otimes}_\varepsilon F$ <u>sont des foncteurs covariants biadditifs.</u>

En effet $u \otimes v$ est induite, par l'application $\mathcal{L}(E', F) \longrightarrow \mathcal{L}(E_1', F_1)$ qui est un morphisme.

Nous laissons au lecteur le soin de montrer en exercice comment on en déduit un morphisme $\mathcal{L}(E, E_1) \otimes_\omega \mathcal{L}(F, F_1) \longrightarrow \mathcal{L}(E \otimes_\varepsilon F, E_1 \otimes_\varepsilon F_1)$.

<u>PROPOSITION 3.- Soient (E_λ) et (E_μ) des systèmes projectifs d'espaces vectoriels. Si $\varepsilon \neq \varepsilon b$ et $\varepsilon c b$, l'application canonique</u>

$$(\varprojlim E_\lambda) \otimes_\varepsilon (\varprojlim F_\mu) \longrightarrow \varprojlim (E_\lambda \otimes_\varepsilon F_\mu)$$

<u>est un monomorphisme strict et se prolonge en un monomorphisme strict</u>

$$(\varprojlim E_\lambda) \hat{\otimes}_\varepsilon (\varprojlim F_\mu) \longrightarrow \varprojlim (E_\lambda \hat{\otimes}_\varepsilon F_\mu) .$$

<u>Si (E_λ) et (F_μ) sont des systèmes projectifs finis on a, même pour $\varepsilon = \varepsilon b$, $\varepsilon c b$, un isomorphisme</u>

$$(\varprojlim E_\lambda) \otimes_\varepsilon (\varprojlim F_\mu) \simeq \varprojlim (E_\lambda \otimes_\varepsilon F_\mu) .$$

On sait déjà que l'application canonique considérée est injective. Supposons établi que c'est un monomorphisme strict dans le cas où les espaces E_λ et F_μ sont séparés ; on aura alors dans le cas général un monomorphisme strict

$$(\varprojlim E_\lambda^\cdot) \otimes_\varepsilon (\varprojlim F_\mu^\cdot) \longrightarrow \varprojlim (E_\lambda^\cdot \otimes F_\mu^\cdot) \simeq \varprojlim (E_\lambda \otimes_\varepsilon F_\mu)^\cdot ;$$

comme $(\varprojlim E_\lambda)^\cdot \longrightarrow \varprojlim E_\lambda^\cdot$ et $(\varprojlim F_\mu)^\cdot \longrightarrow \varprojlim F_\mu^\cdot$ sont des monomorphismes stricts d'espaces séparés, il en sera de même de

$$(\varprojlim E_\lambda)^\cdot \otimes_\varepsilon (\varprojlim F_\mu)^\cdot \longrightarrow (\varprojlim E_\lambda^\cdot) \otimes_\varepsilon (\varprojlim F_\mu^\cdot)$$

d'après l'hypothèse faite ; en utilisant encore le monomorphisme strict

$$(\varprojlim (E_\lambda \otimes_\varepsilon F_\mu))^\cdot \longrightarrow \varprojlim (E_\lambda \otimes_\varepsilon F_\mu)^\cdot ,$$

on trouve en définitive que

$$((\varprojlim E_\lambda) \otimes_\varepsilon (\varprojlim F_\mu))^\cdot = (\varprojlim E_\lambda)^\cdot \otimes_\varepsilon (\varprojlim F_\mu)^\cdot \longrightarrow (\varprojlim (E_\lambda \otimes_\varepsilon F_\mu))^\cdot$$

est un monomorphisme strict, ce qui donne le résultat cherché.

Il suffit donc de faire la démonstration dans le cas où les espaces E_λ et F_μ sont séparés, et on peut supposer que le système projectif (E_λ) est constant (on procède en deux temps ; le produit tensoriel ε est symétrique, prop. 1). On s'intéresse donc à l'injection

$$E \otimes_\varepsilon (\varprojlim F_\mu) \longrightarrow \lim (E \otimes_\varepsilon F_\mu) ;$$

elle est induite par le morphisme

$$\mathcal{L}(E', \varprojlim F_\mu) \longrightarrow \varprojlim \mathcal{L}(E', F_\mu)$$

qui est un isomorphisme ($\mathcal{L} \neq$ Lvb,Lwb) , donc c'est un monomorphisme strict.

Dans le cas de systèmes projectifs finis, l'application canonique est bijective, et on peut lever les restrictions relatives à $\mathcal{L}$ = Lvb,Lwb , c'est-à-dire que le résultat est valable même pour $\varepsilon = \varepsilon b, \varepsilon cb$.

COROLLAIRE 1 . - (commutation aux produits)

Soient (E_λ) et (F_μ) des familles d'espaces vectoriels de même espèce. Pour $\varepsilon \neq \varepsilon b, \varepsilon cb$ on a un isomorphisme :

$$(\prod E_\lambda) \mathbin{\widehat{\otimes}}_\varepsilon (\prod F_\mu) \simeq \prod (E_\lambda \mathbin{\widehat{\otimes}}_\varepsilon F_\mu) .$$

Comme c'est un monomorphisme strict d'après la proposition 3 , il suffit de prouver que l'image de $(\prod E_\lambda) \otimes (\prod F_\mu)$ est dense dans $\prod (E_\lambda \otimes_\omega F_\mu)$ qui a une structure plus fine que celle de $\prod (E_\lambda \otimes_\varepsilon F_\mu)$

structure plus fine que celle de $\prod (E_\lambda \otimes_\varepsilon F_\mu)$ (§ 1, n° 10, prop.9 pour $\varepsilon = \varepsilon i$, il faut utiliser $\omega = \pi cb$ qui est effectivement plus fine que εi) .

COROLLAIRE 2 . - (exactitude à gauche) .

Soit F un espace vectoriel. Le foncteur $E \rightsquigarrow E \otimes_\varepsilon F$ est exact à gauche sur la catégorie à laquelle F appartient.

Si $E_1 \longrightarrow E$ et $F_1 \longrightarrow F$ sont des monomorphismes stricts, il en est de même de $E_1 \otimes_\varepsilon F_1 \longrightarrow E \otimes_\varepsilon F$ et $E_1 \mathbin{\widehat{\otimes}}_\varepsilon F_1 \longrightarrow E \mathbin{\widehat{\otimes}}_\varepsilon F$.

PROPOSITION 4 . - (commutation à certaines limites inductives) .

Soient (E_λ) et (F_μ) des systèmes inductifs filtrants d'espaces vectoriels bornologiques réguliers séparés. Si les morphismes $E_\lambda \longrightarrow \varinjlim E_\lambda$ et $F_\mu \longrightarrow \varinjlim F_\mu$ sont injectifs, l'application canonique :

$$\varinjlim (E_\lambda \otimes_{\varepsilon b} F_\mu) \longrightarrow (\lim E) \otimes_{\varepsilon b} (\varinjlim F_\mu)$$

est un isomorphisme.

On se ramène encore au cas où le système inductif (E_λ) est constant ; ainsi, on considère la bijection linéaire

$$\varinjlim(E \otimes_{\varepsilon b} F_\mu) \longrightarrow E \otimes_{\varepsilon b} (\varinjlim F_\mu)$$

Cette bijection est induite par l'application

$$\varinjlim Lvb(E',F_\mu) \longrightarrow Lvb(E', \varinjlim F_\mu)$$

qui est un isomorphisme (chap. I, § 4, n° 5, exercice) ; c'est donc elle-même un isomorphisme.

COROLLAIRE . - (commutation aux sommes) .

Soient (E_λ) et (F_μ) des familles d'espaces vectoriels bornologiques réguliers. L'application canonique

$$\coprod (E_\lambda \otimes_{\varepsilon b} F) \longrightarrow (\coprod E_\lambda) \otimes_{\varepsilon b} (\coprod F_\mu)$$

est un isomorphisme et se prolonge en un isomorphisme

$$\coprod (E_\lambda \bar{\otimes}_{\varepsilon b} F_\mu) \longrightarrow (\coprod E_\lambda) \bar{\otimes}_{\varepsilon b} (\coprod F_\mu) \quad .$$

Par un raisonnement habituel, on se ramène au cas de la proposition 4 , en tenant compte des formules

$$\coprod E^{\cdot}_\lambda \simeq (\coprod E_\lambda)^{\cdot} \quad , \quad \coprod \bar{E}_\lambda \simeq \overline{(\coprod E_\lambda)}$$

et $(E \otimes_{\varepsilon b} F)^{\cdot} \simeq E^{\cdot} \otimes_{\varepsilon b} F^{\cdot}$.

PROPOSITION 5 . - Soit E un espace vectoriel, l'application canonique de $K \otimes E$ sur E est un isomorphisme $K \otimes_\varepsilon E \xrightarrow{\sim} E$ et se prolonge en un isomorphisme $K \hat{\otimes}_\varepsilon E \xrightarrow{\sim} \hat{E}$.

On peut supposer E séparé, et l'application considérée, qui est bijective, provient de l'isomorphisme $\mathcal{L}(K,E) \xrightarrow{\sim} E$.

PROPOSITION 6 . - (associativité) .

Soient E , F , G des espaces vectoriels ayant des structures de même espèce. L'application canonique de $(E \otimes F) \otimes G$ sur $E \otimes (F \otimes G)$ est un isomorphisme $(E \otimes_\varepsilon F) \otimes_\varepsilon G \simeq E \otimes_\varepsilon (F \otimes_\varepsilon G)$ et se prolonge en un isomorphisme $(E \hat{\otimes}_\varepsilon F) \hat{\otimes}_\varepsilon G \simeq E \hat{\otimes}_\varepsilon (F \hat{\otimes}_\varepsilon G)$.

Supposant E , F , G séparés, ce qui est possible, on utilise les monomorphismes stricts $(E \otimes_\varepsilon F) \otimes_\varepsilon G \longrightarrow \mathcal{L}(G', E \otimes_\varepsilon F) \longrightarrow \mathcal{L}(G', \mathcal{L}(F', E))$ le dernier espace est isomorphe à $\mathcal{L}(G' \otimes_\omega F', E)$ qui se plonge par un monomorphisme strict dans $((G' \otimes_\omega F') \otimes_\omega E')'$. De même, on voit que la structure de $E \otimes_\varepsilon (F \otimes_\varepsilon G)$ est induite par celle de $((E' \otimes_\omega F') \otimes_\omega G')'$ le résultat provient alors de l'isomorphisme entre $(G' \otimes_\omega F') \otimes_\omega E'$ et $(E' \otimes_\omega F') \otimes_\omega G'$ (§ 1, n° 8, prop. 4) .

On peut démontrer (en exercice) que pour trois espaces topologiques et bornologiques E , F , G on a un morphisme

$$(E \otimes_{\varepsilon i} F) \otimes_{\varepsilon cb} G \longrightarrow E \otimes_{\varepsilon i} (F \otimes_{\varepsilon cb} G) \quad .$$

n° 3 . Structure du produit tensoriel injectif.

1) Cas des espaces semi-normés

Soient E et F des espaces semi-normés, dont les boules unités sont désignées par E_o et F_o ; les boules unités de leurs duals E' et F' sont les polaires E_o^o et F_o^o ; il en résulte que la boule unité de $E \otimes_\varepsilon F$ est $(E_o^o \otimes F_o^o)^o$. La semi-norme de $E \otimes_\varepsilon F$, donnée par la dualité avec $E' \otimes_\pi F'$, est visiblement

$$\|\sum x_i \otimes y_i\|_\infty = \sup |\sum < x_i, x' > < y_i, y' > |$$

(borne supérieure prise sur les couples (x', y') de formes linéaires de norme ≤ 1 sur E et F respectivement) .

En particulier $\|x \otimes y\|_\infty = \sup|< x,x' > < y,y' >| = \|x\|.\|y\|$ (chap. III), quels que soient $x \in E$, $y \in F$. Pour tout $z \in E \otimes F$ on a évidemment $\|z\|_\infty \leq \|z\|_1$ (cf. § 1, n° 3, th. 1a) ; ceci exprime que $E \otimes_\pi F \longrightarrow E \otimes_\varepsilon F$ est un morphisme.

THEOREME 1 . - Si le corps de base K est ultramétrique maximalement complet, on a $\|z\|_\infty = \|z\|_1$ pour tout $z \in E \otimes F$, c'est-à-dire que $E \otimes_\pi F = E \otimes_\varepsilon F$.

On peut évidemment supposer E séparé ; il est réunion de ses sous-espaces de dimension finie E_α qui sont facteurs directs (chap. III, § 1, n° 2) . Donc $E \otimes_\pi F$ (resp. $E \otimes_\varepsilon F$) est réunion des $E_\alpha \otimes_\pi F$ (resp. $E_\alpha \otimes_\varepsilon F$) qui sont aussi facteurs directs. Ceci permet de se ramener au cas où E est de dimension finie et séparé, donc somme directe d'une famille finie de droites (chap. III, § 1, n° 2) : on peut donc encore se ramener au cas où E est une droite, en utilisant le caractère additif des produits tensoriels ε et π. La propriété est alors évidente puisque $K \otimes_\pi F \simeq F \simeq K \otimes_\varepsilon F$, donc $E \otimes_\pi F = E \otimes_\varepsilon F$ pour toute droite séparée E.

Ainsi, sur un corps maximalement complet K la dualité entre $E \otimes_\pi F$ et $E' \otimes_\pi F'$ est stricte et $(E_\circ^\circ \otimes F_\circ^\circ)^\circ$ est l'enveloppe disquée fermée de $E_\circ \otimes F_\circ$.

<u>COROLLAIRE</u>. - <u>Supposons le corps de base</u> K <u>maximalement complet. Soient</u> (E,E_1) <u>et</u> (F,F_1) <u>des systèmes duals sur</u> K ; <u>quels que soient les disques</u> A <u>de</u> E <u>et</u> B <u>de</u> F <u>l'enveloppe disquée fermée de</u> $A \otimes B$ <u>dans la dualité</u> $(E \otimes F, E_1 \otimes F_1)$ <u>est le polaire</u> $(A^\circ \otimes B^\circ)^\circ$.

Il suffit d'appliquer le résultat précédent aux espaces semi-normés E_A et F_B.

<u>PROPOSITION 7</u>. - <u>Soient</u> E, E_1, F, F_1 <u>des espaces semi-normés. Si</u> $u \in L(E,E_1)$ <u>et</u> $v \in L(F,F_1)$ <u>on a</u> $||u \hat{\otimes}_\varepsilon v|| = ||u \otimes v||_\infty = ||u||.||v||$.

On a en effet, par définition du produit tensoriel injectif

$||u \otimes v||_\infty = ||u' \otimes v'||_1 = ||u'||.||v'|| = ||u||.||v||$ (§ 1, n° 3 et chap. III §1, n° 2).

2) <u>Cas des espaces bornologiques réguliers</u>

Soient E et F des espaces vectoriels bornologiques réguliers. On obtient un système fondamental de bornés de $E \otimes_{\varepsilon b} F$ en prenant les polaires $(A^\circ \otimes B^\circ)^\circ$ (dans la dualité $(E \otimes F, E' \otimes F')$) où A décrit l'ensemble des bornés de E et B celui des bornés de F : en effet, les enveloppes disquées $\Gamma(A^\circ \otimes B^\circ)$ forment un système fondamental de voisinages de 0 dans $E' \otimes_{\pi c} F'$ (§ 1, n° 5, th. 1c). On voit que $E \otimes_{\varepsilon b} F$ est un espace bornologique <u>régulier</u> ; on a $\varinjlim_{A,B}{}^b (E_A \otimes_\varepsilon F_B) \simeq E \otimes_{\varepsilon b} F$ (cf. n° 2, prop. 4).

Si le corps de base K est maximalement complet $E \otimes_{\pi b} F = E \otimes_{\varepsilon b} F$ d'après le théorème 1 du n° 2 ou son corollaire.

3) <u>Cas des espaces localement convexes</u>

Soient E et F des espaces localement convexes. Un système fondamental de voisinages de 0 dans $E \otimes_{\varepsilon c} F$ est formé par les polaires $(U^{\circ} \otimes V^{\circ})^{\circ}$ où U décrit le filtre des voisinages de 0 dans E et V le filtre des voisinages de 0 dans F (cf. § 1, n° 4, th. 1b) .

On a $E \otimes_{\varepsilon c} F \simeq \varprojlim_{U,V}{}^{t} (E_U \otimes_{\varepsilon} F_V)$ (cf. n° 2, prop. 3) . Si E et F sont <u>métrisables</u>, il en est de même de $E \otimes_{\varepsilon c} F$: cet espace est séparé et admet un système fondamental dénombrable $((U_m^{\circ} \otimes V_n^{\circ})^{\circ})_{(m,n)}$ de voisinages de 0 , construit à partir d'une suite d fondamentale (U_m) de voisinages de 0 dans E et d'une suite fondamentale (V_n) de voisinages de 0 dans F .

Si le corps de base K est maximalement complet $E \otimes_{\pi c} F = E \otimes_{\varepsilon c} F$.

4) <u>Cas des espaces topologiques et bornologiques</u>

Soient E et F des espaces topologiques et bornologiques de type convexe. Les topologies de $E \otimes_{\varepsilon i} F$ et $E \otimes_{\varepsilon cb} F$ coïncident ; c'est la topologie de ${}^{t}E \otimes_{\varepsilon c} {}^{t}F$, qui admet pour système fondamental de voisinages de 0 la famille des ensembles $(U^{\circ} \otimes V^{\circ})^{\circ}$ où U parcourt le filtre des voisinages de 0 dans E et V celui des voisinages de 0 dans F .

Mais les bornologies diffèrent. Celle de $E \otimes_{\varepsilon i} F$ est formée des ensembles M tels que pour tout voisinage U de 0 dans E (resp. V dans F) il existe un borné B de F (resp. A de E) vérifiant $M \subset (U^{\circ} \otimes B^{\circ})^{\circ} \cap (A^{\circ} \otimes V^{\circ})^{\circ}$. Celle de $E \otimes_{\varepsilon cb} F$ admet pour système fondamental les polaires $(A^{\circ} \otimes B^{\circ})^{\circ}$ (A borné de E ; B borné de F) et elle est plus fine que la précédente. Cependant, si E et F sont des espaces de Grothendieck

$$E \otimes_{\varepsilon i} F = E \otimes_{\varepsilon cb} F \qquad \text{(cf. n° 1, rem. 2)} \quad .$$

L'application identique de $E \otimes F$ donne les morphismes

$$E \otimes_{\pi i} F \longrightarrow E \otimes_{\pi cb} F \longrightarrow E \otimes_{\varepsilon cb} F \longrightarrow E \otimes_{\varepsilon i} F \quad .$$

Si le corps de base K est maximalement complet, on voit que $E \otimes_{\pi cb} F = E \otimes_{\varepsilon cb} F$; $E \otimes_{\varepsilon i} F$ a même topologie mais sa bornologie est moins fine.

A deux espaces localement convexes E et F on peut associer l'espace

$E \otimes_{\varepsilon i\beta} F = E^b \otimes_{\varepsilon_i} F^b$ dont la structure est induite par celle de $Lbc(E'_b,F^b) \hookrightarrow (E'_b \otimes_{\pi i} F'_b)'$ si E et F sont séparés. Dans ce cas, on considèrera encore

$$E \otimes_{\varepsilon i\gamma} F = E^c \otimes_{\varepsilon i} F^c \hookrightarrow Lbc(E'_c,F^c) \simeq (E'_c \otimes_{\pi i} F'_c)'$$

(n° 1, rem. 4) et

$$E \otimes_{\varepsilon i\sigma} F = E^s \otimes_{\varepsilon i} F^s \hookrightarrow Lbc(E'_s,F^s) \simeq (E'_s \otimes_{\pi i} F'_s) .$$

Tous ces produits tensoriels ont même topologie (celle de $E \otimes_{\varepsilon c} F$) mais leurs bornologies diffèrent. Notons que si E et F sont des espaces localement convexes séparés dont l'un est distingué, on a $E \otimes_{\varepsilon i\beta} F = (E \otimes_{\varepsilon c} F)^b$; en effet, dire que E est distingué, c'est dire que E'_b est infratonnelé, ce qui signifie que $Lbc(E'_b,F^b)$ a la bornologie canonique pour tout espace localement convexe F (cf. chap. III, § 3, n° 1) ; comme $E \otimes_{\varepsilon i\beta} F$ est isomorphe à un sous-espace de $Lbc(E'_b,F^b)$, il a la bornologie canonique dès que E est distingué.

Si E et F sont métrisables E'_b est un espace de Grothendieck (chap. III, § 3, n° 4) et $Lbc(E'_b,F^b) = Lwb(E'_b,F^b)$ (ibid.) ; ceci montre que $E \otimes_{\varepsilon i\beta} F = E^b \otimes_{\varepsilon cb} F^b$ dont la bornologie est celle de ${}^bE \otimes_{\varepsilon b} {}^bF$. Si de plus E ou F est distingué, on a vu que cette bornologie est encore la bornologie canonique de $E \otimes_{\varepsilon c} F$ qui est métrisable, donc normal. On peut donc écrire :

$${}^b(E \otimes_{\varepsilon c} F) = {}^bE \otimes_{\varepsilon b} {}^bF \quad \text{et} \quad E \otimes_{\varepsilon c} F = {}^t({}^bE \otimes_{\varepsilon b} {}^bF)$$

dans le cas où E et F sont métrisables, l'un d'eux etant distingué.

n° 4 . Espaces accessibles .

On a vu au n° 2 que les produits tensoriels quasi-complétés $E \hat{\otimes}_{\varepsilon i} F$ et $E \hat{\otimes}_{\varepsilon cb} F$ de deux espaces vectoriels topologiques et bornologiques E et F sont les adhérences strictes de l'espace des applications bornées de rang fini dans $Lbc(E',\hat{F})$ et $Lwb(E',\hat{F})$ respectivement. Dans de nombreux cas, on a en fait $E \hat{\otimes}_{\varepsilon i} F \simeq Lbc(E',\hat{F})$ et $E \hat{\otimes}_{\varepsilon cb} F \simeq Lwb(E',\hat{F})$; cette propriété s'appuie sur la définition suivante :

DEFINITION . - On dit qu'un espace vectoriel topologique et bornologique de type convexe séparé E est accessible (resp. strictement accessible) si l'application identique de E est adhérente au sous-espace des applications linéaires bornées de rang fini dans $Lbc(E,E)$ (resp. à un borné de ce sous-espace) .

En utilisant l'hypocontinuité des applications de composition

$$Lbc(E,E) \times Lbc(E,F) \longrightarrow Lbc(E,F) \; ; \; Lbc(F,E) \times Lbc(E,E) \longrightarrow Lbc(F,E)$$

et :

$$Lbc(E,E) \times Lwb(E,F) \longrightarrow Lwb(E,F) \; ; \; Lwb(F,E) \times Lbc(E,E) \longrightarrow Lwb(F,E)$$

on trouve le résultat qui suit :

PROPOSITION 8 . - Soit E un espace disqué (1) séparé. Les propriétés suivantes sont équivalentes :

i) E est accessible (resp. strictement accessible) .

ii) Pour tout espace disqué F le sous-espace des applications linéaires bornées de rang fini est dense (resp. strictement dense) dans $Lbc(E,F)$.

iii) Pour tout espace disqué F le sous-espace des applications linéaires bornées de rang fini est dense (resp. strictement dense) dans $Lbc(F,E)$.

Si ces propriétés sont vérifiées, alors pour tout espace disqué F le sous-espace des applications linéaires bornées de rang fini est dense (resp. strictement dense) dans $Lwb(E,F)$ et de même dans $Lwb(F,E)$.

Si E est accessible (resp. strictement accessible) il en est de même de son dual E' car l'application identique de E' est l'image de celle de E par l'application de transposition $Lbc(E,E) \longrightarrow Lbc(E',E')$ qui est un monomorphisme strict (chapitre III) . Ceci permet d'établir la première partie de la proposition suivante ; :

PROPOSITION 9 . -

a) Soient E et F des espaces disqués. Si E est réflexif et si l'un d'eux est strictement accessible les applications canoniques

$$E \,\widehat{\otimes}_{\varepsilon i}\, F \longrightarrow Lbc(E',\widehat{F}) \quad \text{et} \quad E \,\widehat{\otimes}_{\varepsilon cb}\, F \longrightarrow Lwb(E',\widehat{F})$$

---

(1) Nous dirons désormais " espace disqué " au lieu de " espace vectoriel topologique et bornologique de type convexe " .

sont des isomorphismes.

b) *Pour qu'un espace disqué quasi-complet* E *soit strictement accessible, il suffit que pour tout espace disqué* F *l'application canonique*

$E \hat{\otimes}_{\varepsilon i} F \longrightarrow Lbc(F',E)$ *soit bijective.*

Pour démontrer b) on prend $F = E'$; si $E \hat{\otimes}_{\varepsilon i} E' \xrightarrow{\sim} Lbc(E'',E)$ on voit immédiatement que E est strictement accessible.

PROPOSITION 10 . -

a) *Soient* E *un espace disqué séparé et* F *un sous-espace dense (resp. strictement dense) de* E . *Si* E *est accessible (resp. strictement accessible) il en est de même de* F .

b) *Soit* (E_i) *une famille d'espaces disqués séparés. Pour que le produit* $E = \prod E_i$ *soit accessible (resp. strictement accessible) il faut et il suffit que* E_i *soit accessible (resp. strictement accessible) pour tout* i .

c) *Soit* (E_i) *un système projectif (resp. inductif) filtrant d'espaces disqués séparés. Posons* $E = \varprojlim E_i$ (resp. $E = \varinjlim E_i$) *et supposons que les applications canoniques* $E \longrightarrow E_i$ (resp. $E_i \longrightarrow E$) *soient surjectives (resp. soient des monomorphismes directs) pour tout* i . *Si* E_i *est accessible pour tout* i *il en est de même de* E .

Pour démontrer a) il suffit d'établir que l'ensemble des applications linéaires de E dans F est dense (resp. strictement dense) dans le sous-espace de $Lbc(E,E)$ formé des applications de rang fini. Désignons par E_1 l'espace E muni de la topologie localement convexe la plus fine et de la bornologie vectorielle la plus fine ; il est isomorphe à une somme de droites : $E_1 \simeq K^{(I)}$. En utilisant l'hypocontinuité de l'application de composition $Lwb(E,E_1) \times Lbc(E_1,E) \longrightarrow Lwb(E,E)$ on se ramène à prouver que $Lbc(E_1,F)$ est dense (resp. strictement dense) dans $Lbc(E_1,E)$; ce dernier point est évident car $Lbc(E_1,F) \simeq F^I$ et $Lbc(E_1,E) \simeq E^I$, et F^I est dense (resp. strictement dense) dans E^I dès que F l'est dans E .

b) provient du fait que le sous-espace des applications linéaires bornées de rang fini est dense (resp. strictement dense) dans $Lbc(E,E_i)$ si l'un des espaces E,E_i est accessible (resp. strictement accessible) (proposition 8) ; dans ces conditions, la projection $p_i : E \longrightarrow E_i$ est adhérente à ce sous-espace (resp à un borné B_i de ce sous-espace). Supposons E_i accessible (resp. strictement accessible) pour tout i , et soit $W = \prod W_j$ un voisinage de 0 dans $Lbc(E,E) \simeq \prod Lbc(E,E_i)$, avec $W_i = Lbc(E,E_i)$ sauf pour un nombre fini d'indices $i_1,\ldots, i_n$ pour lesquels W_i est un voisinage arbitraire de 0 dans $Lbc(E,E_i)$. Il existe une application linéaire bornée de rang fini q_{i_k} de E dans E_{i_k} (resp. $q_{i_k} \in B_{i_k}$) telle que $q_{i_k} - p_{i_k} \in W_{i_k}$ pour $k = 1,\ldots, n$; posons $q_i = 0$ pour $i \neq i_1,\ldots, i_n$; l'application $q = (q_i)$ de E dans E est de rang fini (resp. $\in B = \prod B_i \cup \{0\}$) et on a $q - id_E \in W$; donc E est accessible (resp. strictement accessible). Réciproquement, si E est accessible (resp. strictement accessible) on démontre que E_i l'est aussi en utilisant la factorisation $id_{E_i} = p_i \circ j_i$ à travers l'injection canonique $j_i : E_i \longrightarrow E$ et l'hypocontinuité de

$$Lbc(E_i,E) \times Lbc(E,E_i) \longrightarrow Lbc(E_i,E_i) .$$

Prouvons enfin c). Soit W un voisinage de 0 dans $Lbc(E,E)$; cet espace s'identifie à la limite projective filtrante $\varprojlim Lbc(E,E_i)$ (resp. $\varinjlim Lbc(E_i,E)$) et W est l'image réciproque d'un voisinage W_i de 0 dans un $Lbc(E,E_i)$ (resp. $Lbc(E_i,E)$) d'indice convenable. Comme E_i est accessible, il existe une application linéaire bornée de rang fini de E dans E_i (resp. de E_i dans E) telle que $f_i - u_i \in W_i$ en désignant par f_i l'application canonique de E dans E_i (resp. de E_i dans E) (proposition 8). Soit g_i une application linéaire bornée et continue de $u_i(E)$ dans E relevant l'injection canonique $u_i(E) \hookrightarrow (E_i)$ (resp. de E sur E_i telle que $g_i \circ f_i = id_{E_i}$) ; une telle application existe parce que $f_i : E \longrightarrow E_i$ est surjectif et que $u_i(E)$ est un espace de dimension finie, donc somme de droites (resp. parce que f_i est un monomorphisme direct). Posons $v = g_i \circ v_i$ où $v_i : E \longrightarrow u_i(E)$ est l'application déduite de u_i (resp. $v = u_i \circ g_i$) ; c'est une application linéaire bornée de rang fini de E dans lui-même telle que $u_i = f_i \circ v$ (resp. $u_i = v \circ f_i$) donc $f_i \circ (id_E - v) = f_i - u_i \in W_i$ (resp. $(id_E - v) \circ f_i = f_i - u_i \in W_i$) donc $id_E - v \in W$. Il en résulte que E est accessible.

Soit E un espace localement convexe séparé. L'espace E^s est accessible puisque, grâce au théorème de Hahn-Banach, tout sous-espace de dimension finie est facteur direct : il en résulte que id_E est adhérente dans $Lbc(E^s,E^s)$ à l'ensemble des projecteurs de rang fini. Si E^s est strictement accessible, les espaces E^c et E^p sont accessibles, puisque sur un ensemble équicontinu d'applications de E dans E les structures de $Lbc(E^s,E^s)$, $Lbc(E^c,E^c)$ et $Lbc(E^p,E^p)$ induisent la même structure uniforme. Pour que E^b soit accessible, il faut et il suffit que E^p soit accessible et que $E^b = E^p$; en effet, si E^b est accessible, pour tout borné A et pour tout voisinage U de 0 il existe une application u de rang fini telle que $x - u(x) \in U$ quel que soit $x \in A$, donc $A \subset u(A) + U$; comme $u(A)$ est précompact, ceci entraîne que A est aussi précompact. Enfin, si E^s est strictement accessible et si $E^p = E^b$ l'espace E^b est strictement accessible ; le lecteur pourra le démontrer sans peine. On donnera en appendice des exemples d'espaces localement convexes tels que E^c soit accessible ou strictement accessible (voir la Thèse de Grothendieck ou le Séminaire Schwartz 1953-54, exposé n° 15) ; en fait, on ne connait aucun exemple d'espace localement convexe E tel que E^c ne soit pas strictement accessible.

Le lecteur établira lui-même les propriétés suivantes, analogues à celles de la proposition 9, en remarquant que E^c est réflexif :

a) *Soient* E *et* F *des espaces localement convexes séparés ; si l'un des espaces* E^c, F^c *est accessible, le produit tensoriel* $E \otimes_{\varepsilon c} F$ *est dense dans* $Lbc(E'_c, F^c)$; *en particulier si* E *et* F *sont complets, on a, avec la même hypothèse d'accessibilité* : $E \widehat{\otimes}_{\varepsilon c} F \simeq Lbc(E'_c, F^c)$ (cf. n° 1, 4)) .

Pour ce dernier point, il faut savoir que $Lbc(E'_c, F^c)$ est complet lorsque E et F le sont ; cela provient du fait que $E'_c \simeq \tilde{E}'_c \simeq \tilde{E}'_s$ pour tout espace localement convexe complet E (conséquence facile du théorème de Grothendieck, chapitre III, § 2 , n° 4) .

b) *Réciproquement, pour qu'un espace localement convexe* E *soit tel que* E^c *soit accessible, il faut et il suffit que pour tout espace localement convexe* F *le produit tensoriel* $E \otimes_{\varepsilon c} F$ *soit dense dans* $Lbc(F'_c, E^c)$.

n° 5 . *Exemples de produits tensoriels injectifs* .

Dans ce numéro, le corps de base est $\underline{\underline{R}}$ ou $\underline{\underline{C}}$ (c'est le cas intéressant, cf. n° 3, théorème 1) .

A) *Soient* X *un ensemble et* F *un espace semi-normé. L'application canonique de* $c^o(X) \otimes F$ *dans* $c^o_{\hat{F}}(X)$, *provenant de l'application bilinéaire* :

$((\lambda_x)_{x \in X}, a) \rightsquigarrow (\lambda_x a)_{x \in X}$ $((\lambda_x) \in c^o(X)$; $a \in F)$, *se prolonge en un isomorphisme* : $c^o(X) \widehat{\otimes}_\varepsilon F \xrightarrow{\sim} c^o_{\hat{F}}(X)$.

En effet, $c^o(X)' \simeq l^1(X)$ donne un isomorphisme

$$l^\infty_{\hat{F}}(X) \xrightarrow{\sim} L(l^1(X), \hat{F}) \xrightarrow{\sim} L(c^o(X)', \hat{F}) ,$$

qui transforme l'élément $(a_x)_{x \in X}$ de l'espace $l^{\infty}_{\hat{F}}(X)$ en l'application :

$$z' \rightsquigarrow \sum_{x \in X} < e_x, z' > a_x \quad \text{de} \quad c^o(X)' \quad \text{dans} \quad \hat{F}$$

(en désignant par e_x l'élément de la base canonique de $l^1(X) \subset c^o(X)$ qui correspond à x). Pour que cette application soit de rang fini, il faut et il suffit que la famille (a_x) soit de rang fini. On voit donc que $c^o(X) \hat{\otimes}_{\varepsilon} F$ s'identifie au sous-espace fermé de $l^{\infty}_{\hat{F}}(X)$ engendré par les familles de rang fini, c'est-à-dire à $c^o_{\hat{F}}(X)$.

COROLLAIRE 1 . - Soient X et Y deux ensembles. L'application canonique de $c^o(X) \otimes c^o(Y)$ dans $c^o(X \times Y)$, provenant de l'application bilinéaire : $((\lambda_x),(\mu_y)) \rightsquigarrow (\lambda_x \mu_y)$, se prolonge en un isomorphisme :

$$c^o(X) \hat{\otimes}_{\varepsilon} c^o(Y) \simeq c^o(X \times Y) \quad .$$

Il suffit de remarquer que

$$c^o_{c^o(Y)}(X) \simeq c^o(X \times Y) \quad .$$

COROLLAIRE 2 . - Soit X un ensemble. Pour tout espace vectoriel bornologique F , l'application canonique : $c^o(X) \otimes F \longrightarrow c^o_{\bar{F}}(X)$ se prolonge en un isomorphisme : ${}^b c^o(X) \bar{\otimes}_{\varepsilon} F \simeq c^o_{\bar{F}}(X)$ (espace des familles d'éléments de $\bar{F}$ tendant vers 0 au sens de Mackey) . Pour tout espace localement convexe F , on a de même un isomorphisme : ${}^t c^o(X) \hat{\otimes}_{\varepsilon c} F \simeq c^o_{\hat{F}}(X)$.

B) THEOREME 2 . - Soient X un espace topologique compact et E un espace semi-normé. L'application canonique de $\mathcal{C}(X) \otimes E$ dans $\mathcal{C}_{\hat{E}}(X)$, provenant de l'application bilinéaire : $(f,a) \rightsquigarrow fa$ $(f \in \mathcal{C}(X) \,;\, a \in E)$, se prolonge en un isomorphisme : $\mathcal{C}(X) \hat{\otimes}_{\varepsilon} E \simeq \mathcal{C}_{\hat{E}}(X)$.

On peut supposer E complet. La norme de $\mathcal{C}_E(X)$ est induite par celle de $\mathcal{F}(X,E)$, tandis que la norme de $\mathcal{C}(X) \otimes_{\varepsilon} E$ est induite par celle de $L(E', \mathcal{C}(X))$ qui est un sous-espace de

$$\mathcal{F}(E', \mathcal{F}(X,K)) \simeq \mathcal{F}(E' \times X,K) \simeq \mathcal{F}(X, \mathcal{F}(E',K)) \quad ;$$

comme E s'identifie à un sous-espace de $\mathcal{F}(E',K)$ (théorème de Hahn-Banach), on voit que $\mathcal{F}(X,E)$ s'identifie aussi à un sous-espace de $\mathcal{F}(X,\mathcal{F}(E',K))$; il en résulte que la norme de $\mathcal{C}(X) \otimes_{\varepsilon} E$ est induite par celle de $\mathcal{C}_E(X)$. Pour démontrer le théorème, il suffit donc de prouver que l'image de $\mathcal{C}(X) \otimes E$ dans $\mathcal{C}_E(X)$ est dense dans cet espace ; or, cette image est l'ensemble des applications de rang fini et continues de X dans E . Le théorème résultera du lemme suivant :

LEMME. - Soit $g \in \mathcal{C}_E(X)$. Pour tout $\varepsilon > 0$, il existe une famille finie $(x_i)_{i \in I}$ de points de X et une famille finie $(h_i)_{i \in I}$ de fonctions positives appartenant à $\mathcal{C}(X)$ telles que

$$\sum_{i \in I} h_i = 1 \quad \text{et} \quad \|g - \sum_{i \in I} h_i\, g(x_i)\| \leq \varepsilon$$

En effet, g est uniformément continue, donc pour tout $\varepsilon > 0$, il existe un recouvrement ouvert fini $(U_i)_{i \in I}$ de X tel que, pour tout $i \in I$, $|g(x) - g(y)| < \varepsilon$ quels que soient $x, y \in U_i$. Choisissons pour chaque i un point $x_i \in U_i$, et soit $(h_i)_{i \in I}$ une partition continue de l'unité subordonnée au recouvrement (U_i) de X ; il est clair que

$$|g(x) - \sum h_i(x)\, g(x_i)| = |\sum h_i(x)\, (g(x) - g(x_i))| \leq \varepsilon$$

quel que soit $x \in X$.

COROLLAIRE 1. - Soient X et Y des espaces compacts. L'application canonique de $\mathcal{C}(X) \otimes \mathcal{C}(Y)$ dans $\mathcal{C}(X \times Y)$, qui provient de :

$$(f,g) \rightsquigarrow ((x,y) \rightsquigarrow f(x)\, g(y))$$

se prolonge en un isomorphisme :

$$\mathcal{C}(X)\, \widehat{\otimes}_{\varepsilon}\, \mathcal{C}(Y) \simeq \mathcal{C}(X \times Y) \quad .$$

En effet $\mathcal{C}_{\mathcal{C}(Y)}(X) \simeq \mathcal{C}(X \times Y)$. (Bourbaki, Top. X, § 3, n° 4).

COROLLAIRE 2. - Si F est un espace bornologique régulier,

$${}^{b}\mathcal{C}(X)\, \widehat{\otimes}_{\varepsilon b}\, F \;\not\simeq\; \mathcal{C}_{\overline{F}}(X) \quad .$$

Si F est un espace localement convexe, ${}^{t}\mathcal{C}(X)\, \widehat{\otimes}_{\varepsilon c}\, F \underset{\rightarrow}{\simeq} \mathcal{C}_{\widehat{F}}(X)$.

COROLLAIRE 3 . - *Soient* X *un espace localement compact et* F *un espace semi-normé. L'application canonique de* $\mathcal{C}^0(X) \otimes F$ *dans* $\mathcal{C}^0_{\hat{F}}(X)$ *se prolonge en un isomorphisme* : $\mathcal{C}^0(X) \hat{\otimes}_{\varepsilon} F \xrightarrow{\sim} \mathcal{C}^0_{\hat{F}}(X)$.

Désignons en effet par $\tilde{X}$ le compactifié d'Alexandroff de X ; l'espace $\mathcal{C}^0(X)$ s'identifie à un facteur direct de $\mathcal{C}(\tilde{X})$, et de même $\mathcal{C}^0_{\hat{F}}(X)$ s'identifie à un facteur direct de $\mathcal{C}_{\hat{F}}(\tilde{X}) \simeq \mathcal{C}(\tilde{X}) \hat{\otimes}_{\varepsilon} F$ d'après le théorème ; d'où la conclusion .

Notons que ce corollaire généralise l'exemple A) donné plus haut. Bien entendu, si F est un espace vectoriel bornologique régulier, on a un isomorphisme ${}^b\mathcal{C}^0(X) \overline{\otimes}_{\varepsilon b} F \xrightarrow{\sim} \mathcal{C}^0_{\hat{F}}(X)$; si F est un espace localement convexe, ${}^t\mathcal{C}^0(X) \otimes_{\varepsilon c} F \xrightarrow{\sim} \mathcal{C}^0_{\hat{F}}(X)$ et si F est un espace disqué

$\mathcal{C}^0(X) \otimes_{\varepsilon i} F \xrightarrow{\sim} \mathcal{C}^0_{\hat{F}}(X)$.

COROLLAIRE 4 . - *Soient* X *un espace localement compact et* F *un espace localement convexe. L'application canonique de* $\mathcal{C}(X) \otimes_{\varepsilon} F$ *dans* $\mathcal{C}_{\hat{F}}(X)$ *se prolonge en un isomorphisme* : $\mathcal{C}(X) \hat{\otimes}_{\varepsilon} F \xrightarrow{\sim} \mathcal{C}_{\hat{F}}(X)$.

On utilise le fait que pour tout espace E localement convexe $\mathcal{C}_E(X) \simeq \varprojlim_K \mathcal{C}_E(K)$ (K compact $\subset$ X) et le corollaire 1 de la proposition 3 , n° 2 , en remarquant que le système projectif ($\mathcal{C}(K)$; K compact $\subset$ X) est filtrant et que les applications : $\mathcal{C}(X) \longrightarrow \mathcal{C}(K)$ sont surjectives (X est normal) .

COROLLAIRE 5 . - *Soient* X *et* Y *des espaces localement compacts. Les applications canoniques* :

$$\mathcal{C}^0(X) \hat{\otimes}_{\varepsilon} \mathcal{C}^0(Y) \longrightarrow \mathcal{C}^0(X \times Y) \quad \text{et}$$

$$\mathcal{C}(X) \hat{\otimes}_{\varepsilon c} \mathcal{C}(Y) \longrightarrow \mathcal{C}(X \times Y)$$

sont des isomorphismes.

Au corollaire 4 , on peut ajouter l'isomorphisme : $\mathcal{C}(X) \hat{\otimes}_{\varepsilon cb} F \xrightarrow{\sim} \mathcal{C}_{\hat{F}}(X)$ pour tout espace localement compact X et tout espace disqué F .

COROLLAIRE 6. - Soit X un espace localement compact. Si $u : E \longrightarrow F$ est un épimorphisme strict d'espaces semi-normés,

$$\mathrm{id} \,\widehat{\otimes}_{\varepsilon} : \mathcal{C}^{o}(X) \,\widehat{\otimes}_{\varepsilon}\, E \longrightarrow \mathcal{C}^{o}(X) \,\widehat{\otimes}_{\varepsilon}\, F$$

est un épimorphisme strict d'espaces de Banach. Autrement dit, le foncteur : $E \rightsquigarrow \mathcal{C}^{o}(X) \,\widehat{\otimes}_{\varepsilon}\, E$ est exact sur la catégorie des espaces semi-normés.

Si $u : E \longrightarrow F$ est un épimorphisme strict d'espaces vectoriels bornologiques réguliers, il en est de même de ${}^{b}\mathcal{C}^{o}(X) \,\overline{\otimes}_{\varepsilon b}\, E \longrightarrow {}^{b}\mathcal{C}^{o}(X) \,\overline{\otimes}_{\varepsilon b}\, F$.

Si $u : E \longrightarrow F$ est un épimorphisme strict d'espaces localement convexes métrisables, les applications : ${}^{t}\mathcal{C}^{o}(X) \,\widehat{\otimes}_{\varepsilon c}\, E \longrightarrow {}^{t}\mathcal{C}^{o}(X) \otimes_{\varepsilon c} F$ et $\mathcal{C}(X) \,\widehat{\otimes}_{\varepsilon c}\, E \longrightarrow \mathcal{C}(X) \,\widehat{\otimes}_{\varepsilon c}\, F$ sont des épimorphismes stricts.

Il suffit de démontrer la première assertion. On en déduit les autres par la proposition 4 du n° 2, et le fait que la catégorie des espaces localement convexes métrisables s'identifie à une sous-catégorie pleine de la catégorie des espaces bornologiques réguliers. On veut démontrer que : $\mathcal{C}^{o}_{\hat{E}}(X) \xrightarrow{v} \mathcal{C}^{o}_{\hat{F}}(X)$ est un épimorphisme strict (corollaire 3) ; il suffit pour cela de prouver que l'image par v de la boule unité de $\mathcal{C}^{o}_{\hat{E}}(X)$ est dense dans la boule unité de $\mathcal{C}^{o}_{\hat{F}}(X)$. On peut évidemment supposer E et F complets (car $\hat{u}$ est un épimorphisme strict dès que u en est un) et X compact. Soit g un élément de la boule unité de $\mathcal{C}_{F}(X)$, c'est-à-dire une application continue de X dans la boule unité de F. D'après le lemme du théorème 2, pour tout $\varepsilon > 0$, il existe des familles finies $(h_i)_{i \in I}$ dans $\mathcal{C}(X)$ et $(b_i)_{i \in I}$ dans la boule unité de F telles que : $\sum h_i = 1$, $h_i \geq 0$ et $\|g - \sum h_i b_i\| \leq \varepsilon$. Or, la boule unité de F est l'image de celle de E, car E est complet et le morphisme $E \longrightarrow F$ est un épimorphisme strict ; il existe donc une famille $(a_i)_{i \in I}$ dans la boule unité de E qui relève (b_i). Posons $f = \sum h_i a_i$; c'est une application continue de X dans la boule unité de E, c'est-à-dire un élément de la boule unité de $\mathcal{C}_{E}(X)$, et on a $\|g - v(f)\| \leq \varepsilon$, d'où le résultat.

Remarquons qu'on peut trouver des épimorphismes stricts $E \longrightarrow F$ d'espaces localement convexes non métrisables tels que $\mathcal{C}(X) \,\widehat{\otimes}_{\varepsilon c}\, E \longrightarrow \mathcal{C}(X) \,\widehat{\otimes}_{\varepsilon c}\, F$ ne soit pas un épimorphisme.

C) Soient U un ouvert de $\underline{R}^{n}$, E un espace localement convexe séparé et m un entier ≥ 0 ou $+\infty$. L'application canonique

$$\mathcal{E}^m(U) \hat{\otimes}_{\varepsilon c} E \longrightarrow \mathcal{E}^m_{\hat{E}}(U)$$

<u>est un isomorphisme.</u>

Montrons d'abord que c'est un monomorphisme strict. Soit P l'ensemble des indices de dérivation $p = (p_i) \in \underline{N}^n$ tels que $|p| = \sum p_i \leq m$ (P est fini si $m < +\infty$) . Pour tout $p \in P$, on a une application de dérivation $D^p : \mathcal{E}^m(U) \longrightarrow \mathcal{C}(U)$ et de même $D^p : \mathcal{E}^m_{\hat{E}}(U) \longrightarrow \mathcal{C}_E(U)$; les structures de $\mathcal{E}^m(U)$ et $\mathcal{E}^m_{\hat{E}}(U)$ sont les structures initiales pour ces applications $(D^p)_{p \in P}$; autrement dit $(D^p)_p$ définit un isomorphisme de $\mathcal{E}^m(U)$ (resp. $\mathcal{E}^m_{\hat{E}}(U)$) sur le sous-espace de $\mathcal{C}(U)^P$ (resp. $\mathcal{C}_{\hat{E}}(U)^P$) formé des familles $(f_p)_{p \in P}$ telles que f_p soit différentiable et $\partial f_p/\partial x_i = f_{p+\varepsilon i}$ pour $|p| \leq m - 1$ et $i = 1,\ldots, n$ (ε_i désigne l'indice de dérivation correspondant à $\partial/\partial x_i$) . Alors $\mathcal{E}^m(U) \otimes_{\varepsilon c} E$ s'identifie à un sous-espace de $(\mathcal{C}(U))^P \hat{\otimes}_{\varepsilon c} E \simeq (\mathcal{C}(U) \hat{\otimes}_{\varepsilon c} E)^P \simeq \mathcal{C}_{\hat{E}}(U)^P$ (cf. n° 2, corollaires 2 et 1 de la proposition 3 et corollaire 4 du théorème 2 dans l'exemple B) ci-dessus) ; on vérifie que ce sous-espace est en fait contenu dans le sous-espace auquel on a identifié $\mathcal{E}^m_{\hat{E}}(U)$.

Reste à voir que l'image de $\mathcal{E}^m(U) \otimes E$ est dense dans $\mathcal{E}^m_{\hat{E}}(U)$.

Comme l'application identique $\mathcal{E}^m_E(U) \longrightarrow \mathcal{C}_{\hat{E}}(U) \xrightarrow{\sim} \mathcal{C}(U) \hat{\otimes}_{\varepsilon c} E$ est continue et que $\mathcal{E}(U) \subset \mathcal{E}^m(U)$, il suffit de prouver que l'image de $\mathcal{E}(U) \otimes E$ dans $\mathcal{C}(U) \otimes_{\varepsilon c} E$ est dense ; ceci est une conséquence facile du fait que $\mathcal{E}(U)$ est partout dense dans $\mathcal{C}(U)$ (qui se démontre par régularisation, à l'aide du produit de convolution par des fonctions indéfiniment dérivables à supports compacts) .

A partir de là, on peut établir un isomorphisme analogue pour tout espace disqué séparé E : $\mathcal{E}^m(U) \hat{\otimes}_{\varepsilon i} E \simeq \mathcal{E}^m_{\hat{E}}(U)$.

<u>COROLLAIRE</u> . - <u>Soient</u> U <u>un ouvert de</u> $\underline{R}^n$, V <u>un ouvert de</u> $\underline{R}^q$ <u>et</u> m <u>un entier</u> ≥ 0 <u>ou</u> $+\infty$. <u>L'application canonique</u> :

$$\mathcal{E}^m(U) \hat{\otimes}_{\varepsilon c} \mathcal{E}^m(V) \longrightarrow \mathcal{E}^m(U \times V)$$

<u>est un isomorphisme.</u>

On laisse la démonstration au lecteur.

D) Soit X un espace mesurable. Pour tout espace de Banach E nous désignerons par $B_E^o(X)$ l'espace des applications mesurables bornées de X dans E qui tendent vers 0 à l'infini, muni de la norme $\|f\| = \sup_{x \in X} \|f(x)\|$ qui en fait un espace de Banach (vérification facile) ; lorsque E est le corps de base nous écrirons simplement $B^o(X)$ au lieu de $B_E^o(X)$.

Avec ces notations, l'application canonique évidente :
$E^o(X) \hat{\otimes}_\varepsilon E \longrightarrow B_{\hat{E}}^o(X)$ est un isomorphisme pour tout espace semi-normé E .

En effet, on peut supposer E complet ; alors $B_E^o(X)$ est un sous-espace de $\mathcal{F}(X_u,E)$, lui-même sous-espace de $\mathcal{F}(X_u,\mathcal{F}(E',K))$ (en désignant par X_u l'ensemble X muni de la bornologie triviale). D'autre part, $B^o(X) \otimes_\varepsilon E$ est un sous-espace de

$$L(E',B^o(X)) \subset \mathcal{F}(E',\mathcal{F}(X_u,K)) \simeq \mathcal{F}(X_u,\mathcal{F}(E',K)) \quad .$$

Ceci montre que $B^o(X) \otimes_\varepsilon E \longrightarrow B_E^o(X)$ est un monomorphisme strict ; il reste à établir que l'ensemble des applications de rang fini est dense dans $B_E^o(X)$, ce qui est facile.

<u>COROLLAIRE</u> . - <u>Soient</u> X <u>et</u> Y <u>deux espaces mesurables. L'application canonique</u>: $B^o(X) \hat{\otimes}_\varepsilon B^o(Y) \longrightarrow B^o(X \times Y)$ <u>est un isomorphisme</u>.

Il faut établir pour cela que $B^o_{B^o(Y)}(X) \simeq B^o(X \times Y)$.

n° 6 . <u>Formes bilinéaires intégrales</u>.

Soient E et F des espaces vectoriels munis de structures de même espèce. Le morphisme identique $E \otimes_\omega F \longrightarrow E \otimes_\varepsilon F$ (cf. n° 2) définit pour tout espace G , un morphisme injectif :

$$\mathcal{L}(E \otimes_\varepsilon F,G) \longrightarrow \mathcal{L}(E \otimes_\omega F,G) \xrightarrow{\sim} \mathcal{B}(E,F;G) \quad ;$$

l'image de ce morphisme est un ensemble d'applications bilinéaires de $E \times F$ dans G que nous désignerons par $\mathcal{J}(E,F;G)$ et considérerons comme muni de la structure isomorphe à celle de $\mathcal{L}(E \otimes_\varepsilon F,G)$; les éléments de $\mathcal{J}(E,F;G)$ sont appelés <u>applications bilinéaires intégrales</u> de $E \times F$ dans G .

En particulier, lorsque G est le corps de base K , on obtient la notion de <u>forme bilinéaire intégrale</u> ; l'espace des formes bilinéaires intégrales est simplement désigné par $\mathcal{J}(E,F)$; il est isomorphe au dual $(E \otimes_\varepsilon F)'$ du produit tensoriel injectif. La dualité $(E \otimes_{\varepsilon} F, E' \otimes_{\omega} F')$ définit un morphisme injectif $E' \otimes_{\omega} F' \longrightarrow (E \otimes_{\varepsilon} F)' \tilde{\rightarrow} \mathcal{J}(E,F)$.

Nous allons donner quelques exemples de formes bilinéaires intégrales.

A) Soient X un ensemble et F un espace de Banach. Calculons l'espace des des formes bilinéaires intégrales sur $c^{o}(X) \times F$; c'est un espace normé

$$\mathcal{J}(c^{o}(X),F) \simeq (c^{o}(X) \hat{\otimes}_{\varepsilon} F)' \simeq c^{o}_{F}(X)' \simeq l^{1}_{F'}(X) \simeq l^{1}(X) \hat{\otimes}_{\pi} F' \simeq$$

$$\simeq c^{o}(X)' \hat{\otimes}_{\pi} F' .$$

A une famille sommable $(v'_{x})_{x \in X}$ de formes linéaires continues sur F correspond la forme bilinéaire intégrable :

$$((\lambda_{x}),v) \rightsquigarrow \sum \lambda_{x} < v,v'_{x} > \qquad ((\lambda_{x}) \in c^{o}(X) \ ; \ v \in F) .$$

Si $F = c^{o}(Y)$ où Y est un second ensemble, on trouve

$$\mathcal{J}(c^{o}(X),c^{o}(Y)) \simeq c^{o}(X \times Y)' \simeq l^{1}(X \times Y) \qquad ;$$

à une matrice sommable $(\mu_{x,y})$ appartenant à $l^{1}(X \times Y)$ correspond la forme bilinéaire intégrale :

$$((\lambda_{x}),(\nu_{y})) \rightsquigarrow \sum_{x,y} \mu_{x,y} \lambda_{x}\nu_{y} \qquad ,$$

dont la norme est $\sum |\mu_{x,y}|$.

B) Soient X et Y des espaces localement compacts. L'espace $\mathcal{J}(\mathcal{C}^{o}(X), \mathcal{C}^{o}(Y))$ des formes bilinéaires intégrales sur $\mathcal{C}^{o}(X) \times \mathcal{C}^{o}(Y)$ est isomorphe à l'espace de Banach $\mathcal{M}^{1}(X \times Y)$ des mesures bornées sur $X \times Y$.

En effet

$$\mathcal{J}(\mathcal{C}^{o}(X), \mathcal{C}^{o}(Y)) \simeq (\mathcal{C}^{o}(X) \hat{\otimes}_{\varepsilon} \mathcal{C}^{o}(Y))' \simeq \mathcal{C}^{o}(X \times Y)' \simeq \mathcal{M}^{1}(X \times Y) \ ;$$

cet espace contient $\mathcal{M}^{1}(X) \hat{\otimes}_{\pi} \mathcal{M}^{1}(Y)$ comme un sous-espace (§ 1, n° 10, corollaire de la proposition 13) . A une mesure bornée μ sur $X \times Y$ correspond la forme bilinéaire : $(f,g) \rightsquigarrow \int_{X \times Y} f(x)g(y)\,\mu(x,y)$, dont la norme est $||\mu||$.

On obtient le même résultat pour l'espace $\mathcal{J}(B^o(X),B^o(Y))$ des formes bilinéaires intégrales sur le produit $B^o(X) \times B^o(Y)$, lorsque X et Y sont deux espaces mesurables (cf. n° 5, exemple C)) .

Dans le cas où $X = Y$, l'application diagonale $X \longrightarrow X \times X$ définit une application $\mathcal{M}^1(X) \longrightarrow \mathcal{M}^1(X \times X)$; à toute mesure bornée μ sur X est ainsi associée une forme bilinéaire intégrale :

$$(f,g) \leadsto \int_X f(x)g(x)\mu(x) \quad \text{sur} \quad \mathcal{C}^o(X) \times \mathcal{C}^o(X) .$$

Etudions maintenant les formes bilinéaires intégrales sur $\mathcal{C}(X) \times \mathcal{C}(Y)$, X et Y étant deux espaces localement compacts. L'espace de ces formes est maintenant un espace bornologique de type convexe :

$$\mathcal{J}(\mathcal{C}(X),\mathcal{C}(Y)) \simeq (\mathcal{C}(X) \mathbin{\hat{\otimes}}_{\varepsilon c} \mathcal{C}(Y))' \simeq \mathcal{C}(X \times Y)' \simeq \mathcal{M}_k(X \times Y)$$

espace des mesures à support compact sur $X \times Y$.

C) Soient U et V deux ouverts de $\underline{R}^n$ et $\underline{R}^p$ respectivement, et m un entier ≥ 0 ou $+\infty$. L'espace des formes bilinéaires intégrales sur $\mathcal{E}^m(U) \times \mathcal{E}^m(V)$ est

$$\mathcal{J}(\mathcal{E}^m(U),\mathcal{E}^m(V)) \simeq (\mathcal{E}^m(U) \mathbin{\hat{\otimes}}_{\varepsilon c} \mathcal{E}^m(V)) \simeq$$

$$\simeq \mathcal{E}^m(U \times V)'$$

espace des distributions à support compact sur $U \times V$.

D) Soient (X,μ) et (Y,ν) des espaces mesurés. L'espace de Banach des formes bilinéaires intégrales sur $L^\infty(X,\mu) \times L^\infty(Y,\nu)$ est isomorphe au dual de $L^\infty(X,\mu) \mathbin{\hat{\otimes}}_\varepsilon L^\infty(Y,\nu)$, qui s'identifie à un sous-espace de

$$B(L^1(X,\mu),L^1(Y,\nu)) \simeq L^1(X \times Y,\mu \otimes \nu)' \simeq L^\infty(X \times Y,\mu \otimes \nu) .$$

En supposant les supports de μ et ν denses, on a en fait un diagramme commutatif

$$\begin{array}{ccc}
\mathcal{C}^o(X) \otimes_\varepsilon \mathcal{C}^o(Y) & \longrightarrow & \mathcal{C}^o(X \times Y) \\
\downarrow & & \downarrow \\
L^\infty(X,\mu) \otimes_\varepsilon L^\infty(Y,\nu) & \longrightarrow & L^\infty(X \times Y,\mu \otimes \nu)
\end{array}$$

où toutes les flèches sont des monomorphismes stricts. Par transposition, on obtient

$$\begin{array}{ccc}
\mathcal{J}(\mathcal{C}^{o}(X),\mathcal{C}^{o}(Y)) & \xleftarrow{\ \sim\ } & \mathcal{M}^{1}(X\times Y)\\
\uparrow & & \uparrow\\
\mathcal{J}(L^{\infty}(X,\mu);L^{\infty}(Y,\nu)) & \longleftarrow & L^{\infty}(X\times Y,\mu\otimes\nu)'\\
& \nwarrow & \uparrow\\
& & L^{1}(X\times Y,\mu\otimes\nu)
\end{array}$$

diagramme commutatif où les flèches du carré sont des épimorphismes stricts et les deux flèches issues de $L^1(X \times Y,\mu \otimes \nu)$ dans le triangle inférieur des monomorphismes stricts. On voit ainsi que $L^1(X \times Y,\mu \otimes \nu)$ s'identifie à un sous-espace de $\mathcal{J}(L^\infty(X,\mu),L^\infty(Y,\nu))$; à une classe N de fonctions $(\mu \otimes \nu)$-intégrables sur $X \times Y$ correspond la forme bilinéaire intégrale

$(f,g) \rightsquigarrow \int_{X \times Y} N(x,y)f(x)g(y)\mu(x)\nu(y)$, de norme $\int_{X \times Y} |N|\mu \otimes \nu$; mais

on n'obtient pas toutes les formes bilinéaires intégrales de cette façon ; en effet le morphisme composé : $L^1(X \times Y,\mu \otimes \nu) \longrightarrow \mathcal{M}^1(X \times Y)$ du diagramme ci-dessus est l'isomorphisme de $L^1(X \times Y,\mu \otimes \nu)$ sur la bande de $\mathcal{M}^1(X \times Y)$ formée des mesures bornées absolument continues par rapport à $\mu \otimes \nu$: il n'est pas surjectif en général, tandis que le morphisme

$$\mathcal{J}(L^\infty(X,\mu),L^\infty(Y,\nu)) \longrightarrow \mathcal{J}(\mathcal{C}^o(X),\mathcal{C}^o(Y)) \xrightarrow{\ \sim\ } \mathcal{M}^1(X,Y)$$

du diagramme est un épimorphisme strict.

Supposons par exemple que $X = Y$, $\mu = \nu$, et que μ soit une mesure bornée sur X . La forme bilinéaire intégrale associée à μ sur $\mathcal{C}^o(X) \times \mathcal{C}^o(Y)$ dans l'exemple B) se prolonge en une forme bilinéaire :

$$(f,g) \rightsquigarrow \int_X f(x)g(x)\mu(x) \quad \text{sur} \quad L^\infty(X,\mu) \times L^\infty(X,\mu) \quad ;$$

montrons que ce prolongement est encore une forme bilinéaire intégrale (qui ne proviendra pas d'une fonction de $L^1(X \times X,\mu \otimes \mu)$) . Il suffit d'introduire le <u>spectre de Gelfand</u> S de $L^\infty(X,\mu)$, et l'isomorphisme (d'algèbres de Banach) canonique : $L^\infty(X,\mu) \xrightarrow{\sim} \mathcal{C}(S)$; la forme linéaire continue : $f \rightsquigarrow \int_X f\mu$ sur $L^\infty(X,\mu)$ donne par cet isomorphisme une mesure $\hat{\mu}$ sur S , et la forme bilinéaire étudiée se transforme en :

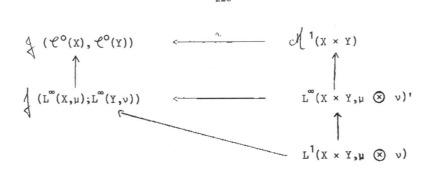

$$(\hat{f},\hat{g}) \rightsquigarrow \int_S \hat{f}\hat{g}\hat{\mu} \qquad (\hat{f},\hat{g} \in \mathcal{C}(S))$$

qui est une forme bilinéaire intégrale sur $\mathcal{C}(S) \times \mathcal{C}(S)$.

On appelle <u>forme bilinéaire intégrale type</u> sur $L^\infty(X,\mu) \times L^\infty(X,\mu)$ la forme $(f,g) \rightsquigarrow \int_X f(x)g(x)\mu(x)$.

On peut toujours ramener le calcul d'une forme bilinéaire intégrale sur un produit d'espaces $E \times F$ à celui d'une forme bilinéaire intégrale type. Supposons d'abord E et F normés, de boules unités respectives A et B . L'espace $\mathcal{J}(E,F)$ des formes bilinéaires intégrales est le sous-espace de $B(E,F)$ engendré par $A^\circ \otimes B^\circ$, et sa boule unité est l'enveloppe disquée fermée de cet ensemble. Or $A^\circ \subset E'$ et $B^\circ \subset F'$ sont <u>faiblement compacts</u> ; il en est de même de $X = A^\circ \times B^\circ \subset E'_s \times F'_s$, et $A^\circ \otimes B^\circ$ est l'image de X par une application continue $u : X \longrightarrow B(E,F)_s = G$ (muni de la topologie faible $\sigma(B(E,F),E \otimes F))$. On s'intéresse au sous-espace F de G engendré par l'image $u(X)$, muni de la boule unité $\overline{\Gamma}(u(X)) = Y$. On sait que u se " prolonge " en une application continue : $\mathcal{M}(X) \longrightarrow G''$ ($\mathcal{M}(X)$ est l'espace des mesures sur X) notée : $\mu \rightsquigarrow \int_X u(x)\mu(x)$, et que Y est l'image par cette application de la boule unité de $\mathcal{M}(X)$. Autrement dit, pour toute forme bilinéaire intégrale ϕ sur $E \times F$, il existe une mesure μ sur $A^\circ \otimes B^\circ$ telle que :

$$\phi = \int_{A^\circ \times B^\circ} x' \otimes y'\mu(x',y') \quad ,$$

ce qui signifie que :

$$\phi(x,y) = \int_{A^\circ \times B^\circ} \langle x,x' \rangle \langle y,y' \rangle \mu(x',y')$$

quels que soient $x \in E$ et $y \in F$; la boule unité de $\mathcal{J}(E,F)$ s'obtient en imposant la condition $||\mu|| \leq 1$.

On laisse au lecteur le soin de formuler et d'établir les résultats correspondants pour des espaces E et F munis d'autres structures.

Vol. 146: A. B. Altman and S. Kleiman, Introduction to Grothendieck Duality Theory. II, 192 pages. 1970. DM 18,–

Vol. 147: D. E. Dobbs, Cech Cohomological Dimensions for Commutative Rings. VI, 176 pages. 1970. DM 16,–

Vol. 148: R. Azencott, Espaces de Poisson des Groupes Localement Compacts. IX, 141 pages. 1970. DM 16,–

Vol. 149: R. G. Swan and E. G. Evans, K-Theory of Finite Groups and Orders. IV, 237 pages. 1970. DM 20,–

Vol. 150: Heyer, Dualität lokalkompakter Gruppen. XIII, 372 Seiten. 1970. DM 20,–

Vol. 151: M. Demazure et A. Grothendieck, Schémas en Groupes I. (SGA 3). XV, 562 pages. 1970. DM 24,–

Vol. 152: M. Demazure et A. Grothendieck, Schémas en Groupes II. (SGA 3). IX, 654 pages. 1970. DM 24,–

Vol. 153: M. Demazure et A. Grothendieck, Schémas en Groupes III. (SGA 3). VIII, 529 pages. 1970. DM 24,–

Vol. 154: A. Lascoux et M. Berger, Variétés Kähleriennes Compactes. VII, 83 pages. 1970. DM 16,–

Vol. 155: Several Complex Variables I, Maryland 1970. Edited by J. Horváth. IV, 214 pages. 1970. DM 18,–

Vol. 156: R. Hartshorne, Ample Subvarieties of Algebraic Varieties. XIV, 256 pages. 1970. DM 20,–

Vol. 157: T. tom Dieck, K. H. Kamps und D. Puppe, Homotopietheorie. VI, 265 Seiten. 1970. DM 20,–

Vol. 158: T. G. Ostrom, Finite Translation Planes. IV. 112 pages. 1970. DM 16,–

Vol. 159: R. Ansorge und R. Hass. Konvergenz von Differenzenverfahren für lineare und nichtlineare Anfangswertaufgaben. VIII, 145 Seiten. 1970. DM 16,–

Vol. 160: L. Sucheston, Constributions to Ergodic Theory and Probability. VII, 277 pages. 1970. DM 20,–

Vol. 161: J. Stasheff, H-Spaces from a Homotopy Point of View. VI, 95 pages. 1970. DM 16,–

Vol. 162: Harish-Chandra and van Dijk, Harmonic Analysis on Reductive p-adic Groups. IV, 125 pages. 1970. DM 16,–

Vol. 163: P. Deligne, Equations Différentielles à Points Singuliers Reguliers. III, 133 pages. 1970. DM 16,–

Vol. 164: J. P. Ferrier, Seminaire sur les Algebres Complétes II, 69 pages. 1970. DM 16,–

Vol. 165: J. M. Cohen, Stable Homotopy. V, 194 pages. 1970. DM 16,–

Vol. 166: A. J. Silberger, PGL_2 over the p-adics: its Representations, Spherical Functions, and Fourier Analysis. VII, 202 pages. 1970. DM 18,–

Vol. 167: Lavrentiev, Romanov and Vasiliev, Multidimensional Inverse Problems for Differential Equations. V, 59 pages. 1970. DM 16,–

Vol. 168: F. P. Peterson, The Steenrod Algebra and its Applications: A conference to Celebrate N. E. Steenrod's Sixtieth Birthday. VII, 317 pages. 1970. DM 22,–

Vol. 169: M. Raynaud, Anneaux Locaux Henséliens. V, 129 pages. 1970. DM 16,–

Vol. 170: Lectures in Modern Analysis and Applications III. Edited by C. T. Taam. VI, 213 pages. 1970. DM 18,–

Vol. 171: Set-Valued Mappings, Selections and Topological Properties of 2^X. Edited by W. M. Fleischman. X, 110 pages. 1970. DM 16,–

Vol. 172: Y.-T. Siu and G. Trautmann, Gap-Sheaves and Extension of Coherent Analytic Subsheaves. V, 172 pages. 1971. DM 16,–

Vol. 173: J. N. Mordeson and B. Vinograde, Structure of Arbitrary Purely Inseparable Extension Fields. IV, 138 pages. 1970. DM 16,–

Vol. 174: B. Iversen, Linear Determinants with Applications to the Picard Scheme of a Family of Algebraic Curves. VI, 69 pages. 1970. DM 16,–

Vol. 175: M. Brelot, On Topologies and Boundaries in Potential Theory. VI, 176 pages. 1971. DM 18,–

Vol. 176: H. Popp, Fundamentalgruppen algebraischer Mannigfaltigkeiten. IV, 154 Seiten. 1970. DM 16,–

Vol. 177: J. Lambek, Torsion Theories, Additive Semantics and Rings of Quotients. VI, 94 pages. 1971. DM 16,–

Vol. 178: Th. Bröcker und T. tom Dieck, Kobordismentheorie. XVI, 191 Seiten. 1970. DM 18,–

Vol. 179: Seminaire Bourbaki – vol. 1968/69. Exposés 347-363. IV. 295 pages. 1971. DM 22,–

Vol. 180: Séminaire Bourbaki – vol. 1969/70. Exposés 364-381. IV, 310 pages. 1971. DM 22,–

Vol. 181: F. DeMeyer and E. Ingraham, Separable Algebras over Commutative Rings. V, 157 pages. 1971. DM 16,–

Vol. 182: L. D. Baumert. Cyclic Difference Sets. VI, 166 pages. 1971. DM 16,–

Vol. 183: Analytic Theory of Differential Equations. Edited by P. F. Hsieh and A. W. J. Stoddart. VI, 225 pages. 1971. DM 20,–

Vol 184: Symposium on Several Complex Variables, Park City, Utah, 1970. Edited by R. M. Brooks. V, 234 pages. 1971. DM 20,–

Vol. 185: Several Complex Variables II, Maryland 1970. Edited by J. Horváth. III, 287 pages. 1971. DM 24,–

Vol. 186: Recent Trends in Graph Theory. Edited by M. Capobianco/ J. B. Frechen/M. Krolik. VI, 219 pages. 1971. DM 18,–

Vol. 187: H. S. Shapiro, Topics in Approximation Theory. VIII, 275 pages. 1971. DM 22,–

Vol. 188: Symposium on Semantics of Algorithmic Languages. Edited by E. Engeler. VI, 372 pages. 1971. DM 26,–

Vol. 189: A. Weil, Dirichlet Series and Automorphic Forms. V, 164 pages. 1971. DM 16,–

Vol. 190: Martingales. A Report on a Meeting at Oberwolfach, May 17-23, 1970. Edited by H. Dinges. V, 75 pages. 1971. DM 16,–

Vol. 191: Séminaire de Probabilités V. Edited by P. A. Meyer. IV, 372 pages. 1971. DM 26,–

Vol. 192: Proceedings of Liverpool Singularities – Symposium I. Edited by C. T. C. Wall. V, 319 pages. 1971. DM 24,–

Vol. 193: Symposium on the Theory of Numerical Analysis. Edited by J. Ll. Morris. VI, 152 pages. 1971. DM 16,–

Vol. 194: M. Berger, P. Gauduchon et E. Mazet. Le Spectre d'une Variété Riemannienne. VII, 251 pages. 1971. DM 22,–

Vol. 195: Reports of the Midwest Category Seminar V. Edited by J.W. Gray and S. Mac Lane.III, 255 pages. 1971. DM 22,–

Vol. 196: H-spaces – Neuchâtel (Suisse)- Août 1970. Edited by F. Sigrist, V, 156 pages. 1971. DM 16,–

Vol. 197: Manifolds – Amsterdam 1970. Edited by N. H. Kuiper. V, 231 pages. 1971. DM 20,–

Vol. 198: M. Hervé, Analytic and Plurisubharmonic Functions in Finite and Infinite Dimensional Spaces. VI, 90 pages. 1971. DM 16,–

Vol. 199: Ch. J. Mozzochi, On the Pointwise Convergence of Fourier Series. VII, 87 pages. 1971. DM 16,–

Vol. 200: U. Neri, Singular Integrals. VII, 272 pages. 1971. DM 22,–

Vol. 201: J. H. van Lint, Coding Theory. VII, 136 pages. 1971. DM 16,–

Vol. 202: J. Benedetto, Harmonic Analysis on Totally Disconnected Sets. VIII, 261 pages. 1971. DM 22,–

Vol. 203: D. Knutson, Algebraic Spaces. VI, 261 pages. 1971. DM 22,–

Vol. 204: A. Zygmund, Intégrales Singulières. IV, 53 pages. 1971. DM 16,–

Vol. 205: Séminaire Pierre Lelong (Analyse) Année 1970. VI, 243 pages. 1971. DM 20,–

Vol. 206: Symposium on Differential Equations and Dynamical Systems. Edited by D. Chillingworth. XI, 173 pages. 1971. DM 16,–

Vol. 207: L. Bernstein, The Jacobi-Perron Algorithm – Its Theory and Application. IV, 161 pages. 1971. DM 16,–

Vol. 208: A. Grothendieck and J. P. Murre, The Tame Fundamental Group of a Formal Neighbourhood of a Divisor with Normal Crossings on a Scheme. VIII, 133 pages. 1971. DM 16,–

Vol. 209: Proceedings of Liverpool Singularities Symposium II. Edited by C. T. C. Wall. V, 280 pages. 1971. DM 22,–

Vol. 210: M. Eichler, Projective Varieties and Modular Forms. III, 118 pages. 1971. DM 16,–

Vol. 211: Théorie des Matroïdes. Edité par C. P. Bruter. III, 108 pages. 1971. DM 16,–

Vol. 212: B. Scarpellini, Proof Theory and Intuitionistic Systems. VII, 291 pages. 1971. DM 24,–

Vol. 213: H. Hogbe-Nlend, Théorie des Bornologies et Applications. V, 168 pages. 1971. DM 18,–

Vol. 214: M. Smorodinsky, Ergodic Theory, Entropy. V, 64 pages. 1971. DM 16,–

Printed in the United States
By Bookmasters